U0802248

国家职业技能鉴定
操作技能强化训练（学生取证专用）

车工（中级）

劳动和社会保障部教材办公室组织编写

中国劳动社会保障出版社

图书在版编目(CIP)数据

车工：中级/劳动和社会保障部教材办公室组织编写．—北京：中国劳动社会保障出版社，2004

国家职业技能鉴定操作技能强化训练（学生取证专用）

ISBN 7-5045-4375-6

Ⅰ．车… Ⅱ．劳… Ⅲ．车削-职业技能鉴定-自学参考资料 Ⅳ．TG51

中国版本图书馆 CIP 数据核字(2004)第 016117 号

中国劳动社会保障出版社出版发行

（北京市惠新东街 1 号 邮政编码：100029）

出 版 人：张梦欣

*

三河市华骏印务包装有限公司印刷装订 新华书店经销

787 毫米×1092 毫米 16 开本 13.5 印张 309 千字

2004 年 4 月第 1 版 2017 年 7 月第 5 次印刷

定价：29.00 元（本书附赠光盘）

读者服务部电话：（010）64929211/64921644/84626437

营销部电话：（010）64961894

出版社网址：http://www.class.com.cn

版权专有 侵权必究

如有印装差错，请与本社联系调换：（010）50948191

我社将与版权执法机关配合，大力打击盗印、销售和使用盗版图书活动，敬请广大读者协助举报，经查实将给予举报者奖励。

举报电话：（010）64954652

国家职业技能鉴定操作技能强化训练（学生取证专用）

车　　工（中级）

编写人员

主　　编　刘　冰

副 主 编　孙　强　涂　勇　刘　英

　　　　　刘　伟

参编人员　朱丽君　杨　珍　宋友铭

　　　　　张习格　曹和平　刘世平

　　　　　李伟杰　程　远　庄建源

前　　言

《国务院关于大力推进职业教育改革与发展的决定》中明确指出：要严格实施就业准入制度，加强职业教育与劳动就业的联系。与此同时，职业资格证书已逐步成为各级各类职业院校学生求职择业的“通行证”。

为了进一步贯彻《决定》精神，衔接各级各类职业院校学生的专业学习与鉴定考核要求，提高学生的职业能力水平，劳动和社会保障部教材办公室在调研全国百余所职业院校教学实际状况的基础上，针对参加职业技能鉴定的学生群体，组织编写了《国家职业技能鉴定操作技能强化训练（学生取证专用）》系列教材（以下简称《技能强化训练》)。《车工（中级)》就是系列教材中的一本。

《技能强化训练》内容以国家职业技能鉴定考核要点为依据，全面体现“考什么、编什么”，有助于学生熟练掌握鉴定考核要求，对取证应试具有直接的指导作用。在结构上，《技能强化训练》分为应试指导、实战演练、亲临考场、理论知识强化四部分，引导学生在职业技能鉴定前进行科学的应试复习，其中前三部分直接指导操作技能考核，理论知识强化部分直接指导理论知识考核。《技能强化训练》在语言运用上力求简洁精炼，特别是在实战演练部分中多采用指令性语言，明确指导完成训练项目的实际操作步骤，使学生在短期内快速掌握鉴定考核要求。

《技能强化训练》既可作为各级各类职业院校及高等院校学生鉴定前短期强化培训教材，也可作为鉴定前应试辅导自学用书。

《国家职业技能鉴定操作技能强化训练——车工（中级)》由刘冰、孙强、涂勇、刘英、刘伟、朱丽君、杨珍、宋友铭、张习格、曹和平、刘世平、李伟杰、程远、庄建源编写，刘冰主编，孙强、涂勇、刘英、刘伟副主编。

《技能强化训练》的编写模式是一次全新的探索，具有一定的难度，由于时间仓促，缺乏经验，不足之处恳请广大读者提出宝贵意见和建议。

劳动和社会保障部教材办公室

内容介绍

职业资格证书是就业通行证，国家职业技能鉴定的应试人数因此而日益攀升。本书的读者对象是职业技能鉴定应试人员中的学生群体。在内容上，根据考核要点的要求，逐条对读者进行鉴定前的强化训练；在形式上，根据考前科学的复习方式，逐步引领读者进入鉴定考核实战空间，并帮助读者到达胜利的彼岸。本书包括应试指导、实战演练、亲临考场、理论知识强化4部分。

应试指导——根据操作技能鉴定考核要求给出“技能鉴定考核试题形式”“试卷的组成及考核注意事项”“提高适应能力，考出好成绩”“考核内容”4项内容，旨在帮助和指导读者在考核前做好知识和心理等多方面的准备。

实战演练——根据操作技能考核的要求，逐条对考核要点的操作技能进行具体指导，旨在使读者深入理解考核要点的要求，并熟练掌握考核要点要求的操作技能。

亲临考场——通过完整的操作技能考核试卷使读者熟悉考试形式，了解考场规则、评分原则和标准，有针对性地进行考前准备。

理论知识强化——根据理论知识鉴定考核重点的要求，给出理论知识考试复习重点内容，旨在帮助读者在考前对理论知识考核要点内容进行强化记忆，起到“临阵磨枪”的作用。

目　录

应 试 指 导

在你决定参加国家职业技能鉴定考试之前，你知道应该做哪些准备工作吗？

本部分根据操作技能鉴定考核要求给出“技能鉴定考核试题形式”“试卷的组成及考核注意事项”“提高适应能力，考出好成绩”“考核内容”4项内容。其中考核内容收录了2个表格，即操作技能鉴定考核要点表和理论知识鉴定考核要点表，这2个表格是下述实战演练、亲临考场、理论知识强化3部分内容的直接依据。同时通过这2个表格，可以使你对国家职业技能鉴定的考核内容结构及鉴定要求一目了然。

现在就帮助和指导你在考核前如何做好知识和心理等多方面的准备。

技能鉴定考核试题形式

根据等级划分原则，结合职业活动内容，将中级车工的考核确定为专业操作技能和现场操作规范两个方面的内容。其中：专业操作技能包括轴类、孔类、盘类、配合类和特型类，每类中又下设多个具体的典型零件；现场操作规范包括工、量、刃具和设备的使用，工艺的制定，安全文明生产3个模块。专业操作技能是中级车工主要的考核指标，占85%。现场操作规范占15%，其中：工、量、刃具和设备的使用占5%，工艺制定占8%，安全文明生产占2%。

引入了“否定项”。否定项是指由于某一项目关键性的考核不符合要求，而对此项考核的成绩作零分处理，或者即使其他项目的考核成绩合格，也视为本次操作技能考核不合格。例：

♦ 操作技能考核中，部分尺寸和形位公差达不到图样要求的，即视为整个操作考核不合格。

♦ 安全文明生产中发生重大事故，即视为整个操作考核不合格。

试卷的组成及考核注意事项

◆ 试卷组成

• 一套完整的技能试卷包括“准备通知单”“试题正文”和“评分记录表”。

•“评分记录表”包括扣分、得分、备注以及考评员签字，该部分内容由考评员填写，考生不得填写。

◆ 计分

考核采用百分制，60 分为合格。

◆ 考核时间

• 所有操作技能考核项目的鉴定内容必须在规定时间内完成，不得超时。

• 特殊情况下，须与考评员商定后酌情处理。

• 在某一试题考试中节余的时间不能在另一试题考试中使用。

• 总考试时间为各模块下典型试题考试时间的总和。

• 试卷中各项技能考核时间均不包括准备时间。

试卷头中准考证号、考生单位及姓名由考生填写，得分情况由考评员填写。考生在拿到试卷后应首先检查试卷是否和自己所报考的工种、级别相一致。

提高适应能力，考出好成绩

◆ 提高快速、准确地解决实际问题的能力

◆ 做好考前的针对性练习

◆ 做好考场的适应性练习

考场的适应性练习是指在临近考试前，考生均应到技能鉴定考试现场进行考前适应性练习。要熟悉鉴定考试环境和鉴定站准备的工具、量具和设备；要根据鉴定范围，演练一两个具有代表性且综合性强的项目，以熟悉操作内容，减轻考前心理压力，增强信心，发挥应有水平。

◆ 重要提示

• 考生必须听从鉴定站工作人员的统一指挥，按准考证的要求进入指定的考场、考位。

• 携带准考证、身份证等证件。

• 工作服、工作帽等符合车工作业相关的安全要求。

• 仔细阅读试卷，明确考题和考核要求，形成正确的操作思路。

• 心态稳定、镇静、自信。

• 严格按照操作程序进行。

• 把握好时间，以便获得完整的、正确的考核结果，以免因时间不够而影响考核成绩。

• 考核过程中一旦发生事故，要沉着冷静，积极配合考务人员做好处理工作。

考核内容

中级车工操作技能鉴定考核要点表

考核范围	考核比重（%）	考核要点	重要程度
轴类	85	多阶台三角形螺纹长轴	掌握
		球面、梯形螺纹轴	掌握
		梯形带槽、梯形螺纹轴	掌握
		圆锥、梯形螺纹轴	掌握
		三角形螺纹、梯形螺纹轴	掌握
		圆球、三角形螺纹、梯形螺纹轴	掌握
		圆锥、圆弧、梯形螺纹轴	掌握
		圆锥、三角形螺纹、矩形螺纹轴	熟知
		蜗杆轴	掌握
		双偏心、圆锥、螺纹轴	掌握
		双线梯形螺纹轴	熟知
		圆锥、蜗杆轴	掌握
		圆锥、左旋螺纹轴	熟知
		带孔、三角形螺纹和梯形螺纹轴	掌握
		带孔、圆锥、螺纹轴	掌握

续表

考核范围	考核比重（%）	考核要点	重要程度
孔类	85	双偏心套	掌握
		偏心、螺母套	掌握
		圆锥、偏心套	掌握
		莫氏变径套	熟知
		圆锥孔、螺母套	掌握
		三联齿轮坯	掌握
		薄壁套	熟知
		圆锥孔、偏心套	掌握
盘类		三孔板	熟知
		大带轮	掌握
		双孔端盖	掌握
		主轴法兰盘	熟知
配合类		偏心轴套配合组合件	掌握
		平面槽配合组合件	熟知
		梯形螺纹配合组合件	掌握
		内外双线三角形螺纹配合组合件	熟知
特型类		车多孔轴	掌握
		偏心轴及十字孔	掌握
		直角三通	熟知
工、量、刃具和设备的使用	5	工具的正确使用	掌握
		量具的正确使用	掌握
		刃具的合理使用	掌握
		设备的正确操作和维护保养	掌握
工艺的制定	8	切削加工工序的制定	掌握
		切削用量的选用	掌握
		装夹方式	掌握
安全文明生产	2	安全生产	掌握
		文明生产	掌握

中级车工理论知识鉴定考核要点表

考核范围	考核比重（%）	考核要点	重要程度
机械制图	4	几何作图的方法	掌握
		投影作图的方法	掌握
		机件形态的表达方法	掌握
		常用零件的规定画法	掌握
		零件图的尺寸公差	熟知
		零件图的形位公差	了解
		零件图的表面粗糙度	熟知
		零件图的技术要求	熟知
		绘制零件图	掌握
		熟读零件图	熟知
		绘制简单装配图	熟知
		轴测图的画法	了解
机制工艺	6	机械加工精度的概念	掌握
		工艺尺寸链的基本概念	熟知
		简单尺寸链的计算	了解
		定位基准的选择	掌握
		工艺路线的拟定	掌握
		加工余量的确定	掌握
		产生加工误差的原因	了解
		减少误差的方法	掌握
		提高生产率的途径	熟知
		基准的概念	了解
		基准的分类	了解
		设计基准	熟知
		工艺基准	熟知
		定位基准	掌握
		热处理工序的安排	熟知
		工艺路线的划分	掌握
车螺纹和蜗杆	15	螺纹术语	了解

续表

考核范围	考核比重（%）	考核要点	重要程度
车螺纹和蜗杆	15	梯形螺纹的主要尺寸计算	掌握
		梯形螺纹车刀的选择应用	熟知
		螺纹的加工方法	掌握
		梯形螺纹的测量方法	掌握
		梯形螺纹的挂轮计算	掌握
		螺纹升角对车刀工作角度的影响	了解
		车刀纵向前角对螺纹牙型角的影响	了解
		蜗杆的作用	了解
		蜗杆的分类	了解
		蜗杆的主要参数计算	掌握
		蜗杆车刀的刃磨选择	熟知
		蜗杆车刀的装夹	熟知
		蜗杆的加工方法	掌握
		车蜗杆时的挂轮计算	掌握
		蜗杆的测量方法	掌握
		多线螺纹的概念	了解
		多线螺纹车刀	熟知
		多线螺纹的尺寸计算	掌握
		多线螺纹的挂轮计算	掌握
		多线螺纹的分线方法	掌握
		多线螺纹车削步骤	熟知
		多线螺纹的测量方法	掌握
		乱牙及预防	了解
切削原理和刀具	17	切削用量要素	熟知
		车刀工作图	掌握
		金属切削过程	熟知
		影响切削力的因素	了解
		主切削力和切削功率的计算	掌握
		切削热	熟知
		刀具材料的基本要求	掌握

续表

考核范围	考核比重（%）	考核要点	重要程度
切削原理和刀具	17	常用刀具材料的种类、代号和用途	掌握
		刀具切削部分的几何形状	掌握
		刀具的几何角度和工作角度	熟知
		刀具磨损的形成	了解
		刀具磨损过程及磨钝标准	熟知
		刀具寿命	掌握
		影响刀具寿命的因素	掌握
		提高刀具寿命的方法	了解
		刀具刃磨的基本要求	熟知
		刀具的一般刃磨方法	熟知
		磨削的基本原理	熟知
		砂轮的特性及选择知识	了解
		刀具的主要几何参数	了解
		前角的选择	熟知
		后角的选择	熟知
		主偏角、副偏角的选择	熟知
		刃倾角的选择	熟知
		合理选择切削用量的意义	了解
		选择切削用量的一般原则	掌握
		工件表面粗糙度的重要性	了解
		影响工件表面粗糙度的因素	了解
		减小工作表面粗糙度的方法	掌握
		已加工表面质量	熟知
		硬质合金可转位车刀的特点	了解
		硬质合金可转位车刀的结构	了解
		可转位车刀定位夹紧的必需要求	掌握
		刀片夹紧形式	了解
		机夹刀具使用时的注意事项	了解
		麻花钻的特点	了解
		麻花钻的修磨方法	掌握

续表

考核范围	考核比重（%）	考核要点	重要程度
切削原理和刀具	17	切削液	了解
机床夹具	13	机床夹具的定义和分类	了解
		机床夹具的作用	熟知
		机床夹具的组成	熟知
		工件定位的基本概念	了解
		基准的概念	了解
		工件的六点定位原理	掌握
		完全定位的概念	了解
		部分定位的概念	了解
		重复定位的概念	了解
		欠定位的概念	了解
		工件的定位方法和定位元件	了解
		工件的定位误差	熟知
		对夹紧装置的基本要求	熟知
		夹紧力和夹紧时的注意事项	掌握
		车床典型夹具的结构特点	掌握
		组合夹具的一般知识	熟知
复杂工件的装夹和车削	15	在花盘上装夹工件	掌握
		在角铁上装夹工件	掌握
		在花盘、角铁上保证形位公差要求的方法	熟知
		偏心工件概念	了解
		偏心工件加工方法	熟知
		在三爪卡盘上车削偏心垫片的计算方法	掌握
		测量偏心距的方法	掌握
		曲轴的概念	了解
		曲轴的加工方法（两拐曲轴）	掌握
		薄壁工件特点	了解
		薄壁工件的车削方法	熟知
		防止和减少薄壁工件变形的方法	熟知
		细长轴的特点	了解

续表

考核范围	考核比重（%）	考核要点	重要程度
复杂工件的装夹和车削	15	细长轴的加工方法	了解
		细长轴加工中易出现的问题	了解
		解决细长轴加工问题的措施	掌握
		合理选择车刀的几何形状	掌握
		深孔加工时易出现的主要问题	了解
		深孔加工的方法	了解
		圆锥尺寸的计算	了解
车床知识	15	机床的型号	了解
		机床特性代号	了解
		机床的组、系代号	了解
		机床的主参数、第二参数	了解
		机床重大改进序号	了解
		机床的主轴传动系统	熟知
		机床的进给箱传动系统	熟知
		滑板箱传动系统	了解
		机床主轴的结构和调整	熟知
		机床离合器	掌握
		机床的制动装置	了解
		机床的变速机构	熟知
		机床的变向机构	熟知
		机床的操纵机构	熟知
		开合螺母机构及其调整	掌握
		互锁机构	了解
		过载保护机构	了解
		中滑板丝杆螺母间隙的调整	掌握
		滑板箱传动路线	了解
		CA6140 型卧式车床的特点	熟知
		机床精度（卧式车床）	熟知
		立式车床的基本工作原理	了解
		计算机数控车床的基本原理及特点	了解

续表

考核范围	考核比重（%）	考核要点	重要程度
提高劳动生产率	5	劳动生产率的概念	了解
		时间定额的组成	了解
		缩短基本时间的方法	了解
		缩短辅助时间的方法	掌握
安全文明生产知识	3	机械设备安全技术	掌握
		消防知识	掌握
		一般起吊安全知识	熟知
		文明生产知识	掌握
机加工基本知识	3	磨削的特点	了解
		内外圆磨削基本知识	熟知
		平面磨削形式	了解
		无心外圆磨削特点	了解
		刀具磨床基本知识	熟知
		砂带磨削基本知识	了解
		光整加工基本内容	熟知
		一般轴套零件的磨削工艺	熟知
		铣削加工一般知识	了解
		刨（插）削加工一般知识	了解
		镗削加工一般知识	了解
生产技术管理	4	企业生产准备和组织	熟知
		企业生产计划和控制	熟知
		全面质量管理基本知识	掌握
		生产技术管理基本内容	熟知
		设备、工具管理一般知识	掌握

实 战 演 练

如果你想顺利地通过职业技能鉴定，成为一名称职的中级车工，仅有理论知识是不够的，你是否具备较强的动手能力至关重要。本部分编写的目的就是在你参加鉴定考试之前，帮助你强化训练动手能力。

本部分以操作技能鉴定考核要点表为直接依据，针对操作技能考核要点的要求，按照考核项目给予具体的技能操作指导。

现在就让我们动手操作吧！

基本训练

基本训练 1——车外圆、阶台，钻中心孔

重点掌握

¤ 车削外圆、平面、阶台和钻中心孔的方法。

¤ 车削外圆、平面、阶台和钻中心孔的要领。

［练习］车如图 1 所示的双向阶台轴。

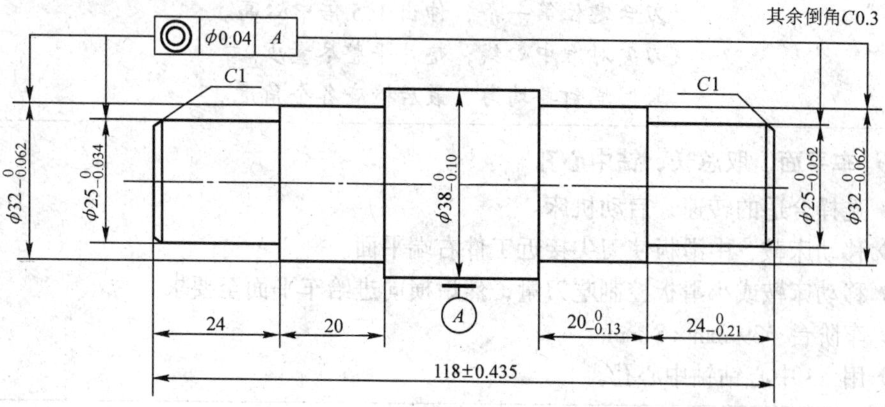

图 1　车双向阶台轴

1. 操作前应准备的用品、设备

（1）材料：45 号钢，尺寸为 ϕ45 mm×123 mm 轴料 1 根。

（2）设备：车床（C620 或 CA6140）1 台，相应卡盘、刀架扳手。

（3）工、刃、量、辅具：45°车刀、90°车刀、0.02 mm/(1～150）mm 游标卡尺、0.01 mm/(25～50）mm 千分尺、A3 中心钻及钻夹头、前顶尖、后顶尖、对分夹头、常用工具。

2. 基本操作步骤

基本操作步骤描述

检查设备，接通电源→工件找正与装夹车刀→车平面、取总长、钻中心孔→粗车外形→采用两顶尖装夹精车。

步骤 1 **检查设备，接通电源**

◆ 检查设备各部件是否正常，各手柄位置是否正确，然后接通电源。

◆ 调整机床转速，低速运转 3～5 min，并对车床进行加油润滑。

特别提示： 开启车床须检查各部位有无碰撞，变速时必须先停车，右手转动卡盘，左手扳动手柄；接通电源时，一般用左手，脸侧对开关，动作应敏捷、准确。

步骤 2 **工件装夹找正与车刀装夹**

◆ 轴料用三爪自定心卡盘装夹，伸出适当长度，找正夹紧。

◆ 车刀刀尖一定要对准工件旋转中心，并保证角度正确，伸出长度是刀杆厚度的 1.5 倍。

特别提示：

◆ 工件找正时，主轴应该放在空挡位置，找正工件一定要耐心、细致。

◆ 车刀装夹要领：

刀台定位第一条，伸出 1.5 倍中心高。
刀尖对准中心线，垫片平整尽量少。
紧固螺钉要均匀，最后检查各个角度。

步骤 3 **车平面、取总长、钻中心孔**

◆ 选择合适的转速，启动机床。

◆ 移动床鞍、中滑板使刀尖接近工件右端平面。

◆ 移动床鞍或小滑板控制吃刀量，然后横向进给车平面至要求。

◆ 车阶台 ϕ39 mm×8 mm。

◆ 用 A3 中心钻钻中心孔。

♦ 工件调头取总长 118 mm，钻另一端中心孔。

特别提示：

♦ 车平面时可采用试车的方法使刀尖对准工件旋转中心，平面不能留有凸台。

♦ 钻中心孔要领：

转速要选高，手摇慢进刀。
注意勤润滑，及时清铁屑。
钻够深度莫进刀，轻压手轮润滑好。
停止进刀一两秒，及时退出一定好。

步骤4 **粗车外形**

♦ 采用一夹一顶装夹，粗车工件各外圆至 $\phi38.5$ mm（尽量长）、$\phi32.5$ mm × 20 mm、$\phi25.5$ mm × 23.5 mm。

♦ 工件调头，用同样的方法粗车另一端外圆至 $\phi32.5$ mm × 20 mm、$\phi25.5$ mm × 23.5 mm。

特别提示：

♦ 粗车时，除阶台第一挡外圆略短些外，其余各挡外圆可车至长度。

♦ 阶台长度的控制方法：画线法：在正确长度上涂色后，用刀尖开车轻轻画一细线；床鞍刻度法：直接根据床鞍刻度控制阶台长度；测量法：车削测量余量，用小滑板控制尺寸。

步骤5 **两顶尖装夹、精车**

♦ 将工件两顶尖装夹，精车 $\phi38_{-0.10}^{\ 0}$ mm、$\phi32_{-0.062}^{\ 0}$ mm × $20_{-0.13}^{\ 0}$ mm、$\phi25_{-0.052}^{\ 0}$ mm × $24_{-0.21}^{\ 0}$ mm，倒角 $C1$、$C0.3$（两处）。

♦ 工件调头，精车另外一端，倒角 $C1$、$C0.3$（两处）。

特别提示：

♦ 精车时，车刀宜锋利，宜选用较高的切削速度，较小的进给量。

♦ 阶台精车要领：

精车阶台并不难，阶台长度划细线。
校对车刀是关键，主刀刃略倾中心线（$k_\gamma > 90°$）。
切削长度不过线，尺寸控制用尺验。
车至阶台动作慢，由里向外车平面。

基本训练2——车外沟槽、平面槽和切断

重点掌握

¤ 车槽刀几何角度和车槽刀长度的选择。

¤ 车外沟槽、平面槽及切断的方法。

[练习 1] 按要求完成如图2所示工作内容。

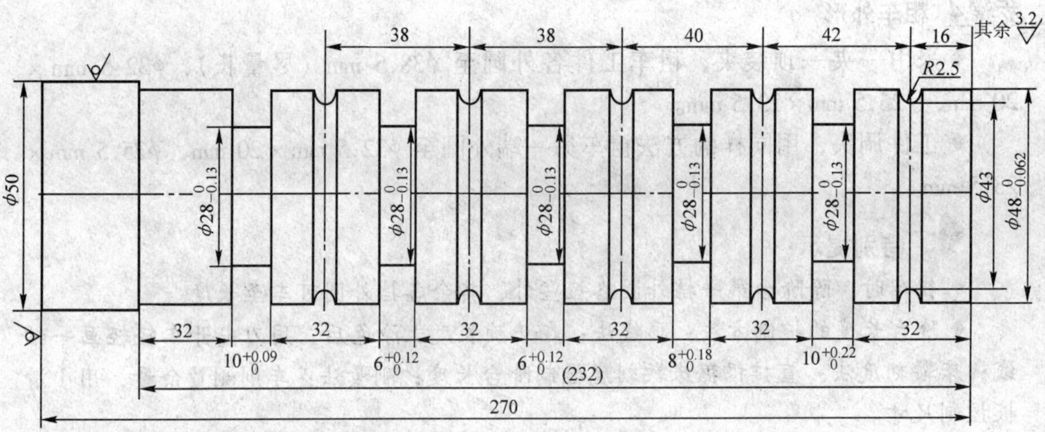

图2　车矩形槽、圆弧槽

1. 操作前应准备的用品、设备

(1) 材料：45号钢，尺寸为 ϕ50 mm×275 mm；HT150，尺寸为 ϕ98 mm×85 mm。

(2) 设备：车床C620或CA6140，卡盘扳手，刀架扳手。

(3) 工、刃、量、辅具：YG8 90°车刀、YT15 45°车刀、90°车刀、小圆头车刀（R= 2.5 mm)、车槽刀（S=4 mm、L>10 mm)、切断刀（S=4 mm、L>24 mm)、平面槽车槽刀（槽深8 mm、大径 ϕ56 mm、小径为 ϕ44 mm)、游标卡尺0.02 mm/(0～300) mm、千分尺0.01 mm/(25～50) mm、中心钻A3及钻夹头、回转顶尖，常用工具。

2. 基本操作步骤

基本操作步骤描述

车平面、钻中心孔→一夹一顶装夹，车外圆→车矩形槽、圆弧槽。

步骤1 **车平面、钻中心孔**

◆ 毛坯用三爪自定心卡盘装夹，伸出长度20 mm左右，找正并夹紧。

◆ 车平面，选用 A3 中心钻钻中心孔。

特别提示： 车平面不能留有凸台，钻中心孔应选用较高的转速、较小的进给量。

步骤 2 **一夹一顶车外圆**

◆ 工件用一夹一顶方法装夹，粗车外圆至 $\phi 48.5$ mm（注意找正外圆锥度）。

◆ 精车外圆 $\phi 48_{-0.062}^{\ 0}$ mm 至尺寸要求。

特别提示： 如果工件有锥度而调整车床不解决问题，可采用先粗车矩形槽，后分段精车外圆的方法排除干扰。

步骤 3 **粗、精车矩形槽、圆弧槽**

◆ 装夹车槽刀、小圆头车刀、划槽距线。

◆ 粗、精车各槽至图样要求。

特别提示：

◆ 车槽刀的几何角度选择：前角 5°～10°；主后角 6°～8°；副后角 1°～3°；主偏角 90°；副偏角 1°～1.5°。

◆ 车槽时，用借刀法进行车削并加入充分的切削液，防止振动、扎刀。

◆ 控制槽宽和槽底直径时，为防止产生锥度和喇叭口可增加一次半精车，以检查车刀的装夹和锋利情况。槽宽出现喇叭形的主要原因：刀刃磨损；车刀角度不对称；车刀装夹不正确。

［练习 2］按要求完成如图 3 所示工作内容。

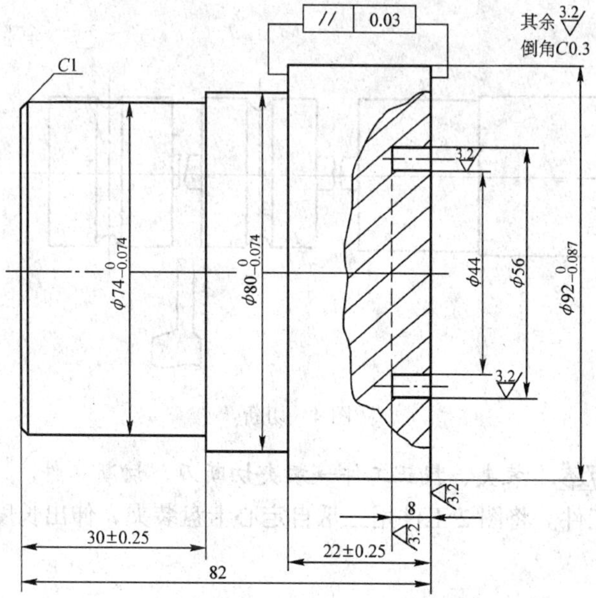

图 3　车平面槽

基本操作步骤描述 粗车外形→车大端外圆、平面槽→粗、精车阶台外圆。

特别提示

♦ 粗车外形

• 毛坯用三爪自定心卡盘装夹，伸出长度 60 mm 左右，找正并夹紧。

• 车平面（车平），粗车外圆至 ϕ94 mm（长度尺量长）。

• 调头，找正 ϕ94 mm 外圆，夹紧后，车平面，粗车另一端外圆 ϕ94 mm。

粗车时，氧化层应尽可能一刀车去，以避免车刀急剧磨损；粗车时，切削力较大，应注意工件夹紧，防止走动。

♦ 车大端外圆、平面槽

• 精车大端外圆 $\phi 92_{-0.087}^{\ 0}$ mm 至要求。

• 粗、精车平面槽（大径 ϕ56 mm、小径 ϕ44 mm、深 8 mm）至尺寸要求。精车时，应注意千分尺读数要准确，必要时可用游标卡尺检查。

• 倒钝锐边。

♦ 粗、精车阶台外圆

• 调头，夹 $\phi 92_{-0.087}^{\ 0}$ mm 外圆 20 mm 长左右，找正外圆和反平面夹紧。为了方便找正和测量总长，装夹时不宜装夹过长。

• 车平面控制总长 82 mm。

• 粗车 $\phi 80_{-0.074}^{\ 0}$ mm、$\phi 74_{-0.074}^{\ 0}$ mm 外圆至 ϕ80.5 mm、ϕ74.5 mm。

• 精车 $\phi 74_{-0.074}^{\ 0}$ mm、$\phi 80_{-0.074}^{\ 0}$ mm 至尺寸要求，控制（30 ± 0.25）mm、（22 ± 0.25）mm，平行度 0.03 mm，并倒角 $C1$、$C0.3$。

[练习 3]按要求完成如图 4 所示工作内容。

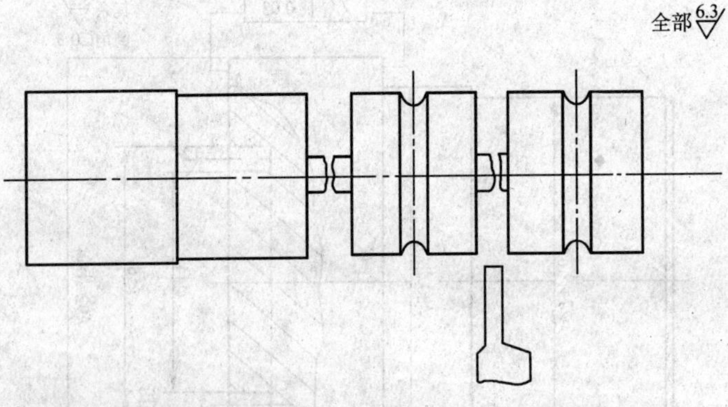

图 4　切断

基本操作步骤描述 装夹、找正工件→装夹切断刀、切断工件。

♦ 装夹、找正工件。将图 2 工件用三爪自定心卡盘装夹，伸出长度 50 mm 左右，找正夹紧。

♦ 装夹切断刀，切断工件。选切断刀正确装夹，选择合适转速切断工件（见图 4）。

♦ 操作中注意以下方面：

• 切断时应注意合理选择切削三要素，为防止振动和切断刀折断，可适当调小中、小滑板间隙。切断时产生振动和切断刀折断的原因有：切断刀长度和宽度过大；中、小滑板间隙过大，切断刀伸出过长；转速过高，而进给量太小；没有采用借刀法切断或没有加入充分的切削液，使排屑不顺利。

主切削刃宽度 $a=(0.5\sim0.6)\sqrt{d}$

切断刀头长度 $L=h+(2\sim3)$

式中 L ——切断刀刀头长度，mm；

a ——切断刀主切削刃宽度，mm；

d ——工件待加工表面直径，mm；

h ——切入深度，mm。

• 切断、车槽要领：

车槽、切断要注意，
装刀细心调间隙。
振动发生变要素（改变切削三要素），
进给均匀切削液。
只要排屑很顺利，
借刀进给切到底。

基本训练 3——车内圆柱面

重点掌握

¤ 麻花钻的刃磨方法。

¤ 内孔车刀的刃磨要求。

¤ 内圆柱面的车削方法。

[练习]按要求完成如图 5a、图 5b、图 6 所示工作内容。

1. 操作前应准备的用品、设备

（1）材料（考场准备）：如图 5 所示，该工件为基本训练 2 的加工成品；45 号钢，尺寸为 ϕ60 mm × 45 mm 棒料 1 件（见图 6）。

（2）设备（考场准备）：车床（CA6140 或 C620）1 台，卡盘扳手 1 副，刀架扳手 1 副。

（3）工、刃、量、辅具（考生自备）：45°车刀、90°车刀、不通孔车刀（ϕ25 mm ×

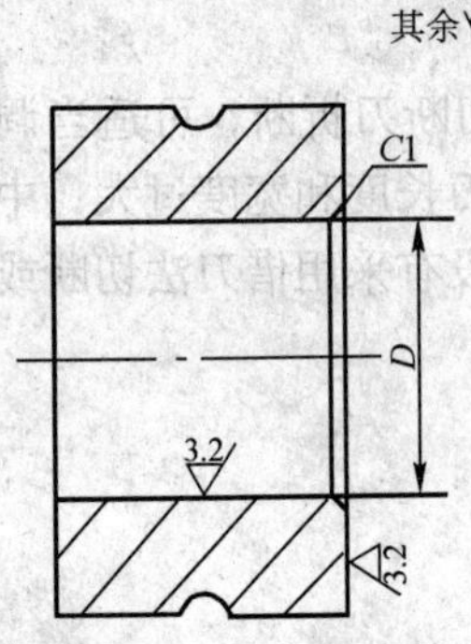

次数	D
1	$\phi20^{+0.052}_{0}$
2	$\phi22^{+0.052}_{0}$
3	$\phi24^{+0.033}_{0}$
4	$\phi26^{+0.033}_{0}$

a)

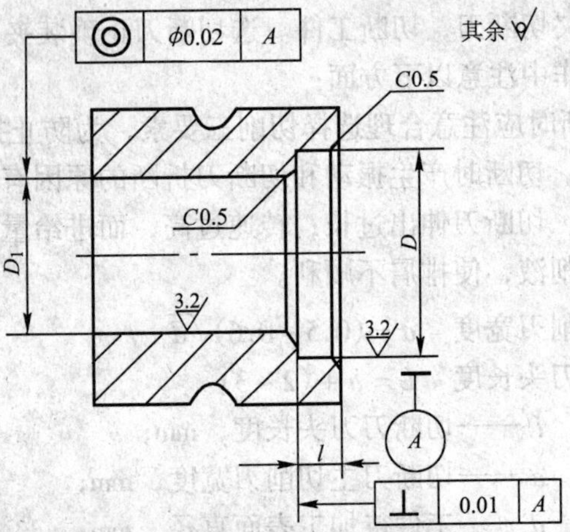

次数	D	D_1	l
1	$\phi36^{+0.039}_{0}$	$\phi28^{+0.033}_{0}$	6
2	$\phi38^{+0.039}_{0}$	$\phi30^{+0.033}_{0}$	7
3	$\phi40^{+0.039}_{0}$	$\phi32^{+0.033}_{0}$	8

b)

图 5　车直孔、阶台孔

a）车直孔　b）车阶台孔

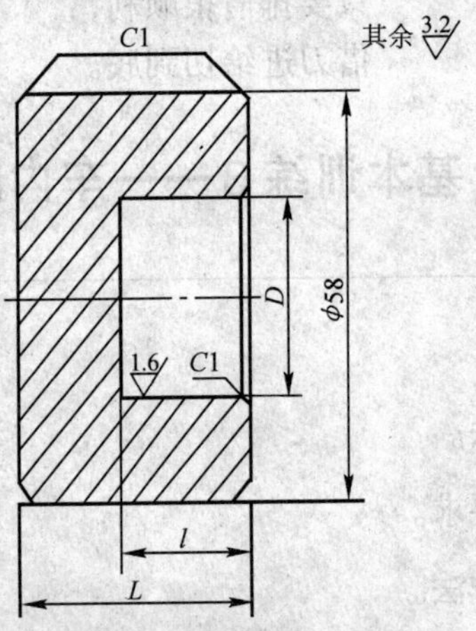

次数	D	l	L
1	$\phi25^{+0.033}_{0}$	$28^{+0.21}_{0}$	40
2	$\phi28^{+0.02}_{0}$	$30^{+0.21}_{0}$	38
训练内容	车不通孔		
材　料	45	备料	$\phi60\times45$

图 6　车不通孔

30 mm）、通孔车刀（ϕ20 mm × 30 mm）、钻头 ϕ18 mm、钻头 ϕ23 mm、锪孔钻 ϕ24 mm、钻套、游标卡尺 0.02 mm/(0 ~ 150) mm、游标深度尺 0.02 mm/(0 ~ 200) mm、0.01 mm/(0 ~ 25) mm 和 0.01 mm/(25 ~ 50) mm 千分尺、内径百分表 0.01 mm/(18 ~ 35) mm 和 0.01 mm/

(35 ~ 50) mm、铁屑钩。

2. **基本操作步骤**

基本操作步骤描述

钻孔→车直孔→车阶台孔→车不通孔。

步骤 1 **钻孔（5 件）**

♦ 用三爪自定心卡盘装夹，找正夹紧。

♦ 车平面（车平即可）。

♦ 钻通孔。

特别提示：

♦ 麻花钻刃磨要领：

钻刃摆平轮面靠，钻柄左斜出顶角。

由刃向背磨后面，上下摆动尾不翘。

♦ 钻孔时应注意刃带没钻入工件前，进给应缓慢均匀，进给过快会造成钻过的孔跳动。孔将钻通时，应减小进给量，防止钻头“卡死”，必要时可以降低转速，并加入充分的切削液。

♦ 钻孔要领：

钻头接触工件，动作应该缓慢。

以免遭受冲击，造成钻头折断。

钻深孔，排屑难，为清屑，常退钻。

孔将通，应牢记，横刃出，减抗力。

手柄轻，易摇快，进刀大，钻头坏。

冷却时，要退钻，以免钻头卡里边。

钻脆料，要牢记，钻时不加切削液。

步骤 2 **车直孔（5 件）**

♦ 钻过孔的材料用三爪自定心卡盘装夹，找正夹紧。

♦ 车平面。

♦ 粗、精车孔径 $\phi20^{+0.052}_{0}$ mm 至尺寸要求，并倒角 $C1$。

♦ 以后 3 次练习方法同上。

特别提示：

♦ 通孔车刀主偏角 k_r 取 45° ~ 75°，负偏角取 6° ~ 45°，后角取 8° ~ 12°，在主切削刃方向磨出卷屑槽，使刀刃锋利，切削轻快，在吃刀量较深的情况下，仍可保持它的稳定性。粗车时，吃刀量较小，在负刀刃方向磨出卷屑槽，可以达到较高的表面质量（见图 7）。

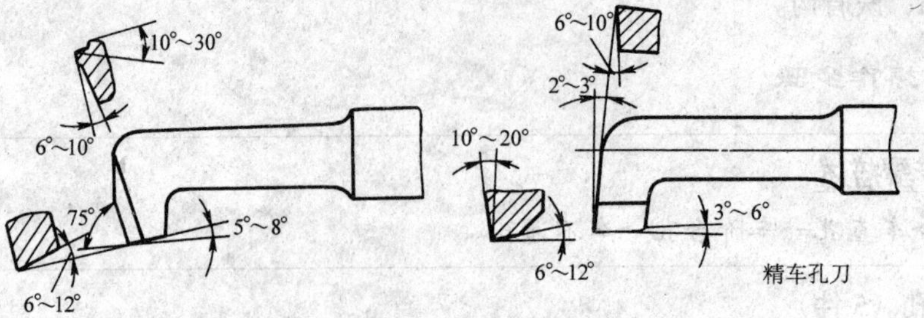

图 7　内孔车刀

◆ 磨卷屑槽要领：

磨卷屑槽并不难，先修砂轮两棱边。

轮圆前面夹前角，车刀移动沿切线。

刀刃倒棱 –5°，最后修磨主后面。

◆ 车孔时的关键技术问题是解决车刀的刚性问题和冷却排屑问题，故应尽量选用较大截面的刀杆。

◆ 为减少车刀的磨损，尽可能在内孔余量 2 mm 左右时，3～4 次车削完毕。

◆ 内孔孔径测量一般用塞规和内径表，测量时应注意塞规不能拧进拧出，否则塞规会加剧磨损；百分表测量内孔时，孔径的加、减不能搞错。孔深的测量有以下两种方法，粗车时在刀杆上刻线痕或安放限位挡块。精车时用小滑板控制孔深。

步骤 3 **车阶台孔（5 件）**

◆ 车直孔材料用三爪自定心卡盘装夹找正。

◆ 车平面。

◆ 粗车两孔成形。

◆ 精车孔径 $\phi 28^{+0.033}_{0}$ mm、$\phi 36^{+0.039}_{0}$ mm 至尺寸要求，并倒角 $C0.5$。

◆ 后两次练习同上。

特别提示：车阶台孔时，车刀要求主偏角大于 90°，而且要求横向要有足够的退刀余地。

步骤 4 **车不通孔**

◆ 工件用三爪自定心卡盘装夹，长度为 10 mm 左右，找正夹紧。

◆ 车平面，车外圆 $\phi 58$ mm，并倒钝锐边。

◆ 调头，找正夹紧，车平面，取总长 40 mm。

◆ 钻孔 $\phi 18$ mm，深度 27.5 mm。

◆ 锪孔 $\phi 23$ mm，深度接近 28 mm。

◆ 用不通孔车刀车不通孔 $\phi 25^{+0.033}_{0}$ mm、深 $28^{+0.21}_{0}$ mm 至尺寸要求，并倒角 $C1$。

◆ 第 2 次同上。

特别提示：

◆ 不通孔车刀的要求是刀尖与刀杆外侧的距离 a 小于车削内孔的半径 R，否则刀尖无法车至工件中心（见图 8）。

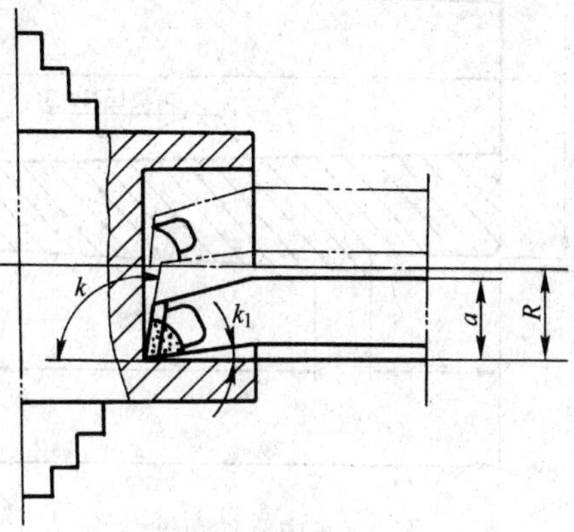

图 8　不通孔车刀

◆ 车刀纵向车削至接近底平面时，应停止机动进给改为手动，以防止车刀碰撞底平面。因视线受影响，可以通过手感和听觉来判断其切削情况。

◆ 用塞规检查不通孔时应磨出排气孔。

◆ 车孔要领：

车内孔，看不见，车削情况耳分辨。
正常情况沙沙响，情况意外乱叫唤。
车刀杆，尽量粗，细长刀杆易发颤。
量内孔（表、塞规），姿势要正手勿转。
拔塞规，重安全，用力过猛碰刀尖。

基本训练 4——车圆锥

重点掌握

¤ 转动小滑板车削圆锥的方法。

[练习 1] 按要求完成如图 9 所示的工作内容。

1. 操作前应准备的用品、设备

(1) 材料（考场准备）：HT150，尺寸为 ϕ55 mm × 85 mm 毛坯料。

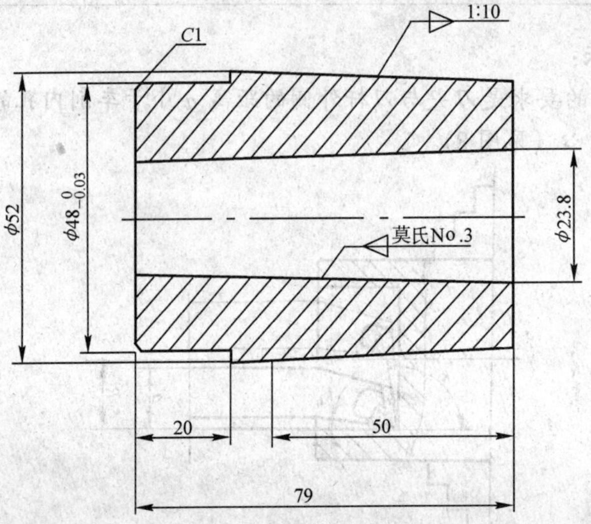

图 9　车内、外圆锥

(2) 设备（考场准备）：C620 或 CA6140 车床 1 台；卡盘、刀架扳手各 1 副。

(3) 工、刃、量、辅具（考生自备）：YG8 45°车刀、YG8 90°车刀、通孔车刀 $\phi19$ mm × 80 mm、钻头 $\phi18$ mm（$L > 79$ mm）、钻套、游标卡尺 0.02 mm/(0 ~ 150) mm、千分尺 0.01 mm/(25 ~ 50)mm、莫氏 No.3 塞规、2′/(0° ~ 320°) 万能角度尺、红丹粉、常用工具。

2. 基本操作步骤

基本操作步骤描述

车装夹阶台→车外圆 $\phi48$ mm→车外圆锥、内圆锥

步骤 1 **车装夹阶台**

- 材料用三爪自定心卡盘装夹，找正、夹紧。
- 车平面（车平即可），车外圆 $\phi53$ mm × 20 mm。

特别提示：车外圆时，外径不可车得过小，要给车外圆锥留足够的余量。

步骤 2 **车 $\phi48$ mm 外圆**

- 夹住 $\phi53$ mm 外圆，找正、夹紧。
- 粗、精车外圆 $\phi48_{-0.03}^{\ 0}$ mm × 20 mm。
- 倒角 $C1$。

特别提示：车外圆时，粗、精车要分开，精车余量不可过大或过小，一般为 0.3 ~ 0.5 mm。

步骤3 **车外圆锥、内圆锥**

◆ 工件调头，夹住 ϕ48 mm 外圆，找正、夹紧。

◆ 钻通孔 ϕ18 mm。

◆ 车平面，控制总长为 79 mm。

◆ 车外圆 ϕ52 mm。

◆ 粗、精车外圆锥至图样要求。

◆ 车孔至 ϕ20 mm。

◆ 粗、精车内圆锥至图样要求。

特别提示：

◆ 车刀必须对准工件旋转中心，避免产生双曲线误差。

◆ 粗车时，进刀量不宜过大，应先找正锥度，一般留精车余量 0.5 mm。

◆ 在转动小滑板时，应稍大于圆锥半角，然后逐步找正。当小滑板角度调整到相差不多时，将紧固螺母稍松一些，用左手拇指紧贴在小滑板转盘与中滑板底盘上，用铜棒轻轻敲击小滑板所需要找正的方向，凭手指的感觉决定微调量，这样可较快地找正锥度，注意要消除中滑板间隙。小滑板不宜过松或过紧，以防工件表面车削痕迹粗细不一。当车刀在中途刃磨以后装夹时，必须重新调整，使刀尖严格对准工件旋转中心。

◆ 用万能角度尺检查时，测量边应过工件中心。用套规检查时，工件表面粗糙度要小，涂色要薄而均匀，转动量一般在半圈之内。

◆ 用塞规涂色检查时，必须注意孔内清洁；取出锥形塞规时要注意安全，不能敲击，以防工件移位。要以锥形塞规上的界限来控制锥孔尺寸。

[练习 2]完成如图 10 所示工件车削。

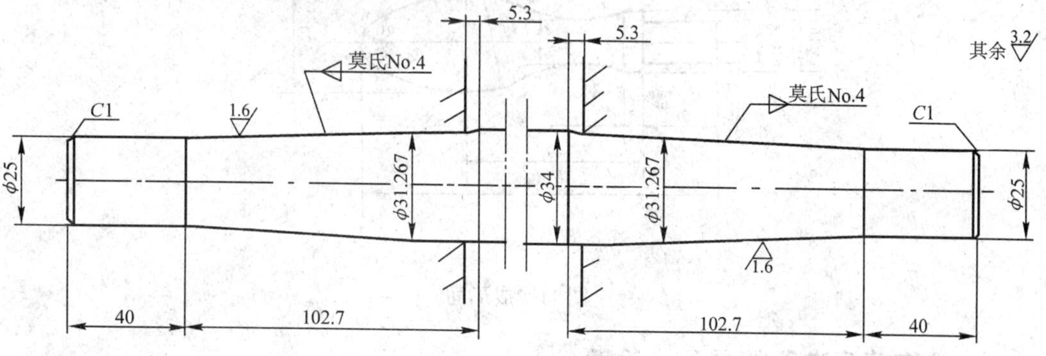

图 10　偏移尾座车圆锥

基本操作步骤描述 车平面、取总长、钻中心孔→一夹一顶装夹、粗车外圆 ϕ25 mm（两头）→精车外圆 ϕ34 mm、ϕ25 mm（两头）→粗、精车外圆锥。

特别提示 偏移尾座时，要正确计算尾座偏移量，熟练掌握偏移方向。

基本训练 5——成形面车削

重点掌握

¤掌握加工圆球时 L 的长度计算方法。

¤掌握双手联动车圆球的步骤和车削方法。

[练习 1]车削如图 11 所示工件。

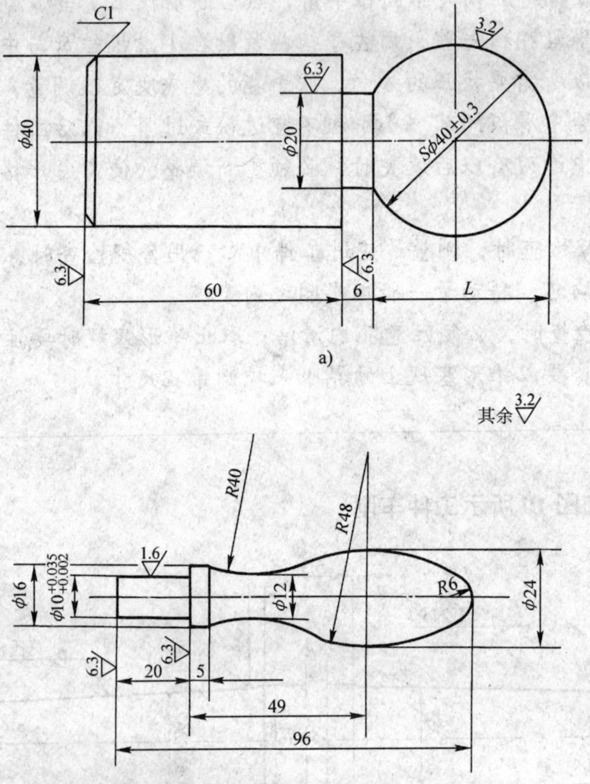

图 11 成形面

1. 操作前应准备的用品、设备

(1) 材料：45 号钢，尺寸为 ϕ42 mm×110 mm、ϕ30 mm×120 mm 棒料各 1 根。

(2) 设备：车床（CA6140 或 C620）1 台，卡盘扳手 1 副，刀架扳手 1 副。

(3) 工、刃、量、辅具（考生自备）：45°车刀、90°车刀、车槽刀（$S=3$ mm、$L>10$ mm）、小圆头车刀（$L>15$ mm）、游标卡尺 0.02 mm/(0 ~ 300) mm、半径样板（5 ~ 50 mm）、游标深度尺 0.02 mm/(0 ~ 200) mm、0.01 mm/(0 ~ 25) mm 和 0.01 mm/(25 ~ 50) mm 千分尺、回转顶尖、A3 中心钻及钻夹头、铁屑钩。

2. 基本操作步骤

基本操作步骤描述

开车前准备工作→车平面、外圆→调头车外圆、车槽、车圆球→修整圆球。

步骤 1 开车前准备工作

◆ 检查车床运转情况是否正常，将工具合理摆放。

◆ 检查服装（佩戴）是否符合安全文明生产的要求。

◆ 低速运转车床，检查备料尺寸，加油润滑车床，编排加工工艺。

特别提示： 先停车后变速，手柄准确到位后，方可启动车床；女生应戴工作帽，长发应盘在帽内，袖口应扎紧，并戴防护眼镜。

步骤 2 车平面、外圆

◆ 装夹 ϕ45°车刀、90°车刀，并试车平面对准中心。

◆ 车外圆 $\phi 40$ mm × 62 mm。

特别提示： 外圆长度大于 60 mm。

步骤 3 调头车外圆、车槽、车 $S\phi 40^{+0.30}_{-0.30}$ mm 的圆球

◆ 车槽 $\phi 20$ mm × 6 mm，控制圆球长 37.3 mm。

◆ 装夹小圆头车刀，划中线，用双手联动向左右两侧车削 $S\phi 40$ mm ± 0.30 mm 的圆球面。

◆ 最后用车槽刀把柄部“清角”。

特别提示：

◆ 控制圆球长度时注意以下公式的运用：

$$L=\frac{1}{2}\left(D+\sqrt{D^2-d^2}\right)$$

式中 L——球面部分的长度，mm；

D——圆球直径，mm；

d——柄部直径，mm。

此练习中 $L=37.3$ mm。

◆ 用双手控制法车圆球时，要求动作协调，控制车刀吃刀量均匀，防止将圆球的局部车小，可用游标卡尺或千分尺通过球面的中心进行测量；使用半径样板检查轮廓时，半径样板应对准球面中心，并及时判断球面上各处余量的大小；双手控制车球面车刀刀尖的轨迹（见图 12）。

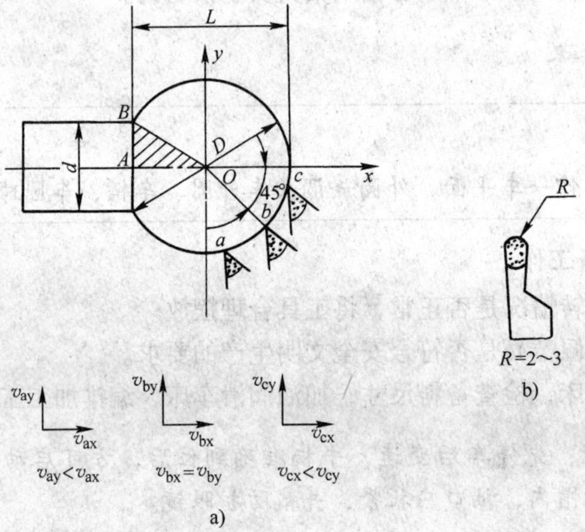

图 12　车刀刀尖轨迹分析

a）刀尖轨迹分析　b）圆头车刀

◆ 双手配合时，应注意纵、横进给速度的控制，小圆头车刀由最高点向柄部车削时，纵进刀速度的变化是快→中→慢，横进刀速度的变化是慢→中→快（见图 13）。

◆ 粗车球面时应注意用目测方法来判别球面表面轮廓，最好用目测和量具配合检查，精车时用游标卡尺、千分尺和半径样板配合进行多方位测量（见图 14）。

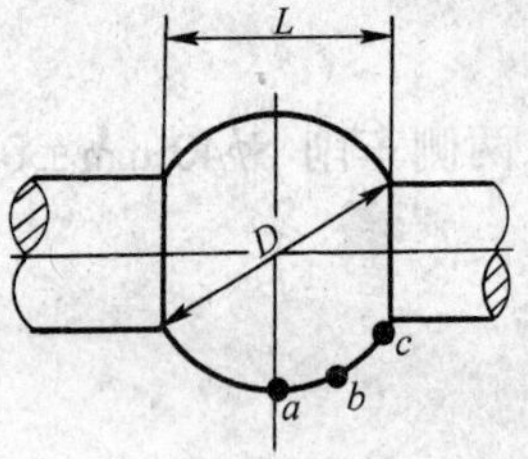

图 13　车球面车刀轨迹控制分析

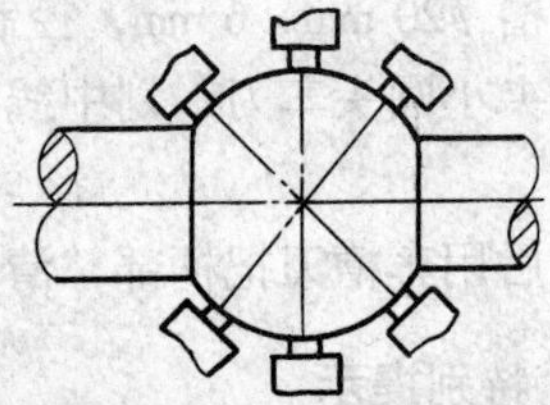

图 14　多方位测量控制球面直径

步骤 4 **修整球面**

用小圆头车刀修整球面，并用半径样板检查。

特别提示：找正时应准确、细心，否则容易造成球面轮廓度超差；用小圆头车刀修整球面时，应注意勤测量，正确判断各处余量的大小，否则容易把球面局部车小。

[练习 2]车削如图 11b 所示工件。

基本操作步骤描述　开车前准备工作→装夹找正工件，车平面和外圆，钻中心孔→车阶台→车各圆弧→修整球面。

特别提示

♦ 车平面和外圆，钻中心孔

• 夹住外圆，车平面和外圆 ϕ28 mm×10 mm。车平面时，尽可能把所有刀具在工件平面上对准工件旋转中心备用，且工件平面不能留有凸台。

• 钻中心孔。钻中心孔时，宜选择较高的转速，较小的进给量，并注意中心孔不能太深或太浅；为保证中心孔与工件平面垂直，应确保平面、中心孔一次装夹加工完成。

♦ 车阶台（见图 15a）

• 工件伸出长约 110 mm 左右，用一夹一顶方法装夹，粗、精车外圆 ϕ24 mm×100 mm、ϕ16 mm×45 mm、ϕ10 mm×20 mm（见图 15a）。

• 从 ϕ16 mm 外圆的平面起，长 17.5 mm 为中心线，用小圆头车刀车ϕ12.5 mm的定位槽（见图 15b）。

• 注意控制各外圆的直径和长度；各外圆留精车余量。

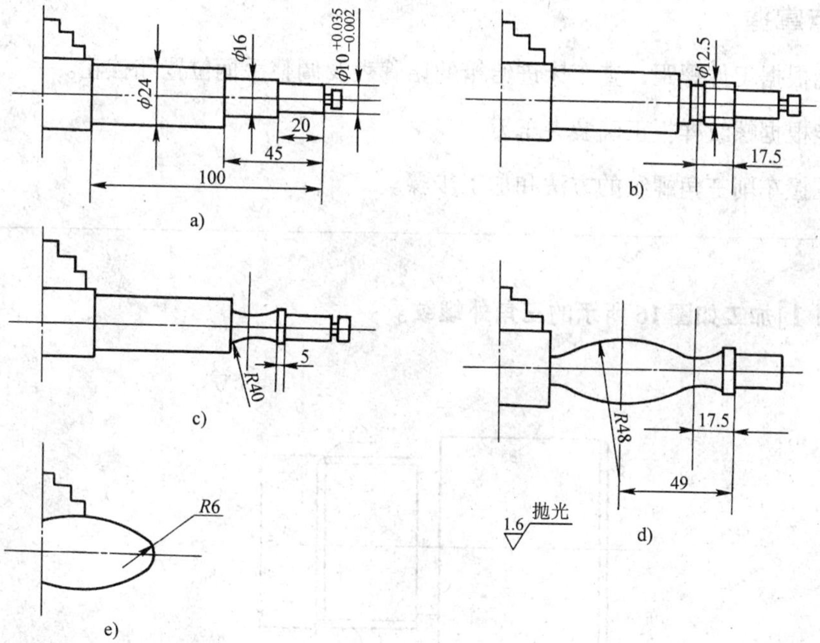

图 15　车摇手柄

♦ 车各圆弧

• 从 ϕ16 mm 外圆的平面起，长度大于 5 mm 开始切削，向 12.5 mm 定位槽处移动车 R40 mm 圆弧面（见图 15c）。

• 从 ϕ16 mm 外圆的平面起，长 49 mm 处为中心线，在 ϕ24 mm 外圆上向左、右方向车 R48 mm 圆弧面（见图 15d）。

• 精车 $\phi10^{+0.035}_{+0.002}$ mm 长 20 mm 至尺寸要求，并包括 $\phi16$ mm 外圆。

• 松开顶尖，用圆头车刀车 $R6$ mm，并切下工件，长度大于 96 mm。

• 使用双手控制法车圆弧时，要动作协调。双手配合时，应注意纵、横进给速度的控制，纵进刀速度的变化是快→中→慢，横进刀速度的变化是慢→中→快。

• 粗车球面时应注意用目测方法来判别球面表面轮廓，最好用目测和量具配合检查，精车时用游标卡尺、千分尺和半径样板配合进行多方位测量。

♦ 修整球面

调头垫铜皮，夹住 $\phi24$ mm 外圆找正，用小圆头车刀或锉刀修整 $R6$ mm 圆弧面，并用半径样板检查。

• 找正时应准确、细心，否则容易造成球面轮廓度超差；用小圆头车刀修整球面时，应注意勤测量，进刀要小，否则易使工件松动。

基本训练 6——车三角螺纹

重点掌握

¤ 能根据工件螺距，查车床进给箱的铭牌表及调整手柄位置和挂轮。

¤ 能根据螺纹样板正确装夹车刀。

¤ 掌握车削三角螺纹的方法和加工步骤。

[练习 1] 加工如图 16 所示的三角外螺纹。

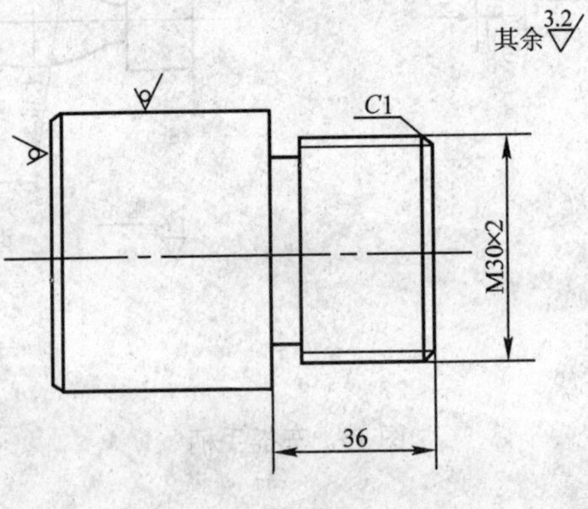

图 16　三角外螺纹 M30 × 2

1. 操作前应准备的用品、设备

（1）材料：45 号钢，尺寸为 $\phi45$ mm × 60 mm、$\phi60$ mm × 30 mm 棒料各 1 根。

(2) 设备：车床（CA6140 或 C620）1 台，卡盘扳手 1 副，刀架扳手 1 副。

(3) 工、刃、量、辅具（考生自备）：45°车刀、90°车刀、内孔车刀、$\phi25$ mm 钻头、外三角螺纹高速钢车刀、内三角螺纹高速钢车刀、游标卡尺 0.02 mm/(0 ~ 300) mm、游标深度尺 0.02 mm/(0 ~ 200) mm、对刀样板、内外螺纹环规（M30 × 2 − 7h）或三角螺纹千分尺、铁屑钩。

2. 基本操作步骤

基本操作步骤描述

开车前准备工作→车外圆倒角→装夹三角螺纹车刀→粗、精车三角螺纹。

步骤 1 开车前准备工作

- 检查车床运转情况是否正常，将工具合理摆放。
- 检查服装（佩戴）是否符合安全文明生产的要求。
- 低速运转车床，检查备料尺寸，加油润滑车床，编排加工工艺。

特别提示：先停车后变速，手柄准确到位后，方可启动车床；女生应戴工作帽，长发应盘在帽内，袖口应扎紧，并戴防护眼镜。

步骤 2 车外圆倒角

- 工件伸出 50 mm 左右，找正、夹紧。
- 粗精车外圆 $\phi30_{-0.318}^{\ 0}$ mm × 36 mm 至尺寸要求。
- 倒角 $C1$。

特别提示：螺纹大径一般比公称直径约小 $0.13P$。保证车好螺纹后牙顶处有 $0.125P$ 的宽度（P 为螺距）。

步骤 3 装夹三角螺纹车刀

- 装夹螺纹车刀，车刀刀尖角的对称中心线与工件轴线垂直，装刀时可用样板来对刀，若将车刀装歪，则会产生牙型歪斜（见图 17）。

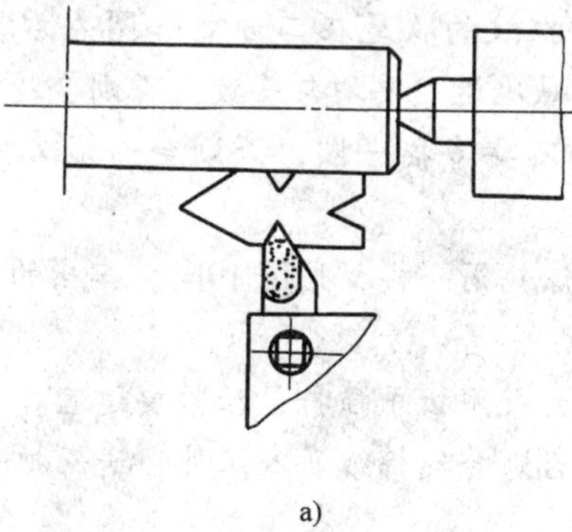

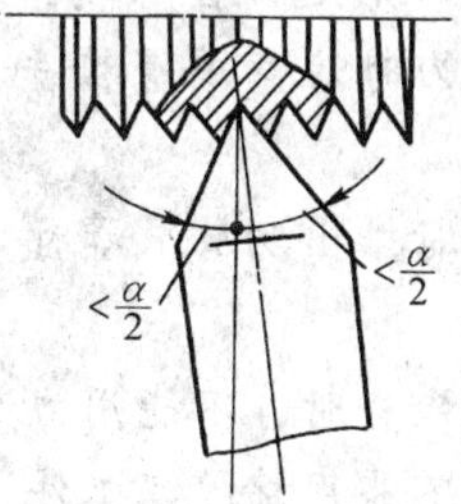

图 17 外螺纹车刀的位置

◆ 装夹螺纹车刀时，刀尖位置应对准工件中心（可根据尾座顶尖高度检查）。

◆ 车削螺纹时车床进给箱手柄位置要调整。

特别提示： 按工件螺距在进给箱铭牌上找交换齿轮的齿数和手柄位置并调整到所需位置；螺纹车刀的前角为0°～15°，径向前角为0°～5°，后角为5°～10°；螺纹车刀的左右刀刃必须是直线，无崩刃，刀头不能歪斜，牙型半角要相等。

步骤4 **粗、精车三角螺纹**

◆ 试车螺纹，在外圆上根据螺纹长度，用刀尖对准，开车并径向进给（见图18），记住中滑板刻度盘读数，退刀将床鞍摇至离平面8～10牙处，径向进给0.05 mm左右，调整刻度盘0位，合下闭合螺母，在工件表面车出一条螺旋线，到螺纹终止线时迅速退刀，检查螺距是否正确。

◆ 采用左右切削法或斜进法粗车螺纹（每边留精车余量0.2～0.3 mm）(见图19)。

◆ 用螺纹环规测量

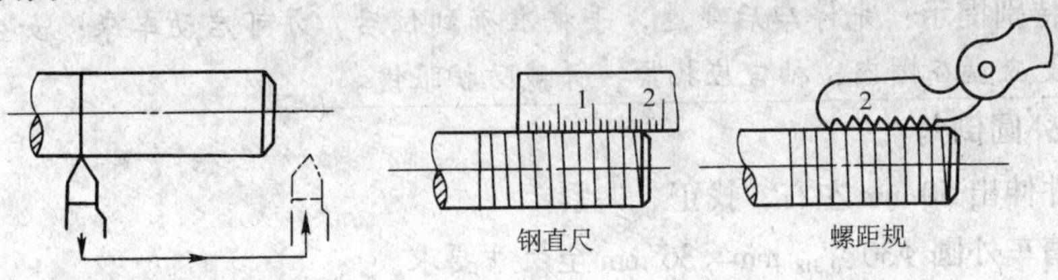

图18　试车螺纹

a）螺纹终止退刀标记　b）检查螺矩

特别提示：

◆ 车螺纹时，闭合螺母必须合到位，应配开合螺母挂砣。

◆ 螺纹进刀深度 $a_p = 0.65P = 0.65 \times 2 = 1.3$ mm。

◆ 车削无退刀槽的螺纹时，注意螺纹的收尾在二分之一圈左右就要达到这个要求；必须先退刀，后起开合螺母，且每次退刀要均匀一致，否则会撞掉刀尖。

◆ 车螺纹进刀时注意中滑板手柄不要多摇一圈，否则会造成刀尖崩刃或工件损坏。

◆ 精车螺纹时排出切屑很薄时（像锡箔一样，见图19b），车出的螺纹表面粗糙度小。

◆ 使用环规检查时，不能用力过大或用扳手强拧，松紧要适宜。

◆ 开车时，不能用棉纱擦工件，否则会使棉纱卷入工件，进而把手指也一起卷进而造成事故。

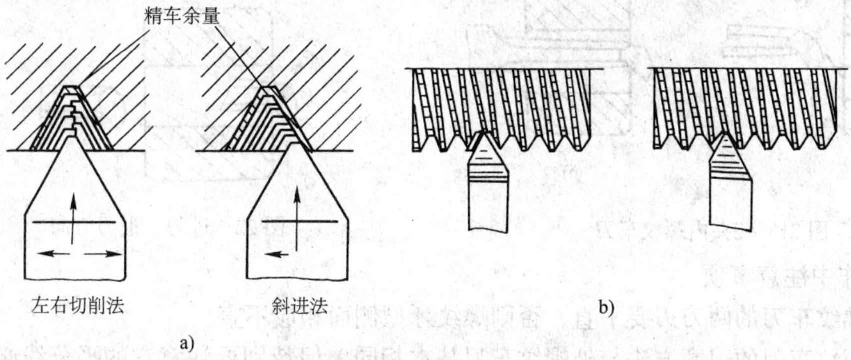

图 19　粗、精车螺纹

a）进给方法　b）切屑排出情况

[练习 2]加工如图 20 所示的内三角螺纹。

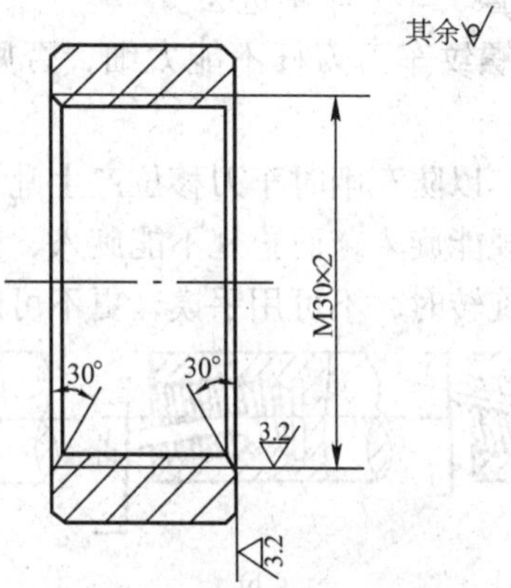

图 20　三角内螺纹 M30×2

基本操作步骤描述　装夹找正工件，钻孔、车孔→加工内三角螺纹。

特别提示

♦ 装夹找正工件，钻孔，粗、精车内孔

• 夹住外圆，找正车平面，用 $\phi25$ mm 钻头钻通孔。

• 用内孔车刀粗、精车内孔直径至 $\phi27.83^{+0.375}_{0}$ mm。

• 孔径尺寸采用公式 $D_{孔} = d - 1.0825P$ 计算。

• M30×2 的内螺纹孔径尺寸查小径公差表得：$D_{孔} = d - 1.0825P = \phi27.83^{+0.375}_{0}$ mm。

♦ 粗、精车内三角螺纹

• 装夹内螺纹车刀（见图 21）。

• 两端孔口倒角 1 mm×30°。

• 粗、精车内螺纹方法基本和外螺纹相同（进刀和退刀方向与车削外螺纹相反，见图 22）。

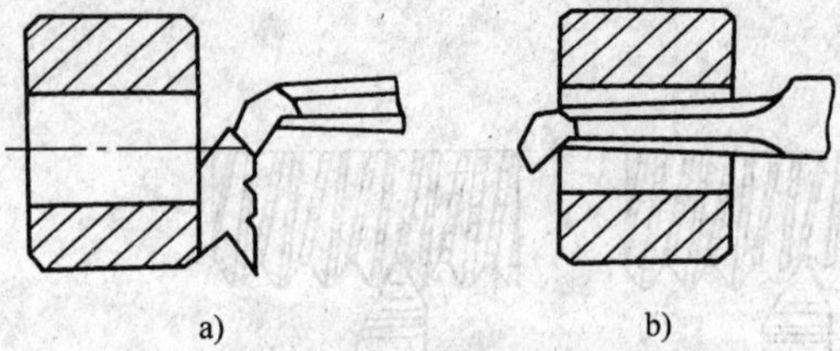

图 21　装夹内螺纹车刀

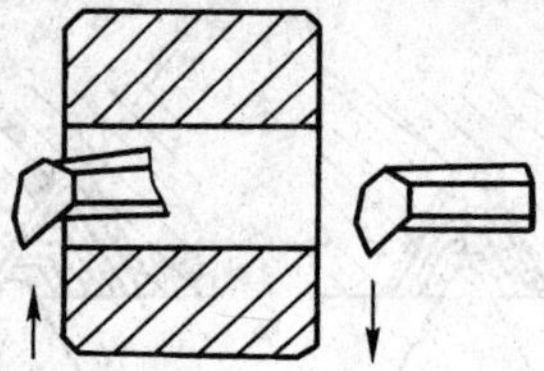

图 22　进刀、退刀方向

♦ 操作中注意事项

• 内螺纹车刀的两刀刃要平直，否则螺纹牙型侧面相应不直。

• 内螺纹车刀的刃磨方法与外螺纹车刀基本相同，但特别要注意它的平分线必须与刀杆垂直（见图 23c），否则车削时会出现刀杆碰伤工件内孔的现象（见图 23a、图 23b）。

• 车刀刃磨不正确或装刀歪斜，会使车出的内螺纹一面正好用塞规拧进，另一面则拧不进或配合过松。

• 车刀刀尖要对准工件中心，过高易引起振动，使工件表面产生鱼鳞斑现象。车刀装低，刀头下部会与工件发生摩擦，车刀车不进去。

• 用内螺纹车刀倒角，内螺纹车刀刀杆不能太细，否则易引起振颤和变形，出现扎刀、啃刀、让刀及振纹现象。

• 小滑板宜调整得紧一些，以防车削时车刀移位产生乱牙。

• 用塞规检查时，如果通规能旋入，而止规不能旋入，则说明螺纹精度合格。

• 车内螺纹过程中，工件旋转时，不可用手摸，更不可用棉纱去擦，以免造成事故。

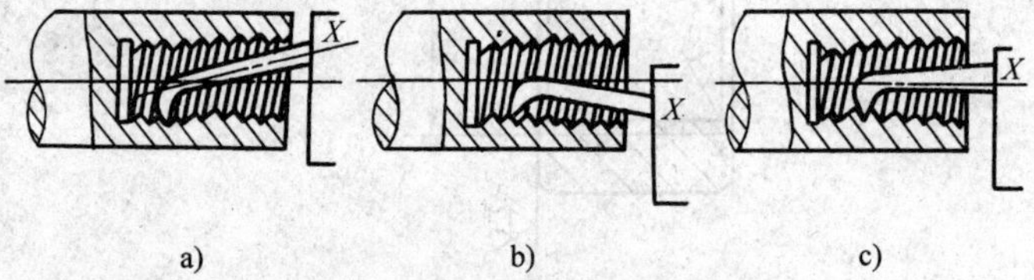

图 23　车刀刀尖角与刀杆位置的关系

● 基本训练 7——梯形螺纹车削

重点掌握

¤ 掌握梯形螺纹车刀的刃磨方法。

¤ 掌握梯形螺纹的车削方法。

¤ 掌握梯形螺纹的测量、检查方法。

[练习 1]按要求完成如图 **24** 所示的工作内容。

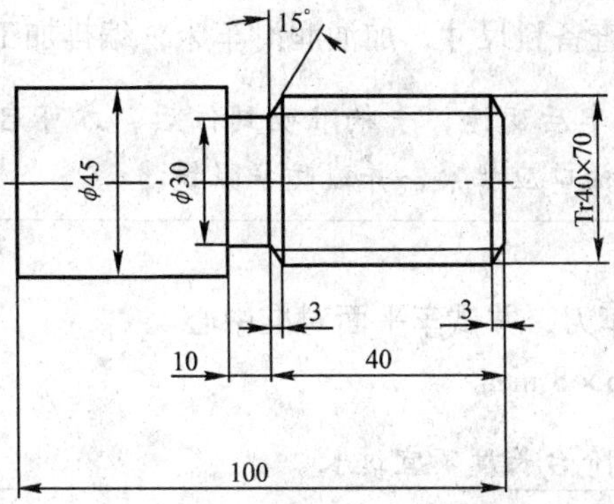

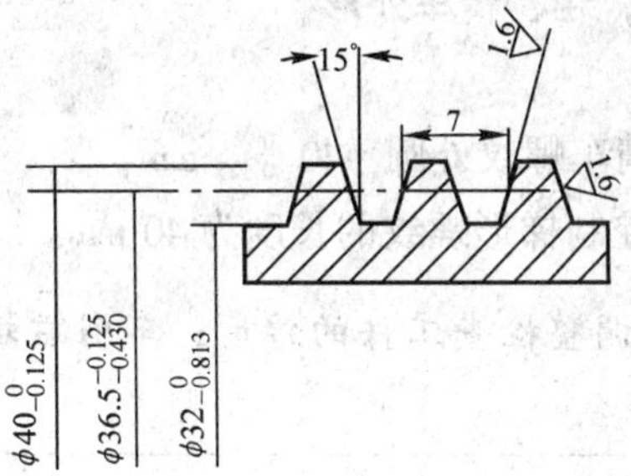

技术要求
1. 不允许套螺纹。
2. 倒角C1。
3. 倒钝锐边。
4. 未注公差尺寸按IT14加工。

图 24　车梯形螺纹

1. 操作前应准备的用品、设备

（1）材料：45 号钢，尺寸为 φ45 mm × 100 mm、φ50 mm × 42 mm 棒料各 1 根。

（2）设备：车床（CA6140 或 C620）1 台，卡盘扳手 1 副，刀架扳手 1 副。

（3）工、刃、量、辅具（考生自备）：45°车刀、90°车刀、内孔车刀、φ24 mm 钻头、内梯形螺纹车刀（P = 6 mm）、外梯形螺纹车刀（P = 7 mm）、游标卡尺 0.02 mm/(0 ~ 150) mm、游标深度尺 0.02 mm/(0 ~ 200) mm、0.02 mm/(25 ~ 50) mm 千分尺、对刀样板、量针及公法线千分尺、螺纹环规（Tr40 × 7 − 7h）、回转顶尖、A3 中心钻及钻夹头、铁屑钩。

2. 基本操作步骤

基本操作步骤描述

开车前准备工作→装夹找正工件，车装夹阶台→调头装夹，车平面、钻中心孔，一夹一顶装夹，车外圆、车槽→车梯形螺纹。

步骤 1 开车前准备工作

◆ 检查车床运转情况是否正常，将工具合理摆放。

◆ 检查服装（佩戴）是否符合安全文明生产的要求。

◆ 低速运转车床，检查备料尺寸，加油润滑车床，编排加工工艺。

特别提示：先停车后变速，手柄准确到位后，方可启动车床；女生应戴工作帽，长发应盘在帽内；袖口应扎紧，并戴防护眼镜。

步骤2 车装夹阶台

◆ 装夹 45°车刀、90°车刀，并试车平面对准中心。

◆ 车装夹阶台 ϕ43 mm×8 mm。

特别提示：装夹阶台长度不宜过长。

步骤3 车平面，钻中心孔，一夹一顶，粗、精车外形

◆ 调头车平面，钻中心孔。

◆ 工件采用一夹一顶装夹，粗、精车螺纹外圆 $\phi40_{-0.125}^{0}$ mm。

◆ 车退刀槽 ϕ30 mm×10 mm，并控制梯形螺纹的长度为 40 mm。

特别提示：粗车外圆时注意调整检查工件的锥度；车削右端外圆时还应注意车刀是否与后顶尖碰撞。

步骤4 粗、精车梯形螺纹

◆ 用对刀样板装夹梯形螺纹车刀（见图 25）。

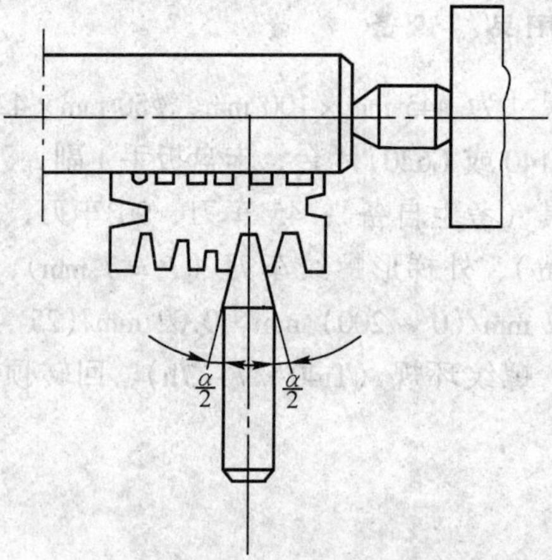

图 25 梯形螺纹车刀的装夹

◆ 用梯形螺纹刀倒角 3 mm×15°。

◆ 试车螺纹，在外圆上根据螺纹长度，用刀尖对准，开车并径向进给，记住中滑板刻度盘读数，退刀将床鞍摇至离平面 4～6 牙处，径向进给 0.05 mm 左右，调整刻度盘 0 位，合下开合螺母，在工件表面上车出一条有痕螺旋线，到螺纹终止线时迅速退刀，检查螺距是否正确。

◆ 采用左右切削法粗车螺纹（每边留精车余量 0.1～0.2 mm），并车准螺纹小径尺寸至 $\phi 32_{-0.813}^{\ 0}$ mm（用深度尺间接控制）。

◆ 采用左右切削法精车螺纹（当一侧面车光后再车另一侧面，两侧面均车光后将刀移到中间把牙底车光，见图 26）。

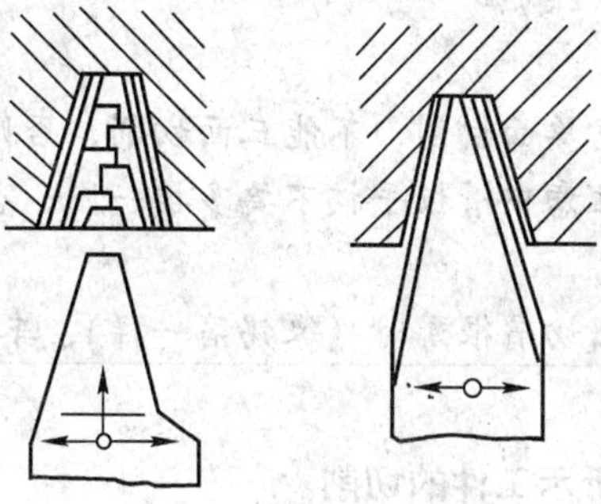

图 26　梯形螺纹进刀方式

◆ 用量针测量控制 Tr40 × 7 − 7e 的螺纹中径 $\phi 36.5_{-0.430}^{-0.125}$ mm。

特别提示：

◆ 梯形螺纹车刀两侧副刀刃应平直，否则工件牙型角不正，精车时刀刃应保持锋利，要求螺纹两侧面表面粗糙度小（见图 27），内梯形螺纹刀头宽度为 0.366P = 0.366 × 7 = 2.562 mm。

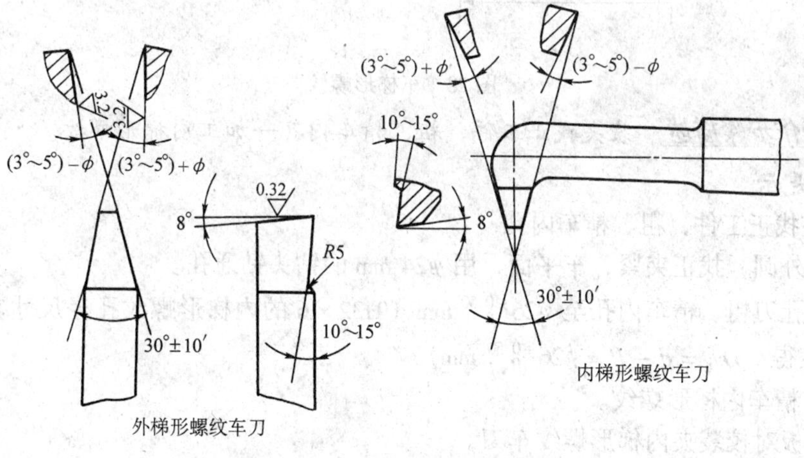

图 27　内、外梯形螺纹车刀

◆ 车螺纹时，开合螺母必须闸到位，如未闸到位，应立即起闸重新进行。

◆ 车梯形螺纹时应注意下列公式的应用：

$$M = d_2 + 4.864 d_D - 1.866P$$

式中　M——量针测量值，mm；

d_2——梯形螺纹中径，mm；

d_D——量针直径，mm；

P——螺距，mm。

◆ 此题中 $M = \phi40.948\,2^{-0.125}_{-0.430}$ mm（$d_D = 0.518P = 0.518 \times 7 = 3.6$ mm）即为量针测量的值。

◆ 车梯形螺纹时要注意单面切削，不能三面切削，否则易使工件松动。

◆ 车梯形螺纹进刀时注意中滑板手柄不要多摇一圈，否则会造成刀尖崩刃或工件损坏。

◆ 精车梯形螺纹时排出切屑很薄时（像锡箔一样），车出的螺纹表面粗糙度小。

[练习 2]完成如图 28 所示工件的切削。

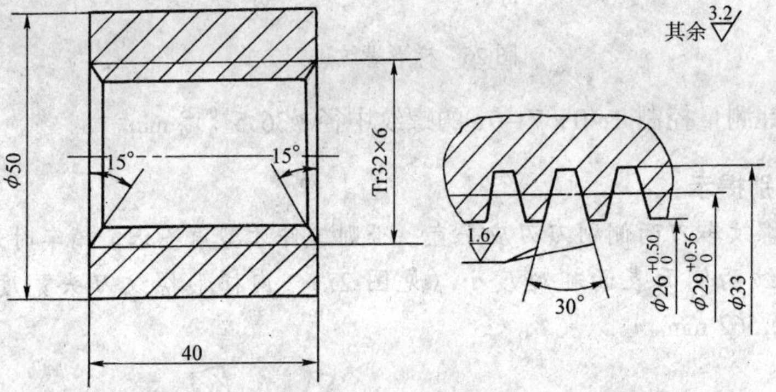

图 28　车梯形螺纹

基本操作步骤描述　装夹找正工件，粗、精车内孔→加工内梯形螺纹。

特别提示

◆ 装夹找正工件，粗、精车内孔

• 夹住外圆，找正夹紧，车平面，用 $\phi24$ mm 的钻头钻通孔。

• 用车孔刀粗、精车内孔至 $\phi26^{+0.50}_{0}$ mm（Tr32 × 6 的内梯形螺纹孔径尺寸查梯形螺纹有关公差表得：$D_{孔} = d - P = \phi26^{+0.50}_{0}$ mm）。

◆ 粗、精车内梯形螺纹。

• 用样板对校装夹内梯形螺纹车刀。

• 两端孔口用内梯形螺纹刀倒角，宽 1 mm。

• 粗、精车内梯形螺纹方法基本和外梯形螺纹相同（进刀和退刀方向与车削外梯形螺纹相反）。内梯形螺纹车刀的两刀刃要平直，否则螺纹牙型侧面相应不直。内梯形螺纹车刀刀头比外梯形螺纹车刀牙顶稍大一些，也可为 $0.366P^{+0.03\sim0.05}_{0}$ mm。

• 尽可能利用刻度盘控制退刀，以防刀杆与孔壁相碰；小滑板宜调整得紧一些，以防车削时车刀移位产生乱牙。

- 车螺纹的要领：

车螺纹，要谨慎，对照铭牌验螺距。
粗车采用借刀法，眼明手快动作准。
吃刀量看螺距，控制牙顶和牙深。
“扎刀”是因多刃车，改用借刀排屑顺。
精车要用单刃切，及时测量用量针。
螺纹车完要小心，闭合螺母随时分。

基本训练 8——蜗杆车削

重点掌握

¤掌握蜗杆有关车削的计算方法和齿厚测量法（或千分尺测量法）。

¤掌握蜗杆车刀的刃磨和装夹方法。

¤掌握蜗杆的车削方法。

[练习]按要求完成图 29 所示的工作内容。

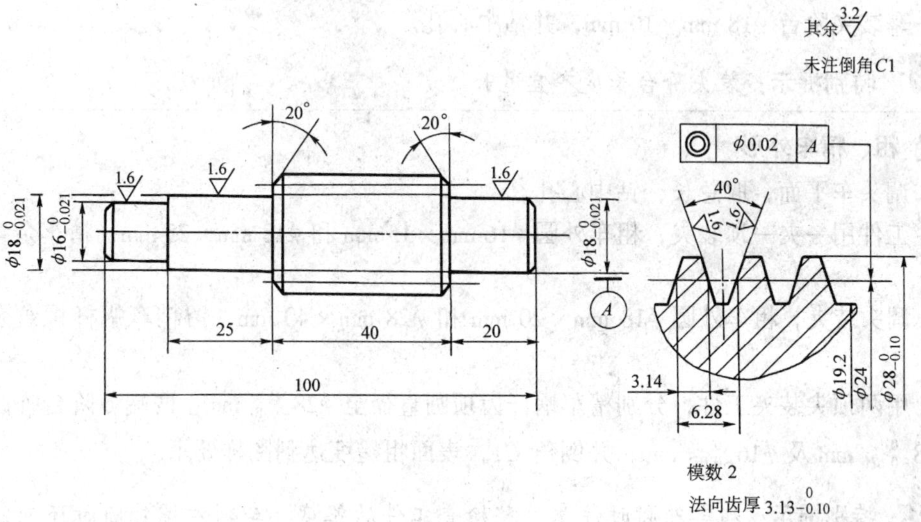

图 29　车蜗杆

1．操作前应准备的用品、设备

（1）材料：45 号钢，尺寸为 $\phi30$ mm × 105 mm 棒料 1 根。

（2）设备：车床（CA6140 或 C620）1 台，卡盘扳手 1 副，刀架扳手 1 副。

(3) 工、刃、量、辅具（考生自备）：45°车刀、90°车刀、蜗杆螺纹车刀（$m_x=2$）、游标卡尺 0.02 mm/(0～300) mm、游标深度尺 0.02 mm/(0～200) mm、齿轮游标卡尺或量针及公法线千分尺、0.01 mm/(0～25) mm 千分尺、万能角度尺、回转顶尖、A3 中心钻及钻夹头、铁屑钩。

2. **基本操作步骤**

基本操作步骤描述

开车前准备工作→车装夹阶台→粗、精车外形两顶尖装夹→粗、精车蜗杆螺纹→调头精车外圆。

步骤1 **开车前准备工作**

◆ 检查车床运转情况是否正常，将工具合理摆放。

◆ 检查服装（佩戴）是否符合安全文明生产的要求。

◆ 低速运转车床，检查备料尺寸，加油润滑车床，编排加工工艺。

特别提示：先停车后变速，手柄准确到位后，方可启动车床；女生应戴工作帽，长发应盘在帽内；袖口应扎紧，并戴防护眼镜。

步骤2 **车装夹阶台**

◆ 装夹 45°车刀、90°车刀，并试车平面，对准中心。

◆ 车装夹阶台 $\phi18$ mm×10 mm，并钻中心孔。

特别提示：装夹阶台长度不宜过长。

步骤3 **粗、精车外形**

◆ 调头车平面，取总长，钻中心孔。

◆ 工件用一夹一顶装夹，粗车外圆 $\phi16$ mm×15 mm 和 $\phi18$ mm×25 mm（精车余量 1 mm）。

◆ 调头装夹，粗车外圆 $\phi18$ mm×20 mm 和 $\phi28$ mm×40 mm，留精车蜗杆螺纹余量。

◆ 用两顶尖装夹工件，分别精车蜗杆齿顶圆直径至 $\phi28_{-0.10}^{\ 0}$ mm，两端各阶台外圆至 $\phi18_{-0.021}^{\ 0}$ mm 及 $\phi16_{-0.021}^{\ 0}$ mm，并倒角 $C1$，表面粗糙度达到图样要求。

特别提示：粗车外圆时注意调整检查工件的锥度；车削右端外圆时还应注意车刀是否与后顶尖碰撞。

步骤4 **粗、精车蜗杆螺纹**

◆ 装夹蜗杆螺纹车刀，用蜗杆螺纹车刀在两端倒角。

◆ 采用开倒顺车的方法切削。蜗杆的车削方法和车削梯形螺纹相似，粗车后留精车余量0.2～0.4 mm。由于蜗杆的螺距大，齿型深、切削面积大，因此精车时，采用均匀的单面车削。

◆ 法向齿厚$3.13_{-0.10}^{\ 0}$ mm。使用齿厚卡尺时应在法向方向测量（见图30）。

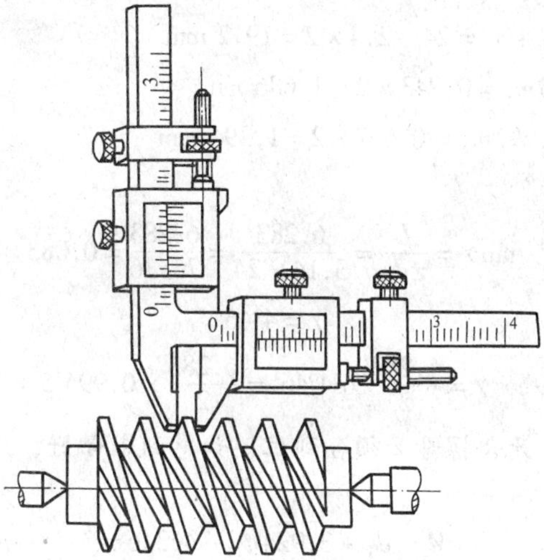

图30　用齿轮游标卡尺测量法

特别提示：

◆ 蜗杆螺纹车刀选用高速钢材料，因螺纹升角较大，可采用可调节的刀杆进行加工。车刀的两侧后角应适当增减。精车刀刃磨要求两侧刀刃平直，表面粗糙度小。

◆ 车刀的装夹采用万能角度尺找正车刀的位置。一般的角度样板易把车刀装歪（见图31）。

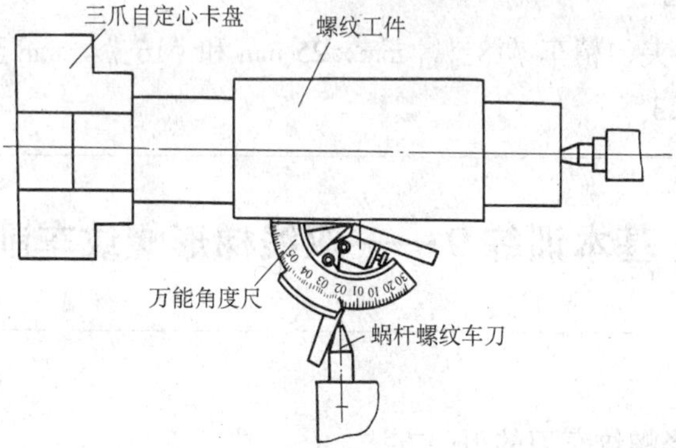

图31　蜗杆车刀的装夹

◆ 车削外径为28 mm，齿型角40°、模数$m_x = 2$的单头蜗杆。车削所需的尺寸如下：

齿距：$P=\pi m_x=3.141\ 6\times2=6.283$ mm

导程：$L=np=n\pi m_x=1\times3.141\ 6\times2=6.283$ mm

齿深：$h=2.2m_x=2.2\times2=4.4$ mm

中径：$d_2=d-2m_x=28-2\times2=24$ mm

内径：$d_1=d_2-2.4m_x=24-2.4\times2=19.2$ mm

齿顶宽：$f=0.843m_x=0.843\times2=1.686$ mm

齿根槽宽：$W=0.697m_x=0.697\times2=1.394$ mm

螺纹升角：

$$\tan\gamma=\frac{L}{\pi d_2}=\frac{6.283}{3.14\times24}=\frac{6.283}{75.36}=0.083$$

$$\gamma=4°46'$$

法向齿厚：$S_n=\dfrac{P}{2}\cos\gamma=\dfrac{6.283}{2}\cos4°46'=\dfrac{6.283}{2}\times0.996\ 5=3.13$ mm

◆ 车蜗杆螺纹时，开合螺母必须合到位，如感到未合好，应立即重新进行。同时注意公式如下的应用：

$$M=d_1+3.924d_D-4.316m_x$$

式中 M——量针测量值，mm；

d_1——分度圆的直径，mm；

d_D——量针直径（最佳值 $d_D=1.675m_x$），mm；

m_x——轴向模数。

◆ 保证蜗杆的精度和较小的表面粗糙度，即大前角，薄切屑，低速，刀刃平直，表面粗糙度小，充分加入切消液。

步骤5 **调头精车外圆**

◆ 调头两顶尖装夹，精车 $\phi18_{-0.021}^{\ 0}$ mm×25 mm 和 $\phi16_{-0.021}^{\ 0}$ mm 至尺寸要求。

◆ 倒角 $C1$、$C0.3$。

基本训练 9——双线梯形螺纹车削

重点掌握

¤ 掌握双线梯形螺纹车刀的刃磨方法。

¤ 掌握双线梯形螺纹的分线、车削方法。

¤ 掌握双线梯形螺纹的测量、检查方法。

[练习]按要求完成如图 32 所示的工作内容。

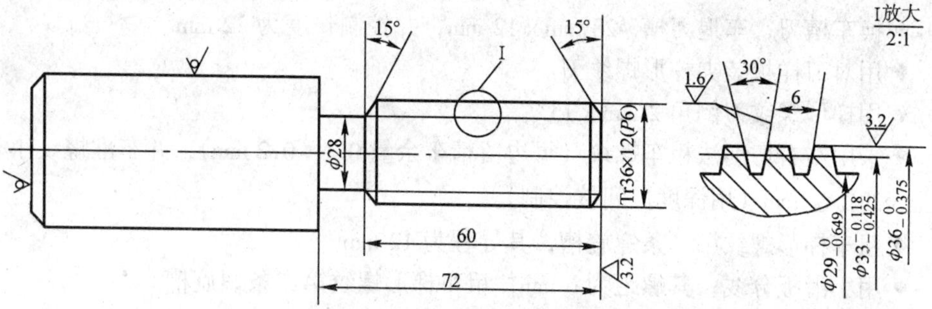

图 32　车双梯形螺纹

1. 操作前应准备的用品、设备

(1) 材料：45 号钢，尺寸为 ϕ45 mm × 100 mm 棒料 1 根。

(2) 设备：车床（CA6140 或 C620）1 台，卡盘扳手 1 副，刀架扳手 1 副。

(3) 工、刃、量、辅具（考生自备）：45°车刀、90°车刀、外梯形螺纹车刀（L = 12 mm、双线）、游标卡尺 0.02 mm/(0 ~ 150)mm、游标深度尺 0.02 mm/(0 ~ 150) mm、千分尺 0.01 mm/(25 ~ 50) mm、对刀样板、量针及公法线千分尺、铁屑钩。

2. 基本操作步骤

基本操作步骤描述

开车前准备工作→粗、精车外圆→车槽，倒角，粗、精车双线梯形螺纹。

步骤 1　开车前准备工作

◆ 检查车床运转情况是否正常，将工具合理摆放。

◆ 检查服装（佩戴）是否符合安全文明生产的要求。

◆ 低速运转车床，检查备料尺寸，加油润滑车床，编排加工工艺。

特别提示： 先停车后变速，手柄准确到位后，方可启动车床；女生应戴工作帽，长发应盘在帽内；袖口应扎紧，并戴防护眼镜。

步骤 2　粗、精车外圆

◆ 装夹 45°车刀、90°车刀，并试车平面，对准中心。

◆ 工件伸出 80 mm 左右，找正夹紧。

◆ 粗、半精车外圆 ϕ36 mm × 72 mm。

特别提示： 工件伸出长度不宜过长。

步骤3 **车槽，粗、精车双线梯形螺纹**

♦ 换车槽刀，车退刀槽 $\phi 28$ mm × 12 mm，并控制长度为 72 mm。

♦ 用对刀样板装夹梯形螺纹刀。

♦ 用梯形螺纹刀倒角 2 mm × 15°。

♦ 采用左右切削法粗车螺纹（每边留精车余量 0.1 ~ 0.2 mm），并车准螺纹小径尺寸至 $\phi 29_{-0.649}^{\ 0}$ mm（用深度尺间接控制）。

♦ 粗车梯形螺纹第一条螺旋槽，其导程为 12 mm。

♦ 用小滑板分线，其螺距为 6 mm，粗车梯形螺纹第二条螺旋槽。

♦ 精车梯形螺纹大径至 $\phi 36_{-0.375}^{\ 0}$ mm，表面粗糙度值至要求。

♦ 精车第 1 条螺旋槽，两侧面表面粗糙度值达 $R_a 1.6\ \mu m$。

♦ 精车第 2 条螺旋槽，两侧面表面粗糙度值达 $R_a 1.6\ \mu m$。

♦ 用量针测量控制 Tr36 × 12（$P6$）的螺纹中径 $\phi 33_{-0.425}^{-0.118}$ mm。

特别提示：

♦ 梯形螺纹车刀两侧后角应适当增减，否则工件牙型角不正和无法正常车削。精车时刀刃应保持锋利，要求螺纹两侧面表面粗糙度小。

♦ 车双线螺纹时，决不可将一条螺旋线车好后，再车另一条螺旋槽。加工时应按下列步骤进行：

♦ 粗车第一条螺旋槽时，记住中、小滑板的刻度。

♦ 采用左右切削法加工多线螺纹时，为了保证双线的螺距精度，车削每条螺旋槽时车刀的轴向移动量（借刀量）必须相等。

♦ 精车时要多次循环分线，第 2 次或第 3 次循环分线时，不准用小滑板赶刀（借刀），只能在牙型面上单面车削，以矫正借刀或粗车时所产生的误差。经过循环车削，既能削除分线或赶刀所产生的误差，又能提高螺纹的精度和表面粗糙度。

♦ 采用量针测量时，量针所放槽的位置不能搞错。

基本训练 10——车偏心

重点掌握

¤ 在三爪自定心卡盘上车偏心工件的方法。

[练习 1]按要求完成如图 33 所示的工作内容。

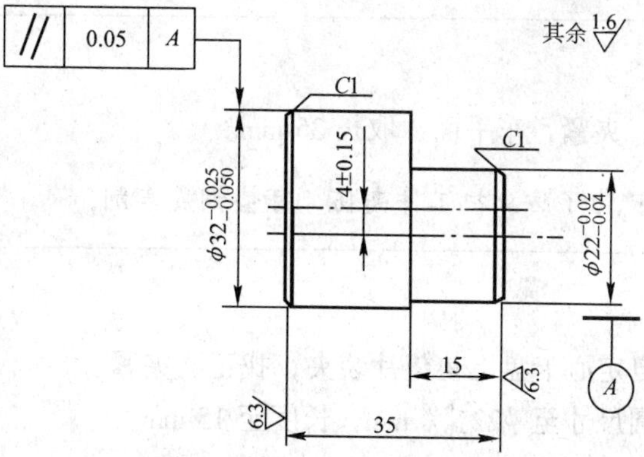

图 33　偏心轴

1. 操作前应准备的用品、设备

(1) 材料（考场准备）：45 号钢，尺寸为 ϕ35 mm×41 mm 轴料 1 根。

(2) 设备（考场准备）：C620 或 CA6140 车床 1 台，卡盘、刀台扳手各 1 副。

(3) 工、刃、量、辅具（考生自备）：YT15　45°车刀、90°车刀、偏心垫块 e = (4 ± 0.15) mm、游标卡尺 0.02 mm/(0 ~ 150) mm、千分尺 0.01 mm/(0 ~ 25) mm、千分尺 0.01 mm/(25 ~ 50) mm、百分表及磁力表座 0.01 mm/(0 ~ 10) mm、游标深度尺 0.02 mm/(0 ~ 200) mm、铜皮及常用工具。

2. 基本操作步骤

基本操作步骤描述

车装夹阶台→车外圆→取总长→车偏心。

步骤 1 **车装夹阶台**

车外圆 ϕ34 mm，长 4 ~ 5 mm。

特别提示： 外圆不能车得过长，必须保证车削基准圆 ϕ32 mm 时不能接刀；平面不用车削。

步骤 2 **车外圆**

- 工件调头，夹住 ϕ34 mm 外圆，找正夹紧。
- 车平面，车平即可。
- 粗、精车外圆尺寸至 $\phi 32^{-0.025}_{-0.050}$ mm，长度大于 35 mm。
- 外圆倒角 $C1$。

特别提示： 控制外圆尺寸时，外圆不能产生锥度，且表面粗糙度要小。

步骤 3 **取总长**

工件调头校正、夹紧，车平面，取长 35 mm。

特别提示：为了防止把工件夹伤，可垫铜皮车削。

步骤 4 **车偏心**

◆ 工件在三爪自定心卡盘上垫垫片装夹，找正、夹紧。

◆ 粗、精车外圆尺寸至 $\phi 22^{-0.02}_{-0.04}$ mm，长度至 15 mm。

◆ 外圆倒角 $C1$。

特别提示：

◆ 选择垫片的材料应有一定的硬度，以防止装夹时发生变形。垫片与爪脚接触的一面应做成圆弧面，其圆弧大小等于或小于爪脚圆弧。若做成平的，则在垫片与爪脚之间会产生间隙。为了便于调整，垫片的厚度应比计算值稍薄一点。

◆ 装夹长度不宜过长，否则会增加找正的难度。

◆ 校正偏心时，应先校正两条相交 90°的外圆侧母线，使外圆侧母线与车床主轴轴线平行。用百分表校验偏心距时，表杆要垂直于工件轴线，工件圆跳动应是 2 个偏心距。

◆ 调整偏心距时，垫片每次都应放在同一卡爪上。

◆ 由于工件偏心，在车削前车刀不能靠近工件，防止开车后工件碰击车刀。若在四爪单动卡盘上车削偏心工件，应先校正两条相交 90°的外圆侧母线，使外圆侧母线与车床主轴轴线平行，然后校正已画好的偏心中心线，使偏心中心线与车床主轴轴线重合。工件装夹后，为了检查误差，可用百分表在外圆上测量，缓慢转动工件，观察圆跳动量是否为 2 倍的偏心距。划线时应注意：在划线上打样冲眼时，必须打在交点上；平板、划线盘底面要平整、清洁，否则容易产生划线误差；划针头部的硬度要达到要求，并且保持尖锐，使划出的线条清晰、准确。

[练习 2]完成如图 34 所示工件的车削。

基本操作步骤描述 车平面，钻中心孔→车 ϕ52 mm 外圆→取总长→划线→在相应位置钻中心孔（4 个）→两顶尖装夹，粗、精车中间一拐尺寸 ϕ25 mm × 28 mm 及 ϕ18 mm × 22 mm→在另一组中心孔上装夹工件，中间凹槽用螺钉、螺母支撑→粗车 ϕ25 mm × 59 mm 至 ϕ26 mm × 59 mm→调头粗、精车 ϕ25 mm × 4 mm 和 ϕ18 mm × 22 mm→调头，粗、精车 ϕ25 mm × 4 mm 和 ϕ18 mm × 22 mm 及锥度 1:5 至尺寸要求，车 M12 螺纹。

特别提示 划线、打样冲眼要准确，否则容易造成两轴轴心线歪斜和偏心距误差，支撑螺钉不能支撑得太紧，以防工件变形。车偏心要领：

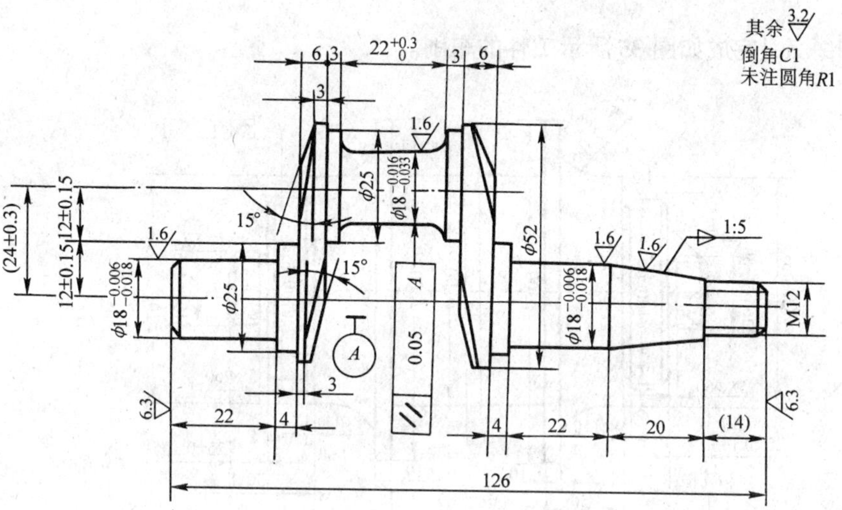

图 34　两顶尖间车单拐曲轴

车偏心方法有三种，三爪、四爪、两顶针。
三爪车削加垫片，厚度略薄可调整。
四爪校正要用表，先校母线后偏心。
校好偏心应复查，以防走动假乱真。
两顶针间车偏心，划线、涂色要均匀。
中心孔，要钻正，车削过程应防振。
粗车速度不宜高，精车过程要细心。

考核模块一　轴类

考核要点 1——车多阶台三角螺纹轴

重点掌握

¤ 多阶台的车削方法及步骤。

¤ 三角螺纹的车削方法及步骤。

¤ 沟槽的车削方法和步骤。

¤ 形位公差的保证方法。

[训练 1]完成如图 35 所示工件的车削。

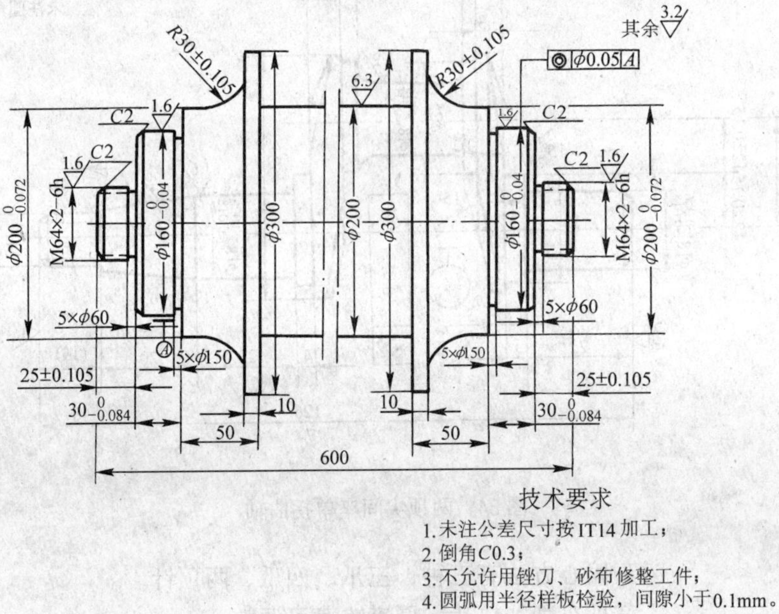

图 35　多阶台三角螺纹轴

否定项　$\phi160_{-0.04}^{0}$ mm 超差时，视为不合格。

1. 操作前应准备的工具、设备、用品

(1) 材料（考场准备）：45 号钢或锻钢，尺寸为 $\phi320$ mm × 610 mm。

(2) 设备（考场准备）：车床 C630，中心架，卡盘扳手 1 副，刀架扳手 1 副。

(3) 工、刃、量、辅具（考生自备）：45°车刀、90°车刀（左偏刀、右偏刀各 1 把）、外三角螺纹车刀 2 把、车槽刀（$S = 5$ mm、$L > 55$ mm）、圆头车刀（$R30$ mm）2 把、游标卡尺 0.02 mm /(0 ~ 300) mm、游标深度尺 0.02 mm /(0 ~ 200) mm、千分尺 0.01 mm /(150 ~ 175) mm 及 0.01 mm /(200 ~ 225) mm 各 1 把、半径样板 $R30$ mm、M64 × 2 – 6 h 螺纹环规或螺纹千分尺、百分表及磁性表座 1 套、A3 中心钻及钻夹头、回转顶尖、常用工具、0.1 ~ 0.2 mm厚铜皮。

2. 基本操作步骤

基本操作步骤描述

检查设备、接通电源→车平面、取总长、钻中心孔→粗车工件右端各部外圆→粗、精车 $\phi200$ mm × 390 mm 沟槽→粗车工件左端各部外圆→精车工件左端→调头精车工件右端→检查工件、交验。

步骤1 **启动设备**

◆ 检查设备各部件是否正常，各手柄位置是否正确，然后，接通电源。

◆ 调整机床转速，低速运转 3 ~ 5 min，并对车床进行润滑。

特别提示：开启车床前须检查各部位有无碰撞，变速时必须停车进行。

步骤2 **车支撑工艺槽平面、取总长、钻中心孔**

加工部位（见图 35a）。

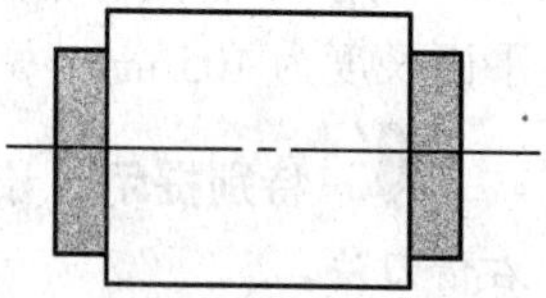

图 35a

◆ 装夹 45°车刀、90°车刀。

◆ 车两中心架支撑工艺槽。

◆ 工件装夹与校正：架中心架，分别校正，车削左、右两平面，钻中心孔，车装夹阶台 ϕ200 mm × 10 mm，保证 600 mm总长。

特别提示：

◆ 车刀刀尖一定要严格与工件旋转轴心等高；伸出长度是刀杆厚度的 1.5 倍；保证车刀的工作角度正确。

◆ 中心架支撑工艺槽尺寸应统一，否则，工件调头易产生振动。

◆ 架中心架车削过程中，支撑爪部位应加润滑油。

◆ 刀杆底部要垫平，用试车平面的方法来保证刀尖严格对准中心。

◆ 找正时，主轴应放在空挡位置，一定要耐心细致。

◆ 一定要校正工件的前后位置，使工件轴心线和车床主轴轴心线同轴。

步骤3 **粗车工件右端各部外圆**

加工部位（见图 35b）。

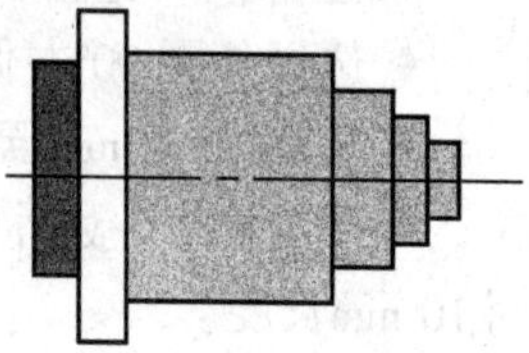

图 35b

◆ 夹左端 10 mm × ϕ200 mm 外圆，一夹一顶装夹。

◆ 选择外圆 90°粗车刀。

◆ 车削 ϕ300 mm 至 ϕ303 mm × 570 mm。

◆ 车削 R30 处外圆至 ϕ263 mm × 93 mm。

◆ 车削 ϕ200 mm 至 ϕ203 mm × 63 mm。

◆ 车削 ϕ160 mm 至 ϕ163 mm × 53 mm。

◆ 车削 M64 × 2 – 6h 外径至 ϕ70 mm × 23 mm。

◆ 车削 8 mm × ϕ66 mm 工艺装夹阶台。

特别提示：粗加工时，为了提高生产率，要尽快切除大部分加工余量，在机床刚度允许的情况下应选择较大的吃刀量和进给量，但考虑到刀具的耐用度和机床功率的限制，切削速度不宜太高；在粗车过程中，机床的锥度要调整到要求公差范围内。

步骤 4 **粗、精车 ϕ200 mm × 390 mm 沟槽**

加工部位（见图 35c）。

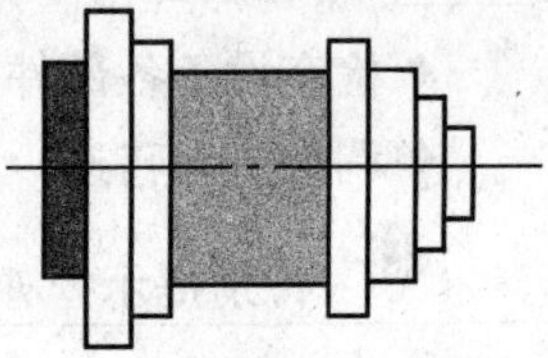

图 35c

◆ 选择车槽刀，车出进刀槽。

◆ 用 90°左偏刀车削左半部沟槽，保证 ϕ200 mm 和左侧平面长度为 105 mm。

◆ 用 90°右偏刀车削右半部沟槽，保证 ϕ200 mm 和右侧平面长度为 105 mm。

特别提示： 检查车床有无锥度，不符合要求应调整；在车槽时，应采用左右借刀法。

步骤 5 **粗车工件左端各部外圆**

加工部位（见图 35d）。

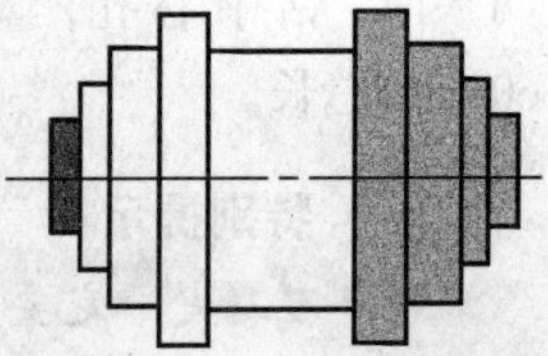

图 35d

◆ 夹 ϕ66 mm × 8 mm 装夹阶台，一夹一顶装夹。

◆ 选择外圆 90°粗车刀。

◆ 粗车 R30 mm 处外圆至 ϕ263 mm × 93 mm。

◆ 粗车 ϕ200 mm 至 ϕ203 mm × 63 mm。

◆ 粗车 ϕ160 mm 至 ϕ163 mm × 53 mm。

◆ 粗车 M64 × 2 – 6h，大径至 ϕ66 mm × 25 mm，保证长度（25 ± 0.105）mm。

特别提示： 粗车时，长度方向尺寸也应注意控制；分清粗车、半精车、精车的不同要求，合理地选择切削用量。

步骤 6 **精车工件左端**

加工部位（见图 35e）。

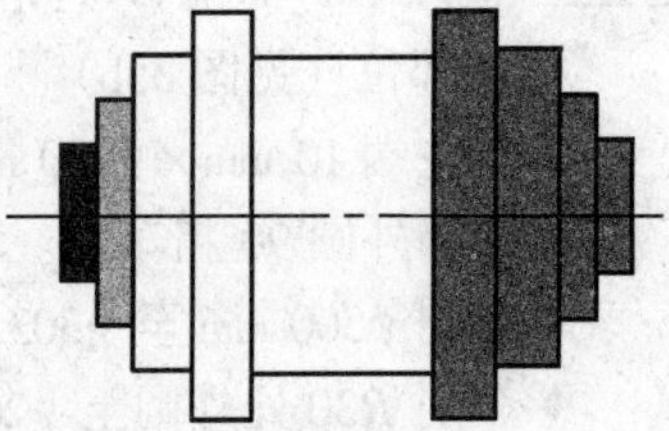

图 35e

◆ 选择外圆 90°左偏精车刀。

◆ 车削 ϕ300 mm 至尺寸公差及 R_a3.2 μm。

◆ 车 R30 mm 处外圆至 ϕ260 mm，保证关联尺寸10 mm长度。

◆ 车削 ϕ200 mm 至 $\phi 200_{-0.072}^{0}$ mm 保证外径尺寸公差长度尺寸及 R_a3.2 μm。

◆ 装夹圆弧车刀，车削 R30 mm ± 0.105 mm 至尺寸，保证 R_a3.2 μm 和间隙 0.1 mm。

◆ 车削 M64 × 2 – 6h 外径至尺寸要求，保证长度（25 ± 0.105）mm。

◆ 车削 $\phi 160_{-0.04}^{0}$ mm 至尺寸，保证尺寸公差 $\phi 160_{-0.04}^{0}$ mm 和长度 $30_{-0.084}^{0}$ mm 及 R_a3.2 μm。

◆ 装夹 45°车刀倒角和清毛刺至要求。

◆ 装夹螺纹车刀，车 M64 × 2 – 6h 三角螺纹至要求。

◆ 选择 90°外圆右偏刀。

◆ 用反走刀车削法车削右侧 $\phi160_{-0.04}^{0}$ mm 至尺寸，保证尺寸公差 $\phi160_{-0.04}^{0}$ mm 和长度 $30_{-0.084}^{0}$ mm 及 $R_a3.2$ μm。

特别提示： 各部分尺寸和表面粗糙度应严格符合要求，特别是否定项更应注意；右侧和左侧 $\phi160$ mm 两外圆在同一工步中加工，以保证其位置公差的要求；车M64×2－6h 三角螺纹时，注意保证中径尺寸。

步骤7 **调头精车工件右端**

加工部位（见图 35f）。

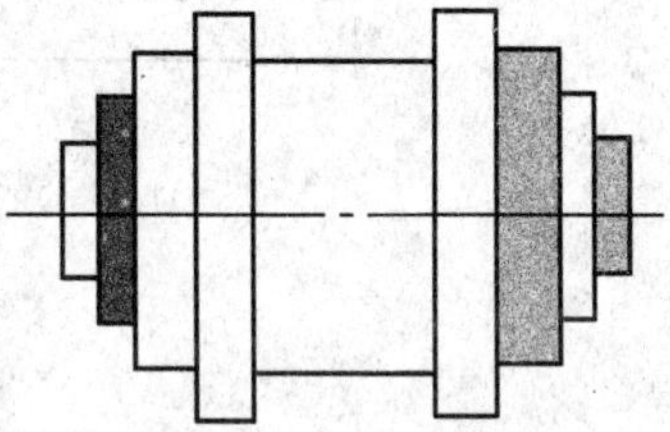

图 35f

◆ 垫铜皮夹 $\phi160$ mm 外圆。

◆ 车削右端 $\phi300$ mm 至 $\phi300$ mm，保证尺寸公差及 $R_a3.2$ μm。

◆ 车削右端 $\phi200$ mm 至 $\phi200_{-0.072}^{0}$ mm，保证外径尺寸公差、长度尺寸及 $R_a3.2$ μm。

◆ 装夹圆弧车刀，车削 $R30$ mm ± 0.105 mm 至尺寸，保证 $R_a3.2$ μm 和间隙 0.1 mm。

◆ 车削 M64×2－6h 外径至尺寸要求。

◆ 装夹 45°车刀倒角和倒钝锐边至要求。

◆ 装夹螺纹车刀，车三角螺纹 M64×2－6h 至要求。

特别提示： 不要夹伤工件；车削 $R30$ mm ± 0.105 mm 圆弧时，应及时用半径样板检查，以防止尺寸超差。

步骤8 **检查工件、交验**

◆ 检查各部分尺寸、用防锈油擦拭工件、交验。

◆ 清扫车床、整理工作位置。

[训练 2]完成如图 36 所示工件车削。

否定项 $\phi200_{-0.066}^{-0.020}$ mm 两处尺寸都超差时，此件视为不合格。

基本操作步骤描述 车中心架支撑工艺槽→车工艺装夹阶台→一夹一顶装夹，粗车、精车外圆至尺寸要求→车退刀槽→倒角→车削 M140×4－6h 至中径尺寸要求→调头，一夹一顶装夹，车削另一端 M140×4－6h 至中径尺寸要求。

特别提示 掌握中心架使用方法和工艺安排。

[训练 3]完成如图 37 所示工件车削。

否定项 $\phi180_{-0.04}^{0}$ mm 和 $\phi120_{-0.055}^{+0.022}$ mm 尺寸都超差时，此件为不合格。

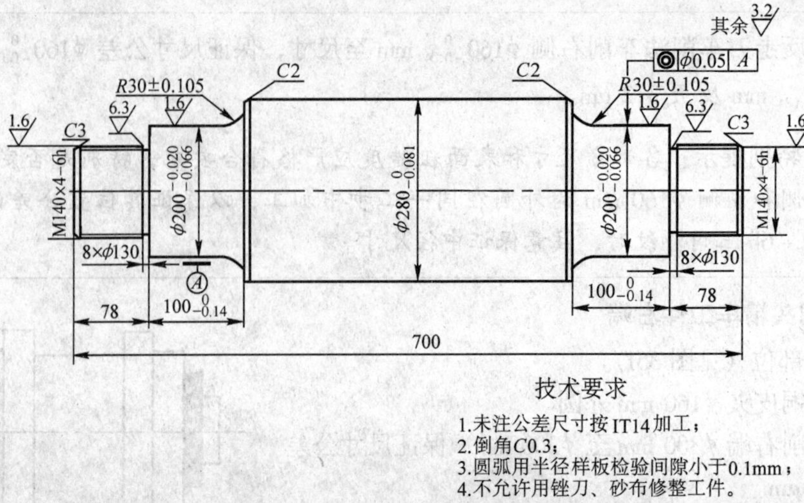

图 36　多阶台三角螺纹长轴

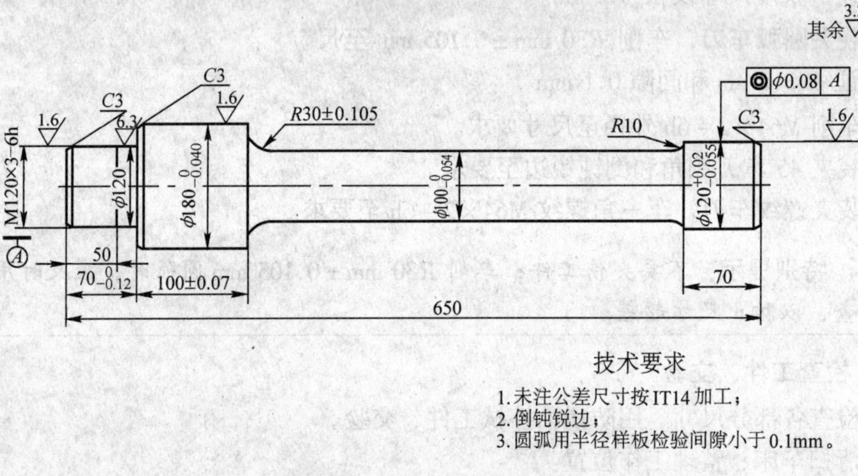

图 37　多阶台三角螺纹长轴

基本操作步骤描述　车中心架支撑工艺槽→车工艺装夹阶台并钻中心孔→一夹一顶装夹，粗车外圆至尺寸要求→调头，架中心架装夹，粗车 M120×3-6h 外径→精车外圆至尺寸要求→车圆弧 $R30$ mm±0.105 mm 和 $R10$ mm 保证技术要求→倒角→调头车削 M120×3-6h至中径尺寸要求→倒角→取长。

特别提示　掌握中心架使用方法和工艺安排；掌握圆弧车削方法。

[训练 4]完成如图 38 所示工件车削。

否定项　$\phi130^{-0.020}_{-0.060}$ mm 和 $\phi104^{\ 0}_{-0.035}$ mm 尺寸都超差，视为不合格。

基本操作步骤描述　车中心架支撑、车装夹阶台、车平面，钻中心孔→调头，车另一平面，取总长，钻中心孔→一夹一顶装夹，粗车、精车外圆至尺寸要求→倒角→粗、精车

M64×2-6h 至中径尺寸要求。

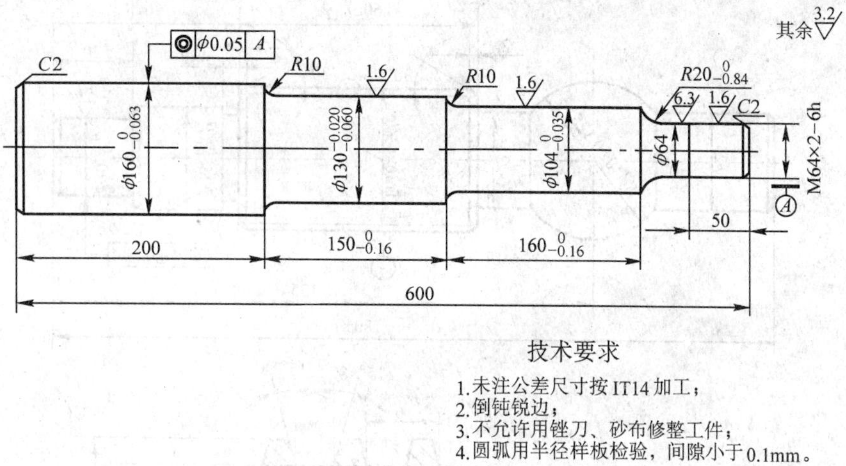

图 38　多阶台三角形螺纹长轴

特别提示　掌握中心架使用方法和保证同轴度工艺安排；圆弧车削方法。

考核要点 2——车球面、梯形螺纹轴

重点掌握

¤双手控制法车圆球面的技巧，有关 *L* 值的计算。

¤左、右切削法车梯形螺纹的方法，量针测量 *M* 值的计算。

[训练 1]完成如图 39 所示工件的车削。

否定项　$S\phi40$ mm ± 0.125 mm 超差至 $S\phi40$ mm ± 0.26 mm 以上（间隙大于 0.2 mm）和 Tr36×6-7e 中径尺寸超差时，视为不合格。

1．操作前应准备的工具、设备、用品

（1）材料（考场的准备）：45 号钢，尺寸为 $\phi45$ mm×185 mm 轴料 1 根。

（2）设备（考场准备）：车床（CA6140 或 C620）1 台，卡盘扳手 1 副，刀架扳手 1 副。

（3）工、刃、量、辅具（考生自备）：45°车刀、90°车刀、Tr36×6 外梯形螺纹车刀、外沟槽车刀（S = 4 mm、L > 5 mm）、圆头车刀、0.02 mm/(0 ~ 200) mm 游标卡尺、0.01 mm/(0 ~ 25) mm 和 0.01 mm/(25 ~ 50) mm 千分尺、半径样板（$S\phi40$ mm）、对刀样板、量针及公法线千分尺、A3 中心钻及钻夹头、回转顶尖、常用工具、0.5 mm×40 mm×150 mm 铜皮。

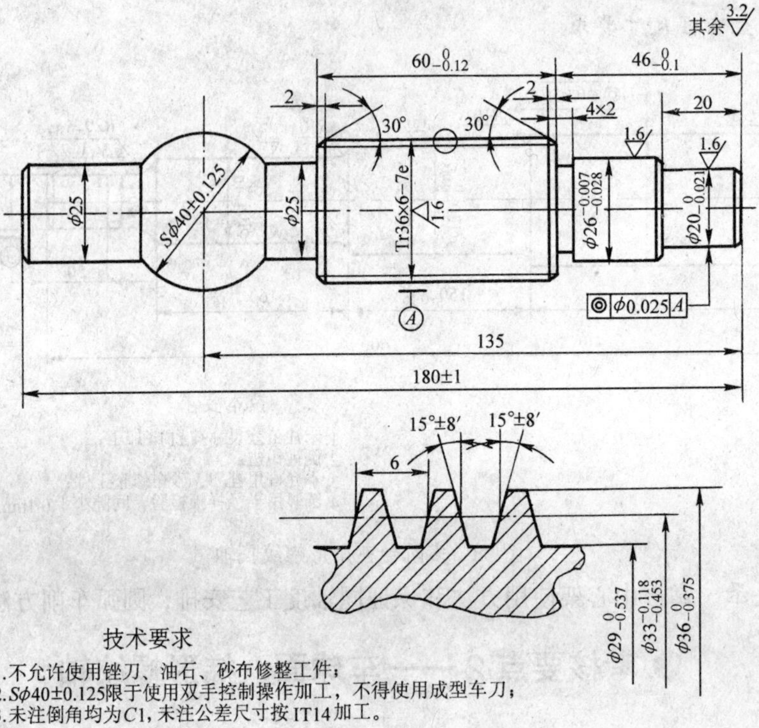

图 39　球面、梯形螺纹轴

2. 基本操作步骤

基本操作步骤描述

开车前准备工作→车平面、取总长、钻中心孔→粗、精车外圆、阶台和梯形螺纹→车球面。

步骤 1　开车前准备工作

◆ 检查车床部件是否正常，各手柄位置是否正确。然后接通电源，选低速使车床运转 3 ~ 5 min，并对车床进行润滑。

◆ 检查核对提供的材料与图样要求是否相符。

特别提示：变换手柄时先停车，然后右手扳动卡盘，左手变换手柄位置。

步骤 2　车平面、取总长、钻中心孔

◆ 棒料用三爪自定心卡盘装夹，伸出 20 mm 左右，找正并夹紧。

◆ 装夹 45°车刀及 90°车刀，用 45°车刀车平面，车平即可，并车限位支承 ϕ43 mm × 8 mm。

◆ 装夹 A3 中心钻及钻夹头，钻一端中心孔至尺寸要求。

◆ 工件划线，总长为（180 ± 1）mm；调头，用三爪自定心卡盘装夹找正并夹紧。

◆ 开车用刀尖轻轻划线，按线取总长，钻另一端中心孔至尺寸要求。

特别提示： 车平面时，尽可能把所有刀具在右平面上对好工件旋转中心备用，工件平面不能留有凸台；钻中心孔时宜选择较高的转速、较小的进给量，并注意中心孔不能太深或太浅；为保证中心孔与工件平面垂直，应确保平面、中心孔一次装夹加工完成。

步骤 3 粗、精车外圆、阶台和梯形螺纹

◆ 用三爪自定心卡盘装夹 $\phi43$ mm×8 mm，另一端用回转顶预尖支承，粗车 $\phi40$ mm 至 $\phi41$ mm（尽量长），螺纹大径至 $\phi37$ mm×61 mm、$\phi26$ mm×45.5 mm 至 $\phi27$ mm×45.5 mm、$\phi20$ mm×19.5 mm 至 $\phi21$ mm×19.5 mm（见图 40a）。

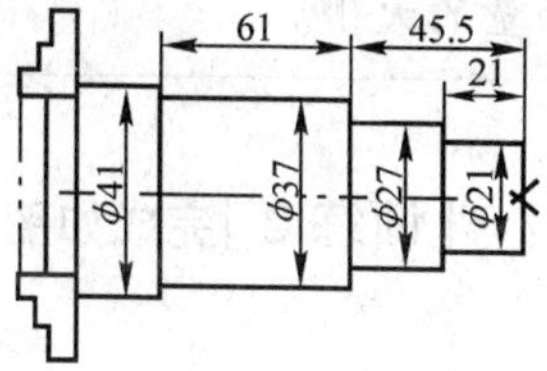

图 40a

◆ 用同样方法精车螺纹大径 $\phi36_{-0.375}^{\ 0}$ mm、$R_a3.2$ mm，外圆 $\phi26_{-0.026}^{-0.007}$ mm、$R_a1.6$ μm，$\phi20_{-0.021}^{\ 0}$ mm、$R_a1.6$ μm，且控制长度 45.5 mm 和 20 mm，并倒角 $C1$（两处）。

◆ 装夹车槽刀，车槽 4 mm×2 mm 和螺纹退刀槽 $\phi28$ mm×10 mm，控制长度 $46_{-0.1}^{\ 0}$ mm 和 $60_{-0.12}^{\ 0}$ mm，并倒角 2 mm×30°（两处）。

◆ 装夹梯形螺纹车刀，粗、精车螺纹 Tr36×6－7e 至尺寸要求（见图 40b）。

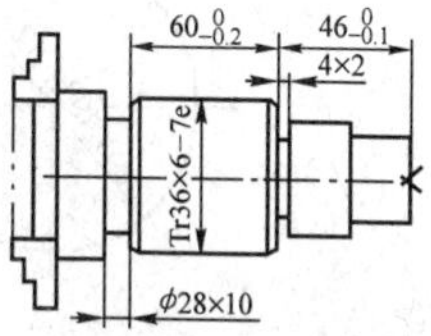

图 40b

特别提示： 粗车外圆时应注意工件锥度的校正；车梯形螺纹时应采用左右切削法，以免切削力过大产生扎刀现象；量针测量值为 $M=\phi36.88_{-0.453}^{-0.118}$ mm。

步骤 4 车球面

◆ 工件调头垫铜皮夹 $\phi26_{-0.028}^{-0.007}$ mm 外圆，并用后顶尖支承。

◆ 粗、精车圆球直径 $S\phi40.3$ mm 和外圆 $\phi25$ mm×27.19 mm，车槽控制圆球长度为 31.26 mm、槽底直径 $\phi25$ mm（见图 41a）。

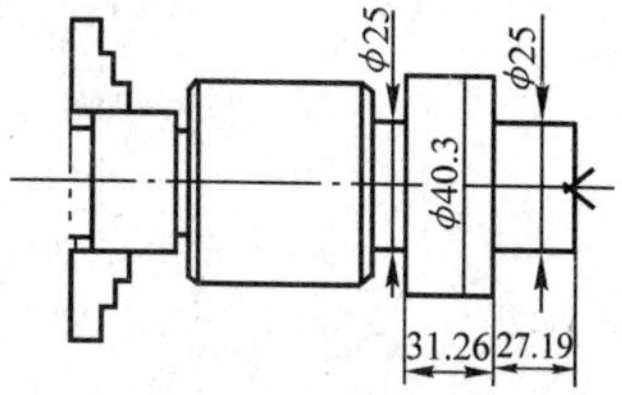

图 41a

◆ 装夹圆头车刀划线 135 mm，用双手控制法从高处向左右两边车削 $S\phi40$ mm ± 0.125 mm 圆球，同时用半径样板检查修整，并用车槽刀清根（图 41b）。

🔈 **特别提示：**

◆ 此考核要点中 $L=31.26$ mm。

◆ 双手控制法车圆球时，要动作协调，否则容易车成“橄榄形”或“算盘珠形”。要求准确控制车刀切入深度，防止将圆球的局部车小，可用游标卡尺或千分尺通过球面的中心多方位进行测量。

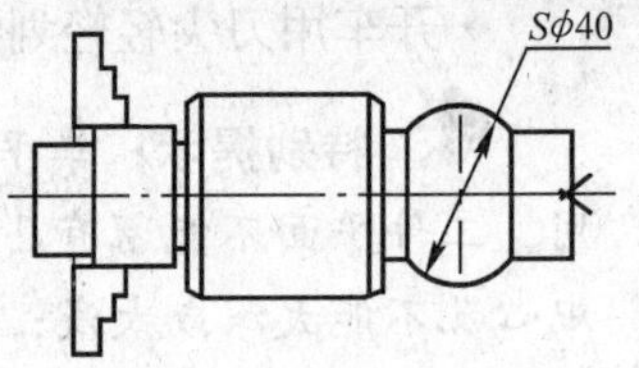

图 41b

◆ 使用半径样板检查球面轮廓时，样板应对准球面中心，并及时判断球面各部余量的大小。

［训练 2］完成如图 42 所示工件的车削。

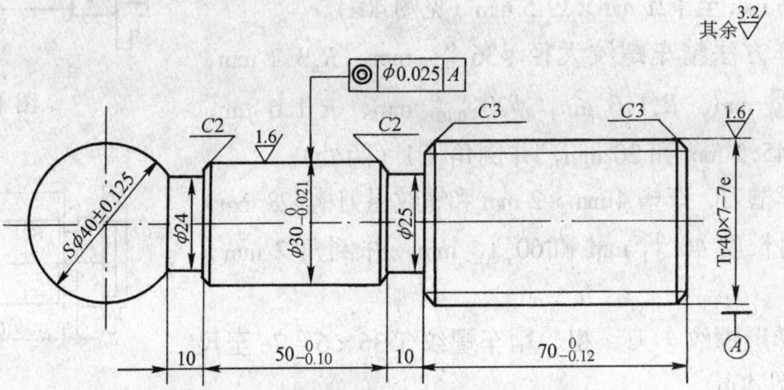

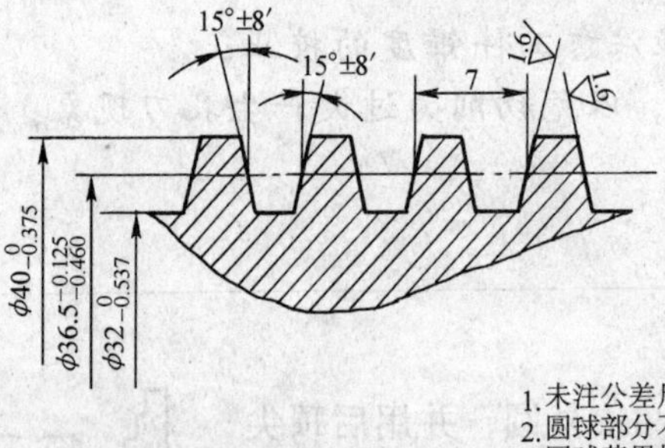

技术要求

1. 未注公差尺寸按 IT14 加工；
2. 圆球部分不允许用成形刀和锉刀、砂布修整；
3. 圆球若用样板检验，间隙小于 0.1mm。

图 42　球面、梯形螺纹轴

否定项　$S\phi40$ mm ± 0.125 mm 超差至 $S\phi40$ mm ± 0.26 mm 以上（间隙大于 0.2 mm）和 Tr40 × 7 – 7e 中径尺寸超差时，此件视为不合格。

基本操作步骤描述　一夹一顶车螺纹及 $\phi30_{-0.021}^{\ 0}$ mm 外圆→车槽 $\phi25$ mm × 10 mm→调头找正夹 $\phi30_{-0.021}^{\ 0}$ mm 外圆→车槽 $\phi24$ mm × 10 mm→车球面 $S\phi40$ mm ± 0.125 mm。

特别提示　控制圆球长度 36 mm 时，可以先将圆球长度留余量，测量梯形螺纹量针直径为ϕ3.62 mm，量针测量值：$M_{max} = \phi40.92$ mm，$M_{min} = \phi40.59$ mm。

考核要点 3——车 V 带槽、梯形螺纹轴

重点掌握

¤梯形螺纹轴车削方法及加工步骤。

¤V 带槽车削方法及加工步骤。

[训练]完成如图 43 所示工件车削。

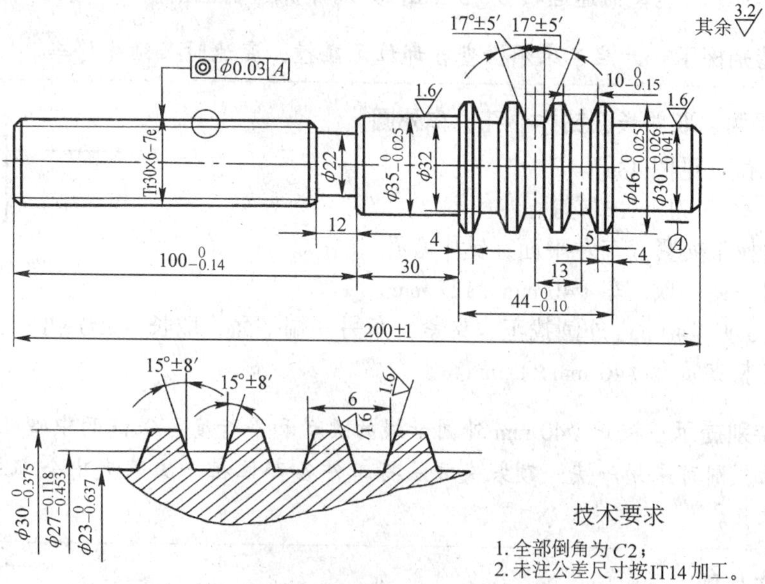

技术要求

1. 全部倒角为 C2；
2. 未注公差尺寸按IT14 加工。

图 43　V 带槽、梯形螺纹轴

否定项

◆ V 带槽梯形半角 17° ± 5′和槽宽超差时，视为不合格。

◆ Tr30 × 6 – 7e 中径公差超差时，视为不合格。

1. 操作前应准备的工具、设备、用品

(1) 材料（考场准备）：45 号钢，尺寸为 ϕ50 mm × 220 mm 轴料 1 根。

(2) 设备（考场准备）：车床（CA6140 或 C620）1 台，卡盘扳手 1 副，刀架扳手 1 副。

(3) 工、刃、量、辅具（考生自备）：45°车刀、90°车刀、外梯形螺纹车刀、切断刀 ϕ30 mm、车槽刀（S = 5 mm、L > 12 mm）、对刀样板、0.02 mm /(0 ~ 150) mm 游标卡尺、0.01 mm /(25 ~ 50) mm 千分尺、Tr30 × 6 – 7e 量针及公法线千分尺（或螺纹环规）1 套、2′/(0° ~ 320°) 万能角度尺 1 把、A3 中心钻及钻夹头、回转顶尖、前顶尖坯料、鸡心夹头、

常用工具、0.1～0.2 mm 厚铜皮。

2. **基本操作步骤**

基本操作步骤描述

检查设备、接通电源→车平面、取总长、钻中心孔、车外圆→粗车工件外圆→粗、精车 V 带槽→精车外圆、粗车螺纹→采用两顶尖装夹精车螺纹→采用两顶尖装夹精车右端外圆→检查工件、交验。

步骤 1 **启动设备**

◆ 检查设备各部件是否正常，各手柄位置是否正确，然后接通电源。

◆ 调整车床转速，低速运转 3～5 min，并对车床进行润滑。

特别提示：开启车床须检查各部位无碰撞，变速时必须先停车。

步骤 2 **车平面、取总长、钻中心孔、车外圆**

加工部位（见图 43a）。

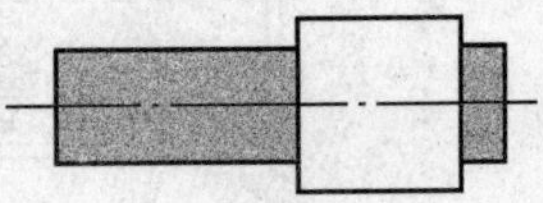

图 43a

◆ 装夹 45°车刀、90°车刀。

◆ 工件找正夹紧，车左平面，钻中心孔。

◆ 采用一夹一顶，车 ϕ40 mm × 127 mm。

◆ 调头，夹 ϕ40 mm 外圆找正、夹紧，车另一端平面，取长（200 ± 1）mm 后，钻中心孔、车装夹阶台 ϕ46 mm × 8 mm。

特别提示：校正 ϕ40 mm 外圆母线的跳动和平行度，保证两中心孔同轴；若毛坯料很长，则可采用一夹一顶装夹方法将工件各部位在一次装夹中全部加工完成，然后切断取长。

步骤 3 **粗车外圆**

加工部位（见图 43b）。

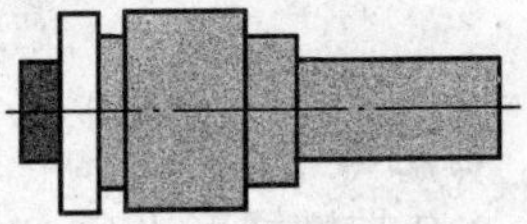

图 43b

◆ 一端夹阶台 ϕ46 mm × 8 mm，另一端用后顶尖支顶。

◆ 车 $\phi46_{-0.025}^{\ 0}$ mm 至 ϕ48 mm，尽量长。

◆ 车 $\phi35_{-0.025}^{\ 0}$ mm × 30 mm 至 ϕ37 mm × 30 mm（严格保证 30 mm 长度）。

◆ 用 90°车刀车 Tr30 × 6 − 7e 外径至 ϕ33 mm × $100_{-0.14}^{\ 0}$ mm（严格保证 $100_{-0.14}^{\ 0}$ mm 长度公差）。

◆ 装夹车槽刀，车出长度 $44_{-0.10}^{\ 0}$ mm，保证 ϕ46 mm 外圆余量。

特别提示：应控制长度尺寸，注意不要超差；粗加工的切削用量，一定要合理，以提高切削效率，保证工件按时完成。

步骤4 **车V带槽**

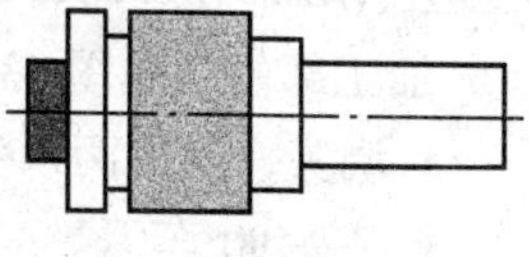
图 43c

加工部位（见图 43c）。

◆ 粗车 $\phi 46_{-0.025}^{0}$ mm 至尺寸，保证 $\phi 46_{+0.1}^{+0.2}$ mm 公差。

◆ 在 $\phi 46$ mm 外圆上涂色划痕，控制槽距。

◆ 用车槽刀先车直槽。

◆ 用成形 V 形槽刀，采用左右借刀法车 V 带槽至图样要求，保证 V 形槽刀半角 $17° \pm 5'$，槽宽 $10_{-0.15}^{0}$ mm，位置尺寸为 13 mm、4 mm、5 mm，底径 $\phi 32$ mm。

◆ 精车外圆 $\phi 46_{-0.025}^{0}$ mm 至尺寸，保证 $\phi 46_{-0.025}^{0}$ mm 公差及 $R_a 3.2$ μm。

特别提示： 左右借刀车沟槽时，应注意槽距的位置偏差；装夹 V 形槽刀时，刀尖应垂直于轴心线且角度正确；车槽时，因切削面积较大，机床转速不宜过大，否则会产生振动，影响工件质量。

步骤5 **精车外圆，粗车螺纹**

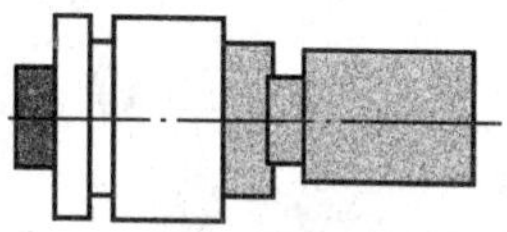
图 43d

加工部位（见图 43d）。

◆ 精车 $\phi 35_{-0.025}^{0}$ mm × 30 mm 至尺寸，保证尺寸公差 $\phi 35_{-0.025}^{0}$ mm 和表面粗糙度 $R_a 1.6$ μm。

◆ 粗车 Tr30 × 6 – 7e 大径至 $\phi 31$ mm。

◆ 用车槽刀车螺纹退刀槽，12 mm × $\phi 22$ mm 至尺寸。

◆ 粗车 Tr30 × 6 – 7e 螺纹。

特别提示： 保证螺纹精加工余量。

步骤6 **采用两顶尖装夹，精车螺纹**

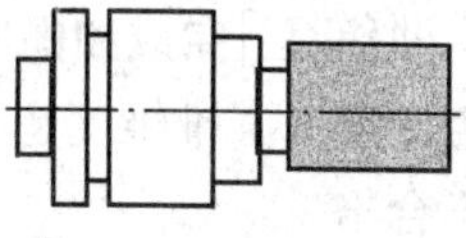
图 43e

加工部位（见图 43e）

◆ 车前顶尖，采用两顶尖装夹方法。

◆ 精车 Tr30 × 6 – 7e 大径至 $\phi 30_{-0.375}^{0}$ mm，保证尺寸公差。

◆ 倒角至要求。

◆ 对正梯形螺纹车刀，精车 Tr30 × 6 – 7e，保证 $\phi 27_{-0.453}^{-0.118}$ mm 中径公差和两侧 $R_a 1.6$ μm 表面粗糙度要求。

特别提示： 精车刀应锋利，量针测量：$M_{max} = \phi 30.76$ mm，$M_{min} = \phi 30.43$ mm。

步骤7 **采用两顶尖装夹精车右端外圆**

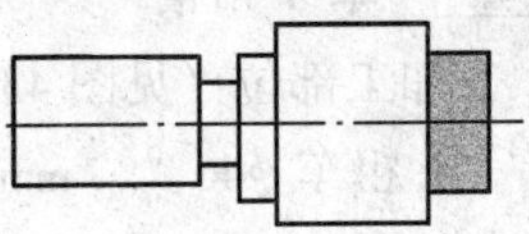

图 43f

加工部位（见图 43f）。

♦ 调头，采用两顶尖装夹。

♦ 装夹 90°车刀。

♦ 精车 $\phi30_{-0.041}^{-0.020}$ mm 至尺寸，保证 $\phi30_{-0.041}^{-0.020}$ mm 尺寸公差和表面粗糙度 $R_a1.6$ μm。

♦ 倒角 $C2$。

特别提示：用鸡心夹头夹螺纹外径时，不要夹伤工件外圆，应垫铜皮。

步骤8 **检查工件、交验**

♦ 检查各部分尺寸、用防锈油擦拭工件、交验。

♦ 擦拭量具。

♦ 清扫车床、整理工作位置。

考核要点 4——车圆锥、梯形螺纹轴

重点掌握

¤ 用两顶尖装夹车削梯形螺纹、锥面的方法、步骤。

¤ 量针测量梯形螺纹中径的有关计算，万能角度尺的正确使用。

¤ 对分夹头的使用。

[训练 1]完成如图 44 所示工件的车削。

否定项　圆锥锥度超差至 1:5（圆锥角公差 ± 10′）以上和 Tr36 × 6 – 7h 中径超差时，视为不合格。

1. 操作前应准备的用品、设备

(1) 材料（考场准备）：45 号钢，尺寸为 $\phi45$ mm × 135 mm 轴料 1 根。

(2) 设备（考场准备）：车床（CA6140 或 C620）1 台，卡盘扳手 1 副，刀架扳手 1 副。

(3) 工、刃、量、辅具（考生自备）：45°车刀、90°车刀、Tr36 × 6 外梯形螺纹车刀、车槽刀（S = 5 mm、L > 12 mm）、0.02 mm /(0 ~ 150) mm 游标卡尺、0.01 mm /(0 ~ 25) mm 和 0.01 mm /(25 ~ 50) mm 千分尺、Tr36 × 6 – 7h 量针及公法线千分尺、2′/(0° ~ 320°) 万能角度尺、A3 中心钻及钻夹头、回转顶尖及前顶尖、常用工具、0.1 ~ 0.2 mm 厚铜皮。

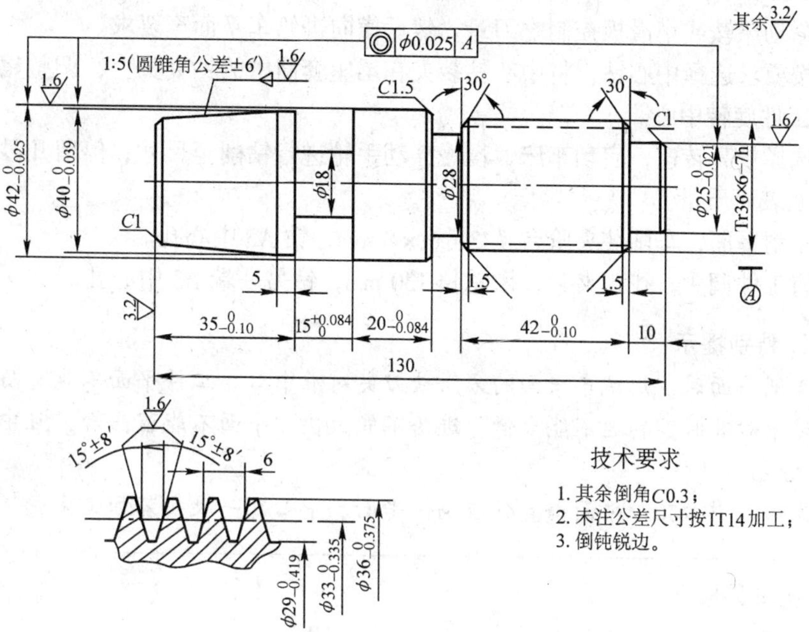

技术要求

1. 其余倒角 $C0.3$；
2. 未注公差尺寸按IT14加工；
3. 倒钝锐边。

图44　圆锥、梯形螺纹轴零件图

2. **基本操作步骤**

基本操作步骤描述

检查车床并接通电源→装夹找正工件→车平面、取总长、钻中心孔→粗车外形→两顶尖装夹，精车外圆、外锥，车槽及梯形螺纹。

步骤1 **设备检查，接通电源**

◆ 检查设备各部件是否正常，各手柄位置是否正确，然后接通电源。

◆ 调整机床转速，低速运转 3 ~ 5 min，并对车床进行润滑。

特别提示： 开启车床须检查各部位有无碰撞，变速时必须先停车。

步骤2 **装夹与找正工件**

◆ 用三爪自定心卡盘装夹毛坯，伸出合适长度找正后加紧。

特别提示： 找正时，主轴应放在空挡位置，一定要耐心细致；工件伸出长度不宜太长，一般比加工长度长 5 ~ 10 mm。

步骤3 **车平面、取总长、钻中心孔**

◆ 选择合适转速，启动车床。

◆ 移动床鞍使刀尖接近工件右端。

◆ 移动床鞍或小滑板控制吃刀量，然后横向进给车平面至要求。

◆ 按要求选择中心钻，将中心钻装夹在尾座套筒中的钻夹头上，调整尾座使中心钻对准工件旋转中心。

◆ 选择较高转速，启动车床，慢慢摇动手轮进行钻削至尺寸，停留几秒修正中心孔形状及表面质量。

◆ 车削平面，车削装夹阶台 ϕ43 mm × 8 mm，钻 A3 中心孔。

◆ 将工件调头，找正夹紧，取总长 130 mm，钻另一端 A3 中心孔。

特别提示：

◆ 车削平面时，用试车平面的方法使刀尖对准中心，工件平面不能有凸凹。

◆ 钻中心孔时，转速不能太低，进给不能太快，平面不能留凸台，且中心孔不能太深或太浅。

◆ 为保证中心孔与平面垂直，应确保平面、中心孔一次安装加工完成。

步骤 4 **粗车外形**

◆ 采用一夹一顶方法装夹。

◆ 用三爪自定心卡盘装夹 ϕ43 mm × 8 mm，另一端用回转顶尖支顶，粗车 ϕ43 mm 外圆（长度尽量长）及 ϕ41 mm，阶台外圆长至 49 mm 。

◆ 调头，用同样方法，粗车另一端阶台外圆，尺寸为 ϕ37 mm × 59 mm、ϕ26 mm × 9 mm 。

特别提示：转速不能太高，后顶尖支顶应注意松紧适当；车削 ϕ26 mm × 9 mm外圆时应注意车刀刀背是否与后回转顶尖碰撞；粗车时应及时调整工件锥度。

步骤 5 **两顶尖装夹，精车外圆、外锥，车槽及梯形螺纹**

◆ 工件用两顶尖装夹，精车外圆 $\phi 42_{-0.025}^{\ 0}$ mm 及 $\phi 40_{-0.039}^{\ 0}$ mm，车 1:5（圆锥角公差 ± 6′）锥度并控制锥长，矩形槽 ϕ18 mm × $15_{\ 0}^{+0.084}$ mm，并倒角 $C1$、$C0.3$（两处）。

◆ 工件调头，用同样的方法精车螺纹大径 $\phi 36_{-0.0375}^{\ 0}$ mm、外圆 $\phi 25_{-0.021}^{\ 0}$ mm × 10 mm，车退刀槽，保证尺寸 $20_{-0.084}^{\ 0}$ mm、$42_{-0.1}^{\ 0}$ mm，倒角 $C1.5$、$C0.3$（两处）、$C1$。

◆ 粗、精车螺纹，保证中径值及表面粗糙度值。

特别提示：加工 1:5（圆锥角公差 ± 6′）锥度时，如万能角度尺不好测量，可用长径比的方法控制角度，注意公式 $a_P = ac/2$ 的应用；对分夹头拨杆不能与卡盘碰撞，否则会破坏前顶尖与中心孔的良好接触；车螺纹前应注意调整小滑板的松紧程度；车锥度时刀尖严格对准工件旋转中心，否则会出现“双曲线”误差；车螺纹过程中，应尽量避免多刃同时参加车削，否则易产生扎刀和螺纹起毛现象。

［训练 2］完成如图 45 所示工件车削。

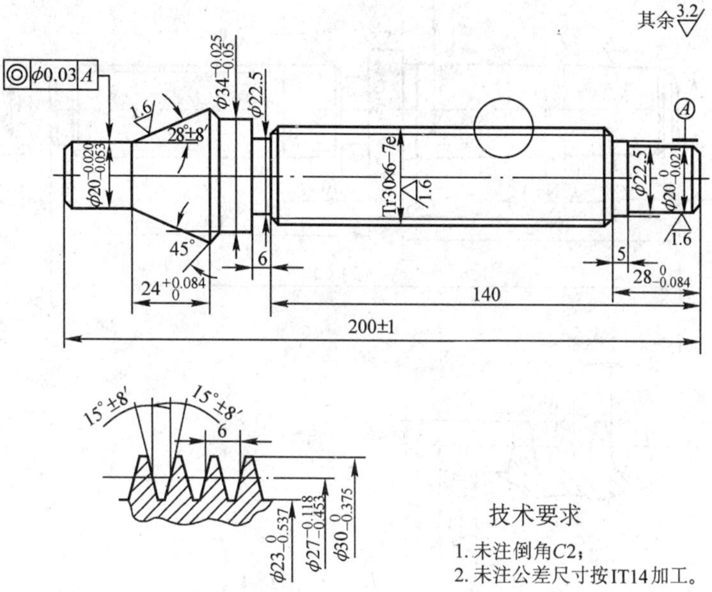

图 45　圆锥、梯形螺纹轴

否定项　圆锥锥度超差至 28° ± 10′以上和 Tr30 × 6 − 7e 超差时，视为不合格。

基本操作步骤描述　取总长、钻中心孔→一夹一顶装夹、粗车外形→两顶尖装夹，车螺纹一端→调头车锥体一端。

特别提示　车削 $\phi20_{-0.021}^{\ 0}$ mm 及锥面时，由于直径较小，如果表面粗糙度达不到要求，则可选用较高转速和选用特殊牌号的硬质合金车刀，如：YT30、YN10、YW 等，该训练量针测量值 $M_{max} = \phi30.76$ mm、$M_{min} = \phi30.43$ mm。

［训练 3］完成如图 46 所示工件的车削。

否定项　锥度接触面低于 50% 和 Tr30 × 6 − 7e 超差时，视为不合格。

基本操作步骤描述　取总长、钻中心孔→一夹一顶粗车外形→两顶尖装夹车螺纹一端→调头车锥体一端。

特别提示　车莫氏锥度时，应特别注意防止产生双曲线误差。

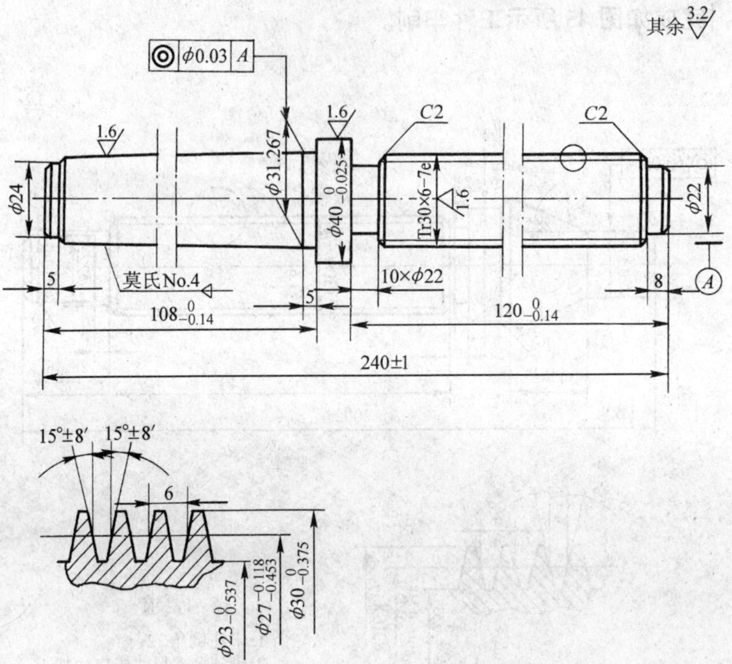

技术要求

1.莫氏No.4锥度要求用标准套规检验，接触面积达70%以上；
2.未注公差尺寸按IT14加工；
3.未注倒角为$C1$；
4.倒钝锐边。

图46　圆锥、梯形螺纹轴

考核要点5——车三角螺纹、梯形螺纹轴

重点掌握

¤三角螺纹车削方法及步骤。

¤左右切削法车梯形螺纹的方法，量针测量 M 值的计算。

[训练1] 完成如图47所示工件的车削。

否定项

◆ M20－7h 尺寸超差时，视为不合格。

◆ Tr30×6－7e 中径尺寸 $\phi27^{-0.118}_{-0.453}$ mm 超差时，视为不合格。

1. 操作前应准备的工具、设备、用品

(1) 材料（考场准备）：45号钢，$\phi36$ mm×200 mm 轴料1根。

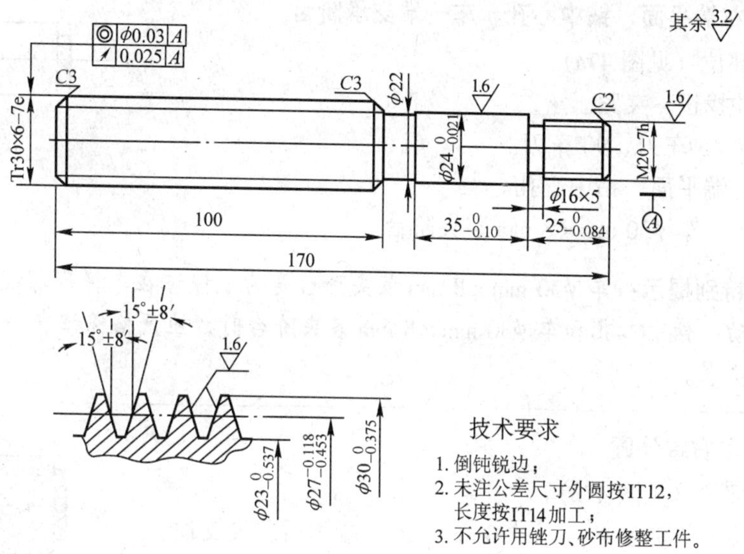

图 47　三角形螺纹、梯形螺纹轴

（2）设备（考场准备）：车床（CA6140 或 C620）1 台，卡盘扳手 1 副，刀架扳手 1 副。

（3）工、刃、量、辅具（考生自备）：45°车刀、90°车刀（粗车刀、精车刀）、外车槽刀（$S=5$ mm、$L>5$ mm）、外梯形螺纹车刀（Tr30×6）、外三角螺纹车刀（$P=2.5$ mm）、切断刀 ϕ30 mm、游标卡尺 0.02 mm/(0～300) mm 1 把、钢直尺 300 mm 1 把、千分尺 0.01 mm/(0～25) mm 1 把、M20－7h 螺纹环规、公法线千分尺及量针（Tr30×6－7e）1 套、万能角度尺 2′/(0°～320°) 或螺纹对刀样板 1 块、A3 中心钻及钻夹头、回转顶尖、常用工具、0.1～0.2 mm 厚铜皮。

2. 基本操作步骤

基本操作步骤描述

检查、启动设备→车右端平面、钻中心孔、车一端支承阶台→粗车右端外圆→精车所有外圆→车沟槽三处→倒角及倒钝锐边→车三角螺纹→车梯形螺纹→切断，取长→检查工件、交验。

步骤 1 **检查、启动设备**

- 检查设备各部件是否正常，各手柄位置是否正确，然后接通电源。
- 调整机床转速，低速运转 3～5 min，并对车床进行润滑。

特别提示：开启车床须检查各部位应无碰撞，变速时必须先停车。

步骤2 **车右端平面、钻中心孔、车一端支承阶台**

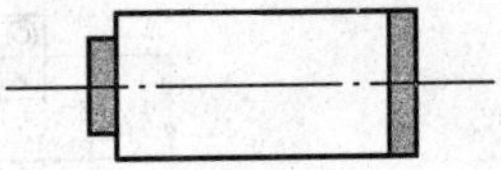

图 47a

加工部位（见图 47a）。

◆ 工件找正、夹紧。

◆ 装夹 45°车刀、90°车刀。

◆ 车右端平面，钻中心孔。

◆ 调头，车 ϕ30 mm × 8 mm 装夹阶台。

特别提示：车 ϕ30 mm × 8 mm 装夹阶台是为了保证在车梯形螺纹时，防止工件轴向窜动；钻中心孔和车 ϕ30 mm × 8 mm 装夹阶台时，应严格保证在一个工序中完成同轴度要求。

步骤3 **粗车右端外圆**

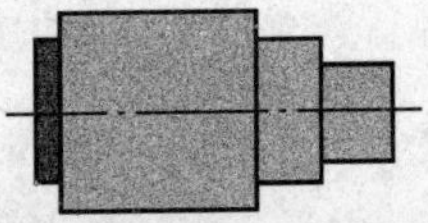

图 47b

加工部位（见图 47b）。

◆ 一端夹装阶台 8 mm × ϕ30 mm，另一端用后顶尖支顶。

◆ 用 90°车刀粗车 Tr30 × 6 – 7e 外径至 ϕ33 mm。

◆ 粗车 ϕ24 mm 外圆至 ϕ27 mm。

◆ 粗车 M20 – 7h 大径至 ϕ23 mm。

特别提示：保证外圆、阶台长度尺寸的精加工余量，注意不要超差；粗车时，应选择合理的切削用量，以提高切削效率。

步骤4 **精车所有外圆**

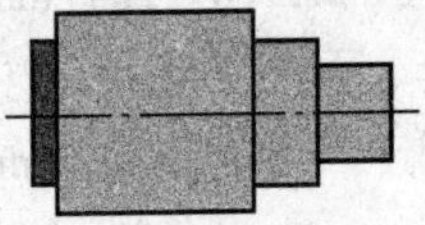

图 47c

加工部位（见图 47c）。

◆ 精车 M20 – 7h 大径，保证 $\phi 20^{\ 0}_{-0.375}$ mm 外径公差和$25^{\ 0}_{-0.084}$ mm 长度公差。

◆ 精车 ϕ24 mm 外圆，保证 $\phi 24^{\ 0}_{-0.021}$ mm 外径公差和 $R_a 1.6\ \mu m$ 的表面质量。

◆ 精车 Tr30 × 6 – 7e 外径至尺寸，保证 $\phi 30^{\ 0}_{-0.375}$ mm 外径公差和 $R_a 3.2\ \mu m$ 的表面质量。

特别提示：$\phi 24^{\ 0}_{-0.021}$ mm 外径公差和 $R_a 1.6\ \mu m$ 的表面质量要求较高，配分也较高，最好用低速精车法车出。

步骤5 **车沟槽（3 处）**

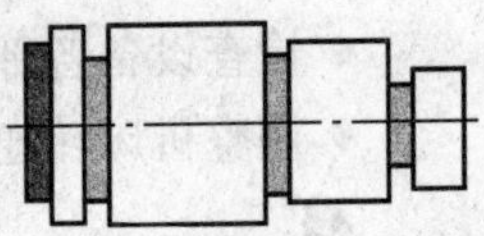

图 47d

加工部位（见图 47d）。

◆ 装夹车槽刀。

◆ 精车 5 mm × ϕ16 mm，5 mm × ϕ22 mm 螺纹退刀槽。

◆ 车螺纹退刀槽，保证 170 mm 总长。

◆ 精车 10 mm × ϕ22 mm，保证 $35_{-0.10}^{\ 0}$ mm 长度公差和 100 mm 长度。

特别提示： 在切削工程中，由于大切削力会使工件变形、移位，可以先车退刀槽和螺纹，然后车其余部位。

步骤 6 倒角及倒钝锐边

◆ 用 45°车刀倒角 C2（1 处）、C3（2 处），3 处锐边。

步骤 7 车三角螺纹

加工部位（见图 47e）。用螺纹对刀样板或万能角度尺将螺纹车刀装夹，保证 30° ± 8′牙型半角。

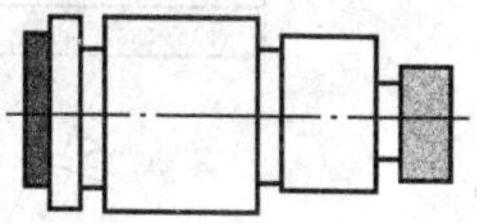

图 47e

◆ 调整机床保证正确螺距（P = 2.5 mm）和合理转速。

◆ 粗、精车螺纹 M20 – 7h 至中径尺寸，并保证螺纹两侧表面粗糙度为 R_a1.6 μm。

特别提示： 应该把重点放在保证中径公差上，防止否定项超差而试件不合格；注意勤测量。

步骤 8 车梯形螺纹

加工部位（见图 47f）。

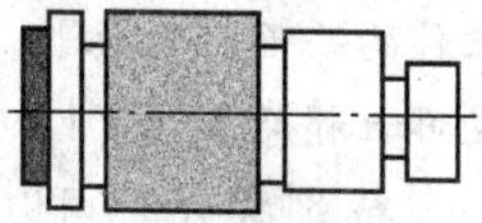

图 47f

◆ 用样板或万能角度尺将螺纹车刀装夹正确，保证 15° ± 8′牙形半角。

◆ 调整机床保证正确螺距（P = 6 mm）和合理转速。

◆ 粗、精车螺纹 Tr30 × 6 – 7e 至中径尺寸 $\phi 27_{-0.453}^{-0.118}$ mm 公差，并保证螺纹两侧表面粗糙度为 R_a1.6 μm。

步骤 9 切断、取长

加工部位（见图 47g）。

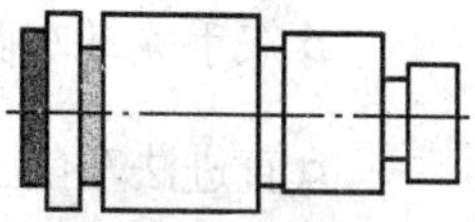

图 47g

◆ 切断，保证总长 170 mm。

特别提示： 切断前，应将螺纹平面倒角 C3。

步骤 10 检查工件、交验

◆ 检查各部分尺寸、用防锈油擦拭工件、交验。

◆ 擦拭量具。

◆ 清扫车床、整理工作位置。

［训练 2］完成如图 48 所示工件车削。

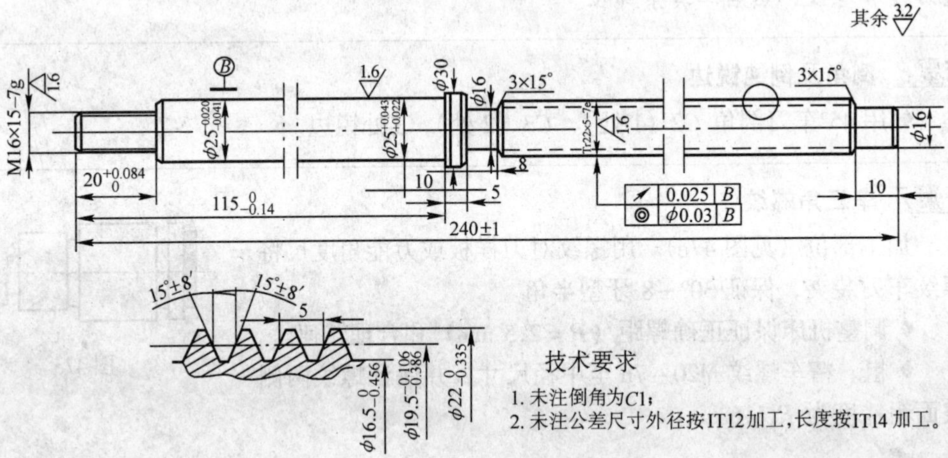

图 48　三角螺纹、梯形螺纹轴

否定项　Tr22 × 5 – 7e 中径超差和 12M16 × 1.5 中径超差时，此件不合格。

基本操作步骤描述　检查设备、接通电源→车工件左平面、钻中心孔、粗车左端→车工件右平面、取总长、钻中心孔→粗车工件右部→精车工件右部→精车工件（M16 除外）左部→精车 M16 × 1.5 – 7e→检查工件、交验。

特别提示　可以用工序集中的方法来保证形位公差。

考核要点 6——车圆球、三角螺纹、梯形螺纹轴

重点掌握

¤ 双手联动车圆球的技巧，有关圆球的计算。

¤ 直进法车削三角螺纹的方法。

¤ 梯形螺纹的车削方法。

［训练］完成如图 49 所示工件的车削。

否定项　Tr32 × 6 – 7e 中径尺寸超差，M18 × 1.5 – 7h 中径尺寸超差和 $S\phi40_{-0.25}^{\ 0}$ mm 超差至 $\phi40_{-0.46}^{\ 0}$ mm 以上，视为不合格。

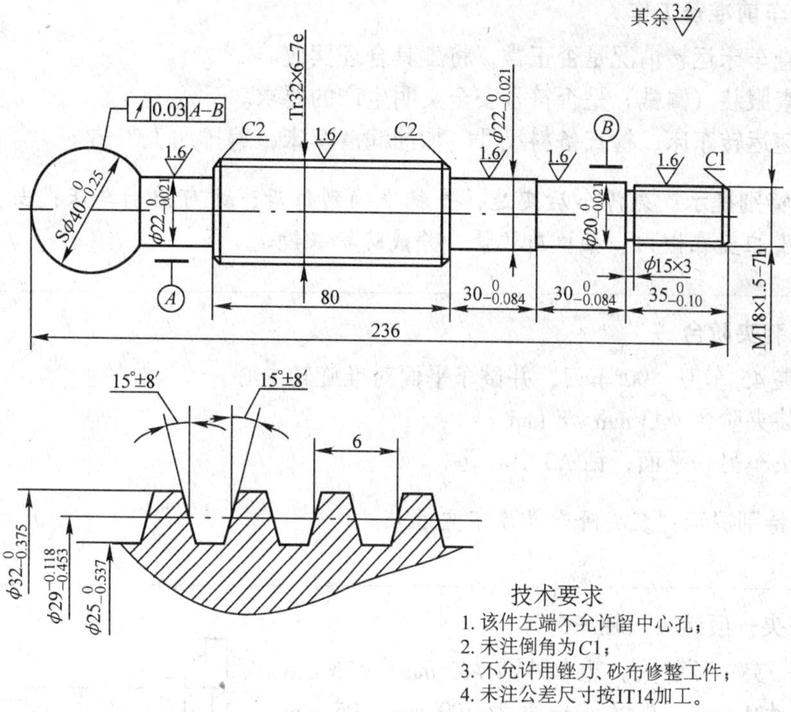

图 49　圆球、三角螺纹、梯形螺纹轴

1. 操作前应准备的用品、设备

（1）材料（考场准备）：45 号钢，尺寸为 ϕ45 mm × 260 mm 棒料 1 根。

（2）设备（考场准备）：车床（CA6140 或 C620）1 台，卡盘扳手 1 副，刀架扳手 1 副。

（3）工、刃、量、辅具（考生自备）：45°车刀、90°车刀、ϕ45 mm 切断刀（S = 3 mm、L > 5 mm）、车槽刀、不通孔车刀、外三角螺纹车刀（P = 1.5）、外梯形螺纹车刀（P = 6）、小圆头车刀（L > 15 mm）、游标卡尺 0.02 mm /(0 ~ 300) mm、游标深度尺 0.02 mm/(0 ~ 200) mm、千分尺 0.01 mm /(0 ~ 25) mm 和 0.01 mm /(25 ~ 50) mm、圆弧样板（$S\phi$40 mm）、对刀样板、量针及公法线千分尺、螺纹环规（M18 × 1.5 – 7h）、回转顶尖、A3 中心钻及钻夹头、0.1 ~ 0.2 mm 厚铜皮、铁屑钩。

2. 基本操作步骤

基本操作步骤描述

开车前准备工作→车装夹阶台→一夹一顶装夹，粗车外形→精车螺纹及各外圆→车槽、圆球、切断→调头，修整圆球。

步骤1 **开车前准备工作**

◆ 检查车床运转情况是否正常，将工具合理摆放。

◆ 检查服装（佩戴）是否符合安全文明生产的要求。

◆ 低速运转车床，检查备料尺寸，加油润滑车床，编排加工工艺。

特别提示： 先停车后变速，手柄准确到位后，方可启动车床；女生应戴工作帽，长发应盘在帽内；袖口应扎紧，并戴防护眼镜。

步骤2 **车装夹阶台**

◆ 装夹45°车刀、90°车刀，并试车平面对准旋转中心。

◆ 车装夹阶台 $\phi43$ mm×8 mm 。

◆ 调头车另一平面，钻A3中心孔。

特别提示： 装夹阶台长度不宜过长。

步骤3 **一夹一顶装夹，粗车外形**

工件一夹一顶装夹，粗车外圆 $\phi42$ mm、$\phi33$ mm、$\phi23$ mm、$\phi21$ mm，并保证长度为199 mm、95 mm、65 mm（见图50a）。

特别提示： 粗车外圆时注意调整检查工件的锥度；车削右端外圆时还应注意车刀是否与回转顶尖碰撞。

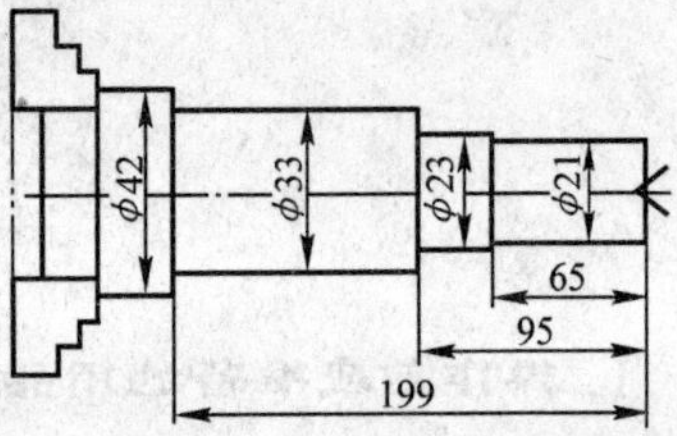

图50a

步骤4 **精车螺纹及各外圆**

◆ 精车螺纹大径 $\phi32$ mm。

◆ 装夹车槽刀，车梯形螺纹退刀槽（可先粗车至 $\phi24$ mm×20 mm，以提高工件的加工强度），倒角 $C2$（2处）。

◆ 用对刀样板装夹梯形螺纹车刀，粗、精车梯形螺纹至尺寸要求。

◆ 用对刀样板装夹三角螺纹车刀，粗、精车三角螺纹至尺寸要求。

◆ 精车外圆 $\phi22_{-0.021}^{\ 0}$ mm×24.3 mm（梯形螺纹退刀槽）、$\phi22_{-0.021}^{\ 0}$ mm × $30_{-0.084}^{\ 0}$ mm、$\phi20_{-0.021}^{\ 0}$ mm × $30_{-0.084}^{\ 0}$ mm，保证长度80 mm，倒角 $C1$（见图50b）。

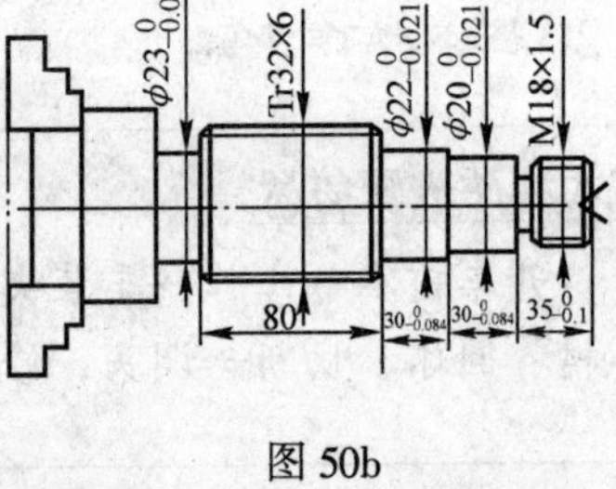

图50b

特别提示： 为提高工件的装夹强度，应先车螺纹，后加工其他外圆；螺纹车削时，应先验证螺距；车削梯形螺纹时应采取左右借刀法进行车削；三角形螺纹的牙型高度为 $h=0.975$ mm；测量该梯形螺纹的量针直径为 $\phi3.108$ mm（1 套 3 只）；梯形螺纹量针测量值 $M_{max}=\phi32.76$ mm，$M_{min}=\phi32.43$ mm。

步骤 5 **车槽、车 $S\phi40_{-0.25}^{0}$ mm 圆球、切断（图 50c）**

◆ 车槽 $\phi10$ mm × 10 mm，控制圆球长度为 36.7 mm。

◆ 装夹小圆头车刀划中线，用双手联动向左右两侧车削 $S\phi40_{-0.25}^{0}$ mm 的圆球面。

◆ 最后用切刀把柄部清角。

◆ 切断，保证总长略大于 236 mm。

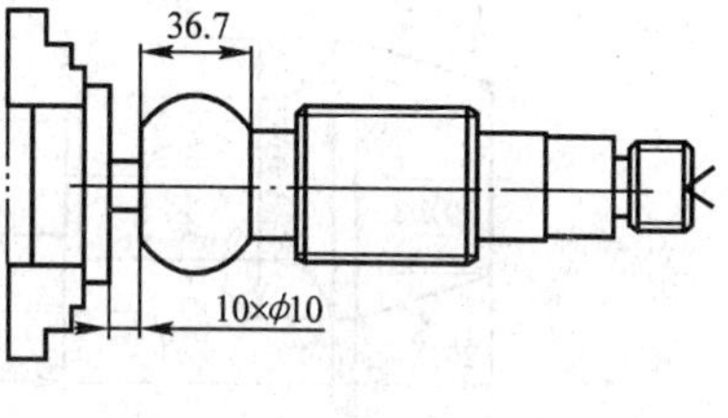

图 50c

特别提示： 粗车球面时应注意用目测方法来判别球面表面轮廓，最好用目测和量具配合检查，精车时游标卡尺、千分尺和半径样板配合多方位测量；双手配合时，应注意纵、横进给速度的控制，小圆头车刀由最高点向柄部车削时，纵进刀速度的变化是快→中→慢，横进刀速度的变化是慢→中→快。

步骤 6 **调头，修整球面（图 50d）**

◆ 工件垫铜皮，装夹梯形螺纹外圆，找正、夹紧。

◆ 用小圆头车刀修整球面，并用半径样板检查。

特别提示： 找正时应准确、细心，否则容易造成球面轮廓度超差；用小圆头车刀修整球面时，应注意勤测量，正确判断各处余量的大小，否则容易把球面局部车小。

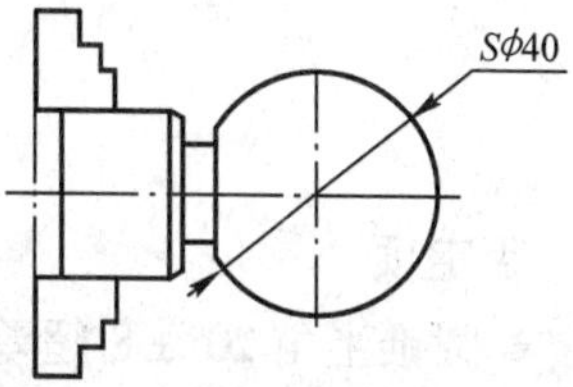

图 50d

考核要点 7——车圆锥、圆弧、梯形螺纹轴

重点掌握

¤ 双手控制法车圆球面的技巧，有关 L 值的计算。

¤ 左右切削法车梯形螺纹的方法，量针测量 M 值的计算。

¤ 外圆锥车削方法及步骤。

［训练 1］完成如图 51 所示工件车削。

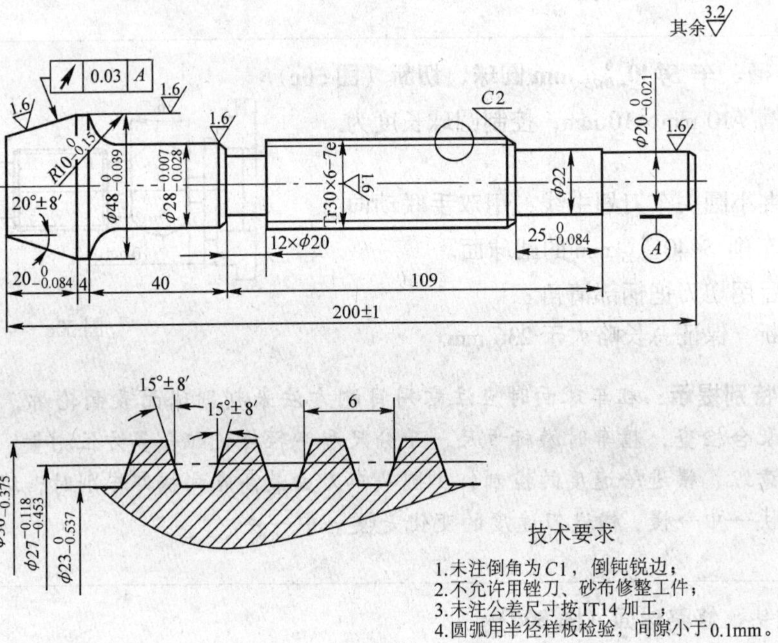

图 51　圆锥、圆弧、梯形螺纹轴

否定项

◆ 圆锥半角 20° ± 8′超差时，视为不及格。

◆ Tr30 × 6 − 7e 中径尺寸 $\phi27_{-0.453}^{-0.118}$ mm 公差超差，视为不合格。

1. 操作前应准备的工具、设备、用品

(1) 材料（考场准备）：45 号钢，φ50 mm × 230 mm 轴料 1 根。

(2) 设备（考场准备）：车床（CA6140 或 C620）1 台，卡盘扳手 1 副，刀架扳手 1 副。

(3) 工、刃、量、辅具（考生自备）：45°车刀、90°车刀（粗车刀、精车刀）、外沟槽车刀（S = 5 mm、L > 10 mm）、外圆头车刀 R10 mm、外梯形螺纹车刀（Tr30 × 6）、外圆锥车刀、切断刀 φ50 mm、游标卡尺 0.02 mm /（0 ~ 200）mm 1 把、千分尺 0.01 mm /（0 ~ 25）mm 1 把、千分尺 0.01 mm /（25 ~ 50）mm 1 把、公法线千分尺及量针（Tr30 × 6 − 7e）1 套、万能角度尺 2′/（0° ~ 320°）或螺纹样板 1 把、半径样板 R7 mm ~ R14.5 mm、A3 中心钻及钻夹头、回转顶尖、常用工具、0.1 ~ 0.2 mm 厚铜皮。

2. 基本操作步骤

基本操作步骤描述

检查设备、接通电源→车右端平面、钻中心孔→粗车右端外圆→车槽、取长→精车外圆、车圆锥面→车外圆弧面→车梯形螺纹→切断→检查工件、交验。

步骤1 检查启动设备

◆ 检查各部件是否正常，各手柄位置是否正确，然后接通电源。

◆ 调整机床转速，低速运转 3 ~ 5 min，并对车床进行润滑，启动设备。

特别提示： 开启车床须检查各部位无碰撞，变速时必须先停车。

步骤2 车右端平面、钻中心孔

加工部位（见图 51a）。

◆ 装夹 45°车刀、90°车刀。

◆ 找正、夹紧，车右端平面，钻中心孔。

◆ 调头，找正、夹紧，车装夹阶台 ϕ40 mm × 8 mm。

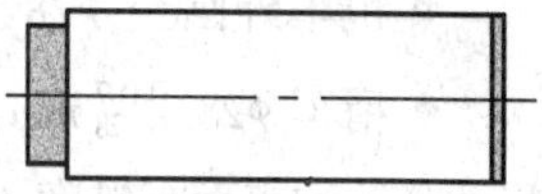

图 51a

步骤3 粗车右端外圆

加工部位（见图 51b）。

◆ 一端装夹阶台 ϕ40 mm × 8 mm，另一端用回转顶尖支顶。

◆ 用 90°车刀车 Tr30 × 6 – 7e 外径至 ϕ33 mm。

◆ 车 $\phi 22$ mm × $25^{\ 0}_{-0.084}$ mm 至 ϕ24 mm。

◆ 车 $\phi 20^{\ 0}_{-0.021}$ mm 至 ϕ22 mm。

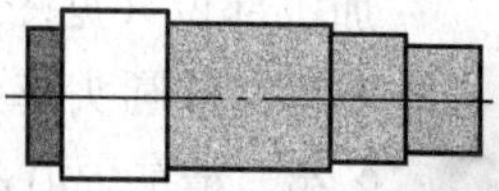

图 51b

特别提示： 粗车时选择合理的切削用量。

步骤4 车槽、取长

加工部位（见图 51c）。

◆ 装夹车槽刀。

◆ 车 8 mm × ϕ30 mm 工艺槽，控制（200 ± 1）mm 总长。

◆ 车 12 mm × ϕ20 mm 梯形螺纹退刀槽，控制 64 mm 长度、12 mm 槽宽和 ϕ20 mm 底径。

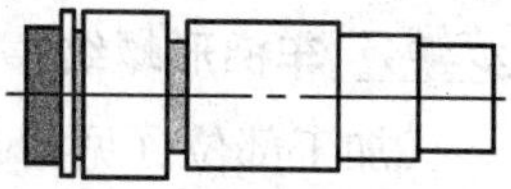

图 51c

特别提示： 装夹车槽刀时，刀尖角平分线应垂直于工件轴心线

步骤5 **精车外圆、车圆锥面**

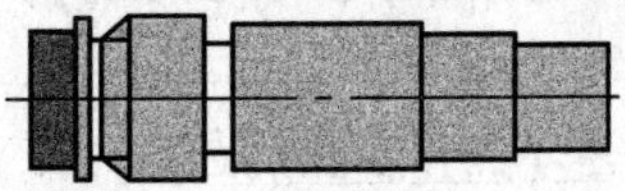

图 51d

加工部位（见图 51d)。

◆ 精车外圆 $\phi48_{-0.039}^{\ 0}$ mm 至尺寸要求，并以此为测量基准车圆锥面。

◆ 调整小滑板角度转动，反复试车调校、测量控制工件圆锥面斜角在 20° ± 8′要求内，且保证表面粗糙度 $R_a1.6$ μm 和长度 $20_{-0.084}^{\ 0}$ mm。

◆ 精车 Tr30 × 6 – 7e 外径至尺寸，保证 $\phi30_{-0.375}^{\ 0}$ mm 外径公差和 $R_a3.2$ μm 的表面粗糙度。

◆ 精车 $\phi22 \times 25_{-0.084}^{\ 0}$ mm 至尺寸，保证长度尺寸公差 $25_{-0.084}^{\ 0}$mm 和表面粗糙度 $R_a3.2$ μm。

◆ 精车 $\phi28_{-0.028}^{-0.007}$ mm 外圆 $\phi20_{-0.021}^{\ 0}$ mm 至尺寸，保证尺寸公差 $\phi20_{-0.021}^{\ 0}$mm 和表面粗糙度 $R_a1.6$ μm 和 109 mm 长度。

◆ 粗车外圆至 $\phi28_{-0.028}^{-0.007}$ mm、29 mm × $\phi29$ mm。

◆ 精车 $\phi28_{-0.028}^{-0.007}$ mm 外圆至 $\phi28_{-0.028}^{-0.007}$ mm × 30 mm，保证圆弧面余量，保证 $\phi28_{-0.028}^{-0.007}$ mm 尺寸公差和表面粗糙度 $R_a1.6$ μm。

特别提示： 锥度调整过程中，应尽量注意使锥度的调整方向保持一致。

步骤6 **车外圆弧面**

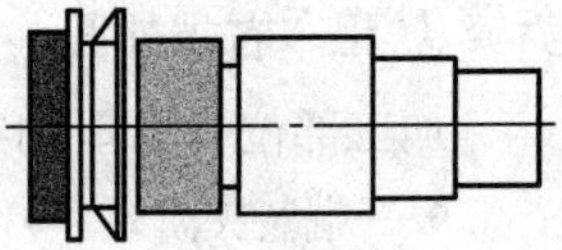

图 51e

加工部位（见图 51e)。

◆ 装夹外圆头车刀。

◆ 粗、精车 $R10$ mm 圆弧面至要求，车削过程中，一定要用半径样板反复测量和修正圆弧面，保证 4 mm 的宽度和 $R10_{-0.15}^{\ 0}$ mm（间隙小于 0.1 mm）的技术要求。

◆ 用 45°车刀倒角 $C2$（1 处），$C1$（2 处），3 处倒钝锐边。

特别提示： 倒角的角度要正确，刀具要锋利；车圆弧时，不要把圆弧刀碰到车好的外圆上。

步骤7 **车梯形螺纹**

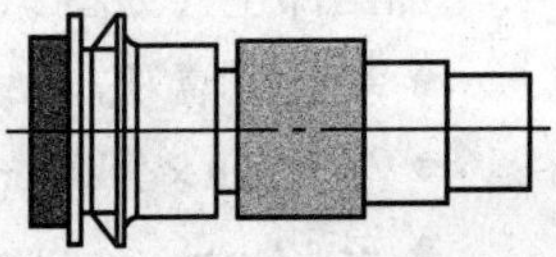

图 51f

加工部位（见图 51f)。

◆ 用半径样板或万能角度尺将螺纹车刀装夹正确保证 15° ± 8′牙型半角。

◆ 调整机床，保证正确螺距（$P = 6$ mm）及合理转速。

◆ 粗、精车螺纹 Tr30 × 6 – 7e 至中径尺寸 $\phi27_{-0.453}^{-0.118}$ mm 公差，并保证螺纹两侧表面粗糙度为 $R_a1.6$ μm。

步骤 8 切断

用切断刀，在（200 ± 1）mm 总长处切断。

步骤 9 检查工件、交验

- ◆ 检查各部分尺寸、用防锈油擦拭工件、交验。
- ◆ 擦拭量具。
- ◆ 清扫车床、整理工作位置。

［训练 2］完成如图 52 所示工件车削。

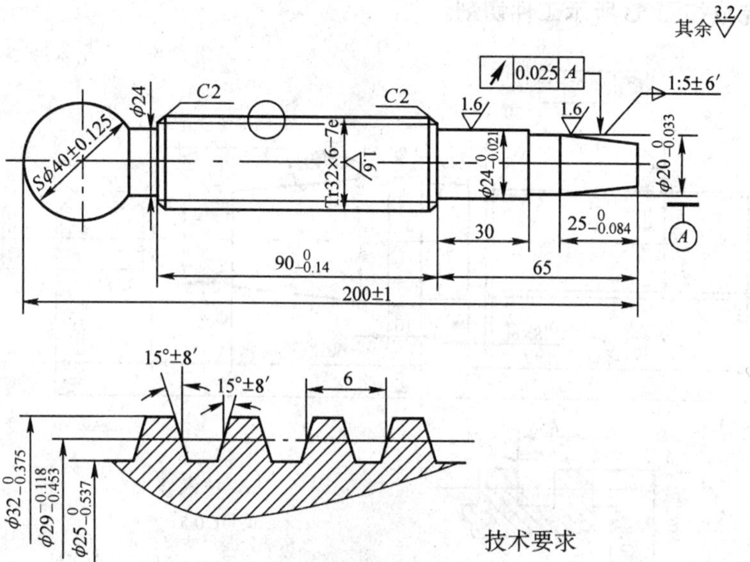

技术要求

1.未注公差尺寸按IT14加工；
2.球部允许用锉刀、砂布修光，用样板检验间隙小于1mm。

图 52 圆锥、圆弧、梯形螺纹轴

否定项 梯形螺纹 Tr32 × 6 − 7e 中径超差或 $S\phi40$ mm ± 0.125 mm 圆球超差 0.25 mm 以上时，此件为不合格。

基本操作步骤描述 车左端平面，钻中心孔→调头找正夹牢，车 $\phi41$ mm × 10 mm 装夹阶台→一端夹持工艺阶台，一端顶住中心孔→粗车右端各外圆尺寸→车退刀槽 $\phi24$ mm × 9 mm，精车右端各尺寸→车锥体至要求→倒角 $C2$ 两处→车梯形螺纹 Tr32 × 6 − 7e 至要求→调头用三爪卡盘垫铜皮，找正夹牢工件，取长→车圆球外圆至 $\phi41$ mm→车 $S\phi40$ mm ± 0.125 mm 至要求。

特别提示 控制圆球长度时，可以先将圆球长度留余量。

考核要点 8——车圆锥、三角螺纹、矩形螺纹轴

重点掌握

¤外圆锥的车削方法。

¤三角形螺纹的加工方法。

¤车削矩形螺纹的方法。

[训练]完成如图 53 所示工件切削。

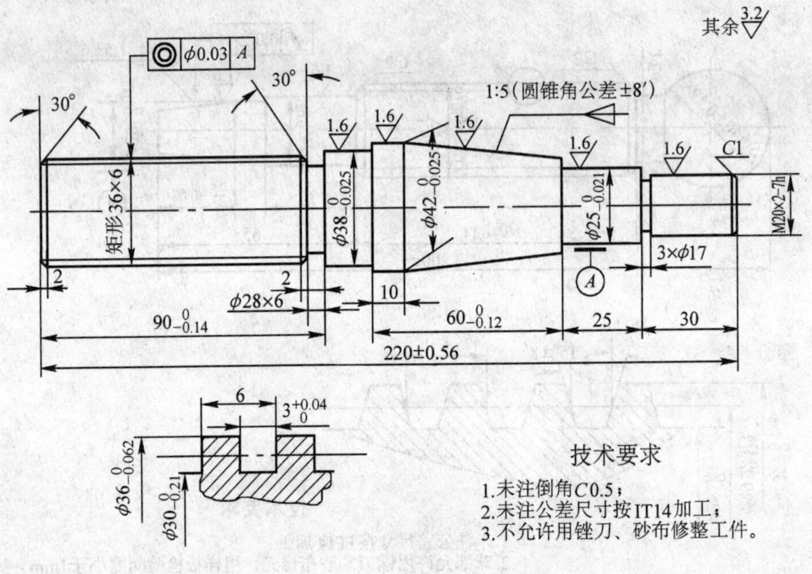

图 53 圆锥、三角螺纹、矩形螺纹轴

否定项 矩形螺纹槽宽尺寸超差（3±0.1）mm 时，视为不合格。

1. 操作前应准备的工具、设备、用品

（1）材料（考场准备）：45 号钢，尺寸为 φ45 mm×225 mm 轴料 1 根。

（2）设备（考场准备）：车床（CA6140 或 C620）1 台，卡盘扳手 1 副，刀架扳手 1 副。

（3）工、刃、量、辅具（考生自备）：45°车刀、90°车刀、矩形 36 mm×6 mm 螺纹车刀、车槽刀（$S=3$ mm、$L>5$ mm）、0.02 mm/(0～300）mm 游标卡尺、0.02 mm/(0～200）mm游标深度尺、0.01 mm/(0～25）mm 和 0.01 mm/(25～50）mm 千分尺、齿厚游标卡尺、万能角度尺、螺纹环规、A3 中心钻及钻夹头、前后顶尖、对分夹头、常用工具、0.1～0.2 mm 厚铜皮。

2. 基本操作步骤

基本操作步骤描述

开车前准备工作→车平面、取总长、钻中心孔→一夹一顶装夹，粗、精车各外圆、外圆锥，粗、精车三角螺纹→调头，车外圆，车槽，粗、精车矩形螺纹。

步骤 1 开车前准备工作

◆ 检查车床部件是否正常，各手柄位置是否正确，然后接通电源，选低速使车床运转 3～5 min，并对车床进行润滑。

◆ 检查核对所供材料与图样要求是否相符。

特别提示： 变换手柄时要先停车，然后右手扳动卡盘，左手变换手柄位置。

步骤 2 车平面、取总长、钻中心孔

◆ 棒料用三爪自定心卡盘装夹，伸出 20 mm 左右，找正并夹紧。

◆ 装夹 45°车刀及 90°车刀，用 45°车刀车平面，车平即可，并车装夹阶台 ϕ43 mm × 10 mm。

◆ 装夹 A3 中心钻及钻夹头，钻一端中心孔至尺寸要求。

◆ 工件划线总长为（220 ± 1）mm 后，调头用三爪自定心卡盘装夹，找正并夹紧。

◆ 开车，用刀尖轻轻划线，按划线车总长（220 ± 0.56）mm，钻另一端中心孔至尺寸要求。

特别提示： 车平面时，尽可能把所有刀具的刀尖在平面上对好工件旋转中心备用，且工件平面不能留有凸台。钻中心孔时，宜选择较高的转速、较小的进给量，并注意中心孔不能太深或太浅；为保证中心孔与工件平面垂直，应确保平面、中心孔一次装夹加工完成。

步骤 3 粗、精车外圆、外圆锥、三角螺纹（见图 53a）

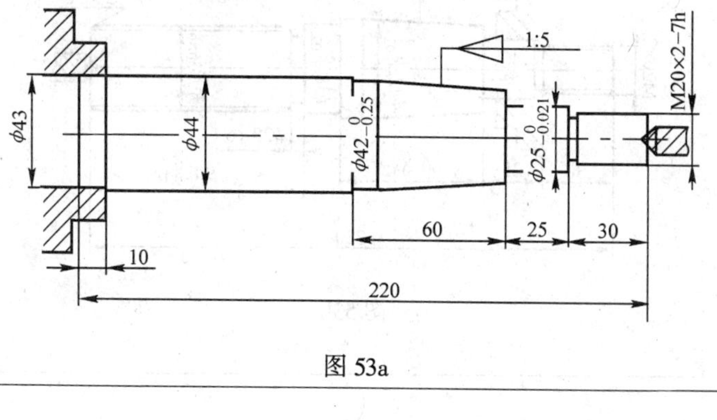

图 53a

◆ 一夹一顶装夹，粗车外圆至 $\phi43$ mm × 200 mm、$\phi27$ mm × 25 mm、$\phi22$ mm × 29.5 mm。

◆ 精车各外圆至 $\phi42_{-0.025}^{0}$ mm × 60 mm、$R_a1.6$ μm，$\phi25_{-0.021}^{0}$ mm × 25 mm、$R_a1.6$ μm，$\phi20_{-0.20}^{-0.10}$ mm × 30 mm。

◆ 采用偏移小拖板法车锥度 1:5，用万能量角器测量。

◆ 换车槽刀车槽 3 mm × $\phi17$ mm，换 45°车刀，倒角 $C1$、$C0.5$，用三角螺纹刀左右借刀法车三角螺纹 M20 × 2 – 7h。

特别提示：

◆ 锥度的测量基准在小外圆 $\phi25_{-0.021}^{0}$ mm × 25 mm 上。

◆ 车三角螺纹时应采用左右切削法，以免切削力过大产生乱牙和挤毛现象。

◆ 总进刀深度　$0.65P = 0.65 \times 2 = 1.3$ mm。用环规测量时注意松紧适宜，止规不能通过。

◆ 车螺纹进刀时，注意中滑板手柄不要多摇一圈，否则会造成刀尖崩刃或工件损坏。

◆ 开车时，不能用棉纱擦工件，否则会使棉纱卷入工件，甚至将手指也一起卷入造成事故。

步骤 4　**车矩形螺纹（见图 53b）**

◆ 工件调头垫铜皮夹 $\phi25_{-0.021}^{0}$ mm 外圆，用两顶尖装夹。

◆ 粗、精车外圆至 $\phi36_{-0.062}^{0}$ mm × 90 mm、$\phi38_{-0.025}^{0}$ mm × 15 mm。

◆ 换车槽刀车槽，控制 6 mm × $\phi28$ mm 及长度 $60_{-0.12}^{0}$ mm、$90_{-0.14}^{0}$ mm 在公差范围内。

◆ 用矩形螺纹刀倒角、车螺纹至尺寸要求（用齿厚游标卡尺测量）。

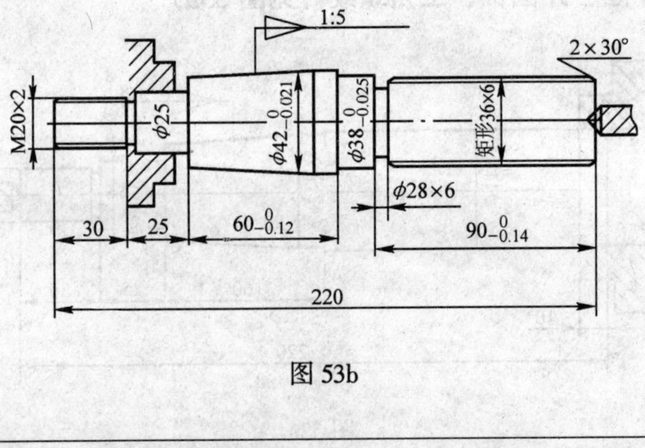

图 53b

> **特别提示：** 车外圆、螺纹前必须调正锥度并调紧小滑板的间隙；螺纹两侧牙型和小径应保持平直，清角；螺纹精车刀刀头宽度必须控制在 $3^{+0.04}_{0}$ mm；矩形螺纹牙顶宽 = 牙型深度 = 牙槽宽度 = 螺矩/2。

考核要点 9——车蜗杆轴

重点掌握

¤ 多阶台的车削方法及步骤。

¤ 齿厚卡尺的正确使用方法。

¤ 蜗杆的车削方法。

［训练］完成如图 54 所示工件车削。

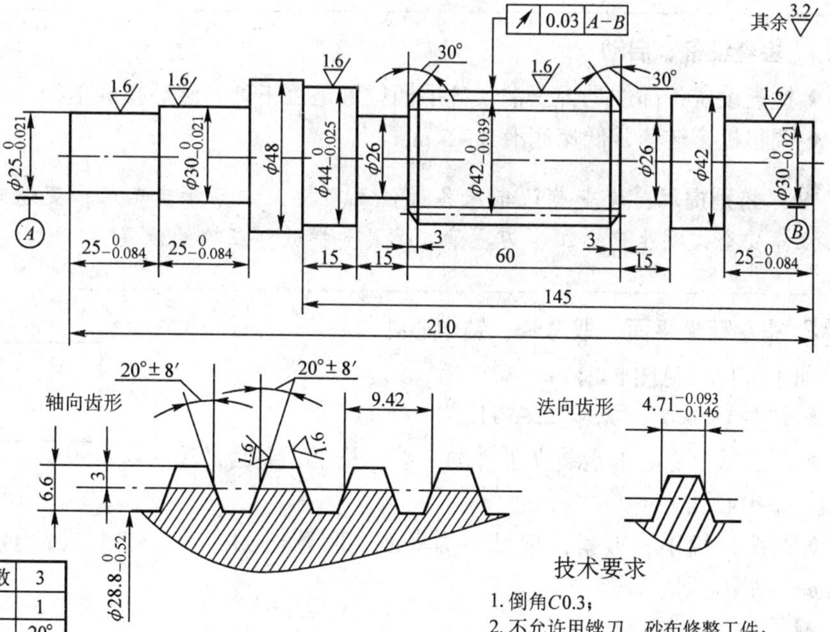

轴向模数	3
线数	1
压力角	20°
旋向	右
导程角	
精度等级	85

技术要求

1. 倒角C0.3；
2. 不允许用锉刀、砂布修整工件；
3. 未注公差尺寸按IT14 加工。

图 54　蜗杆轴

否定项　法向齿厚 $4.71_{-0.146}^{-0.093}$ mm 超差时，视为不合格

1. 操作前应准备的工具、设备、用品

（1）材料（考场准备）：45 号钢，尺寸为 $\phi50$ mm × 215 mm 轴料每人 1 根。

（2）设备（考场准备）：车床（CA620 或 C6140）1 台，卡盘扳手 1 副，刀架扳手 1 副。

说明：除上述型号的车床外，C610、CA6132、C618、CA6136 型号车床也可，但必须保证每人一台车床。

（3）工、刃、量、辅具准备：45°车刀、90°车刀、蜗杆车刀（$\phi42$ mm、$m_x=3$）、$L>$ 20 mm 切断刀、游标卡尺 0.02 mm /（0～300）mm、游标深度尺 0.02 mm /（0～200）mm、千分尺 0.01 mm /（25～50）mm、齿厚卡尺 0.02 /（1～18）mm、百分表及磁力表座 0.01 /（0～10）mm 1 套、万能角度尺 2′/（0°～320°）、A3 中心钻及钻夹头、前回转顶尖、常用工具、0.1～0.2 mm 厚铜皮。

2. 基本操作步骤

基本操作步骤描述

检查设备、启动→车平两端平面、取总长、钻中心孔→粗车右端外径→精车右端外径→粗、精车蜗杆→粗、精车左端外圆→检查工件、交验。

步骤 1 **检查设备、启动**

◆ 检查设备各部件是否正常，各手柄位置是否正确，然后接通电源。

◆ 调整机床转速，低速润滑 3～5 min。

特别提示：检查确认车床各部位无碰撞，方可开启车床；变速时必须先停车；注意安全文明生产，工、刃、量、辅具要摆放到正确的位置。

步骤 2 **车平两端平面、取总长、钻中心孔**

加工部位（见图 54a）。

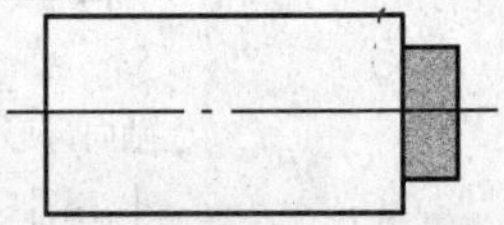

图 54a

◆ 装夹 45°车刀、90°粗车车刀。

◆ 用三爪自定心卡盘装夹工件的一端，找正、夹紧，车平平面，钻中心孔。

◆ 调头，找正、夹紧，车另一端平面、取总长 210 mm、车装夹阶台 $\phi45$ mm × 10 mm，钻中心孔。

特别提示：车刀刀尖一定严格和工件旋转轴心等高；刀头伸出长度是刀杆厚度的 1.5 倍；保证车刀的工作角度正确；车平面时，工件不宜伸出太长；钻中心孔时，转速一定要高，约 800～1 000 r/min。

步骤3 **粗车右端外径**

加工部位（见图 54b）。

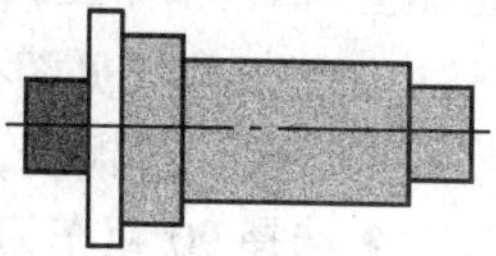

图 54b

◆ 采用一夹一顶方法装夹，用三爪自定心卡盘装夹$\phi 45$ mm × 10 mm，另一端用活顶尖支承。

◆ 选择 90°粗车刀，粗车工件右端外圆。

◆ 车削 $\phi 44_{-0.025}^{0}$ mm × 15 mm 至 $\phi 45$ mm × 15 mm。

◆ 车削 $\phi 42_{-0.039}^{0}$ mm 至 $\phi 43$ mm × 128 mm。

◆ 车削 $\phi 30_{-0.021}^{0}$ mm × 25 mm 至 $\phi 31$ mm × 24 mm。

特别提示： 后顶尖应注意松紧适当；粗车时应及时调整工件锥度。

步骤4 **精车右端外径**

加工部位（见图 54c）。

◆ 选择 90°精车刀，精车工件右端外圆。

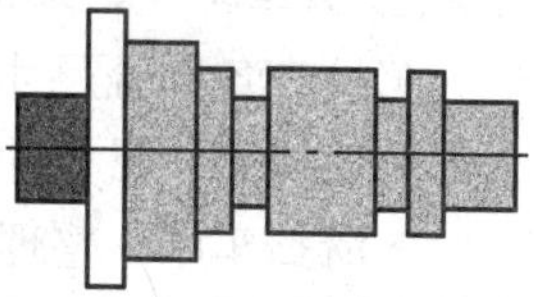

图 54c

◆ 车削 $\phi 30_{-0.021}^{0}$ mm × 25 mm 至要求，并保证 $R_a 1.6$ μm。

◆ 车削 $\phi 44_{-0.025}^{0}$ mm 至要求，并保证长度 145 mm 及 $R_a 1.6$ μm。

◆ 车削 $\phi 48$ mm 至 $\phi 48$ mm × 20 mm。

◆ 车削 $\phi 42_{-0.039}^{0}$ mm × 60 mm 至要求，并保证 $R_a 1.6$ μm。

◆ 车削 $\phi 42$ mm × 15 mm 至要求，并保证 $R_a 3.2$ μm。

◆ 装夹车槽刀，车两处 $\phi 26$ mm × 15 mm 外沟槽至要求，并保证蜗杆长度 60 mm 及 $R_a 3.2$ μm。

◆ 装夹 45°车刀，倒角、倒钝锐边。

特别提示： 后顶尖应注意松紧适当。

步骤5 **粗、精车蜗杆**

加工部位（见图 54d）。

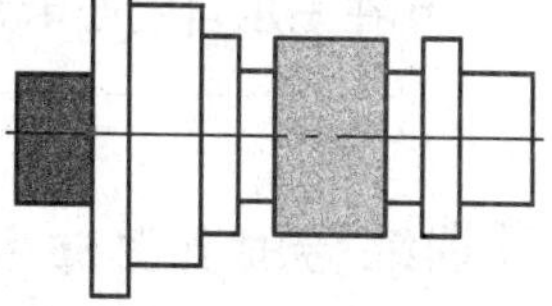

图 54d

◆ 用万能角度尺对刀，装夹蜗杆粗车刀。

◆ 车削法向齿厚 $4.71_{-0.146}^{-0.093}$ mm 至 5 mm、全齿高度6.6 mm 至 6.2 mm。

◆ 用万能角度尺对刀，装夹蜗杆精车刀。

◆ 车削法向齿厚 $4.71_{-0.146}^{-0.093}$ mm 至要求、全齿高度6.6 mm 至要求，并保证齿两侧 $R_a 1.6$ μm。

特别提示： 车蜗杆前应注意调整小滑板、中滑板的松紧程度；车蜗杆过程中，应尽量避免多刃同时参加车削，否则易产生扎刀和蜗杆起毛现象；测量法向齿厚时齿厚卡尺和工件轴线应有一个夹角（夹角等于导程角）。

步骤6 粗、精车左端外圆

加工部位（见图 54e）。

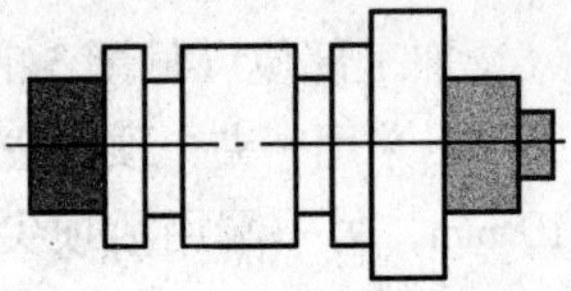

图 54e

◆ 调头，垫铜皮，采用两顶夹方法装夹。

◆ 选择 90°粗车刀，粗车工件左端外圆。

◆ 车削 $\phi25_{-0.021}^{\ 0}$ mm×25 mm 至 ϕ26 mm×24 mm。

◆ 车削 $\phi30_{-0.021}^{\ 0}$ mm×25 mm 至 ϕ31 mm×24 mm。

◆ 精车工件左端外圆。

◆ 车削 $\phi25_{-0.021}^{\ 0}$ mm×25 mm 至要求，并保证 $R_a1.6\ \mu m$。

◆ 车削 $\phi30_{-0.021}^{\ 0}$ mm×25 mm 至要求，并保证 $R_a1.6\ \mu m$。

◆ 装夹 45°车刀，倒角、倒钝锐边至要求。

特别提示：不要夹伤工件。

步骤7 检查工件、交验

◆ 检查各部分尺寸、用防锈油擦拭工件、交验。

◆ 擦拭工、量、辅具。

◆ 清扫车床、整理工作位置。

考核要点 10——车双偏心、圆锥、螺纹轴

重点掌握

¤ 车削三角螺纹的方法。

¤ 转动小滑板车削外圆锥的方法。

¤ 在三爪自定心卡盘上垫垫片车削双偏心工件的方法。

[训练]完成如图 55 所示工件切削。

否定项 车双偏心轴时两处偏心距超差至（$e\pm0.105$）mm 以上时，视为不合格。

1．操作前应准备的工具、设备、用品

(1) 材料（考场准备）：45 号钢，尺寸为 ϕ48 mm×175 mm 轴料 1 根。

(2) 设备（考场准备）：车床（CA6140 或 C620）1 台，卡盘扳手 1 副，刀架扳手 1 副。

(3) 工、刃、量、辅具（考生自备）：45° 车刀、90° 车刀，车槽刀（S = 3 mm、$L>8$ mm），0.02 mm /(0 ~ 200) mm 游标卡尺、0.01 mm /(25 ~ 50) mm 千分尺、外三角形

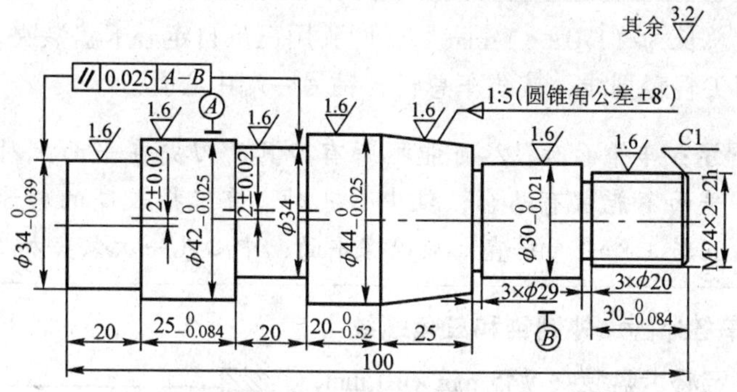

技术要求

1. 倒角C0.5；
2. 未注公差尺寸按IT14加工；
3. 不允许用锉刀、砂布修整工件；
4. 两偏心要求对称分布。

图 55　双偏心、圆锥、螺纹轴

螺纹车刀、0.02 mm/(0～200) mm 游标深度尺，0.01 mm/(0～10) mm 百分表及座、2′/(0°～320°) 万能角度尺、0.02 mm/(0～300) mm 游标高度尺、90°V 形架、M24×2－7h 螺纹环规、e＝(2±0.02) mm 偏心垫片、A3 中心钻及钻夹头、回转顶尖及钻套、划线工具、常用工具、0.1～0.2 mm 厚铜皮。

2. 基本操作步骤

基本操作步骤描述

开车前准备工作→车平面、取总长、钻中心孔→一夹一顶装夹，粗、精车各外圆、外圆锥和三角螺纹→调头，一夹一顶装夹，粗、精车外圆 $\phi42_{-0.025}^{0}$ mm→划线，车双偏心外圆。

步骤 1 **开车前准备工作**

◆ 检查车床部件是否正常，各手柄位置是否正确，然后接通电源，选低速使车床运转 3～5 min，并对车床进行润滑。

◆ 检查、核对所供材料与图样要求是否相符。

特别提示：变换手柄时要先停车，然后右手扳动卡盘，左手变换手柄位置。

步骤 2 **车平面、取总长、钻中心孔**

◆ 棒料用三爪自定心卡盘装夹，伸出 20 mm 左右，找正并夹紧。

◆ 装夹 90° 车刀、45° 车刀，用 45° 车刀车平面，车平即可，并车装夹阶台 $\phi45$ mm×10 mm。

◆ 装夹 A3 中心钻及钻夹头，钻一端中心孔。

◆ 工件划线总长为（170 ± 1）mm 后，调头用三爪自定心卡盘装夹，找正并夹紧。

◆ 开车用刀尖轻轻划线，按线车总长，钻另一端中心孔。

特别提示：车平面时，尽可能把所有刀具的刀尖在平面上对好工件旋转中心备用，且工件平面不能留有凸台；钻中心孔时，宜选择较高的转速，较小的进给量；为保证中心孔与工件平面垂直，应确保平面、中心孔一次装夹加工完成。

步骤 3 **粗、精车各外圆、外圆锥和三角螺纹**

◆ 用三爪自定心卡盘装夹 ϕ45 mm × 10 mm，另一端用活顶尖支顶，粗车直径至 ϕ46 mm × 145 mm、ϕ32 mm × 59.5 mm、外圆 ϕ26 mm × 29.5 mm（见图 55a）。

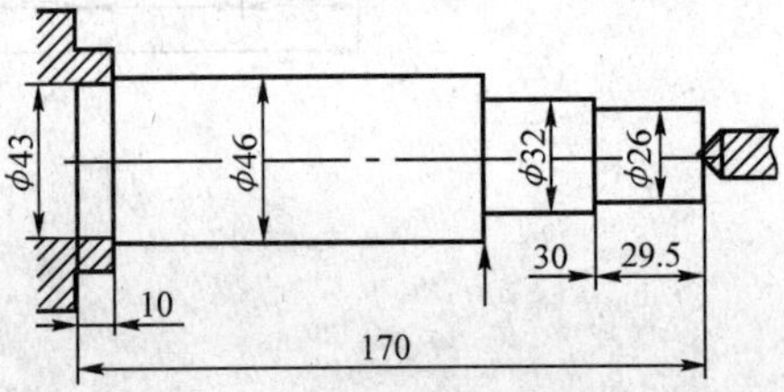

图 55a

◆ 用同样的方法精车螺纹大径 ϕ24 mm × 30 mm、R_a1.6 μm，外圆 $\phi30_{-0.021}^{\ 0}$ mm × 30 mm、R_a1.6 μm，$\phi44_{-0.025}^{\ 0}$ mm × 60 mm、R_a1.6 μm，并倒角 $C1$，采用转动小滑板法车锥度 1:5（圆锥角公差 ± 8′）、R_a1.6 μm，用万能量角器测量。

◆ 装夹车槽刀，车槽 3 mm × ϕ29 mm、控制长度 60 mm 和螺纹退刀槽 3 mm × ϕ20 mm，控制 30 mm，粗、精车三角螺纹（见图 55b）。

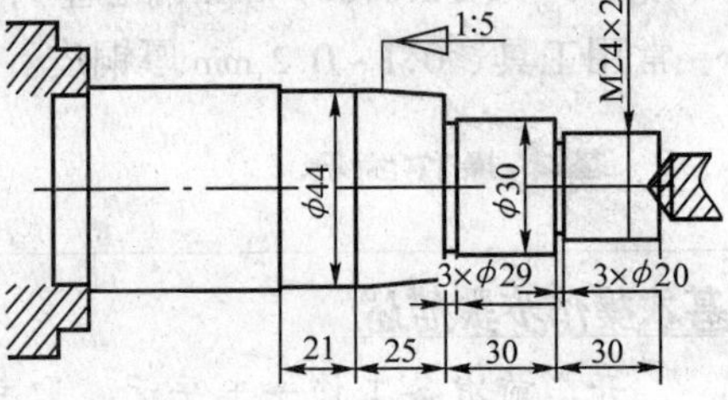

图 55b

特别提示：粗车外圆时应注意工件锥度的找正，锥度的测量基准在外圆 $\phi30_{-0.021}^{\ 0}$ mm × 25 mm 上。

步骤 4 **调头，粗、精车外圆**

◆ 工件调头，垫铜皮夹 $\phi30_{-0.021}^{\ 0}$ mm 外圆，并用后顶尖支承。

◆ 粗、精车外圆直径至 $\phi42_{-0.025}^{\ 0}$ mm × 65 mm、R_a1.6 μm（见图 55c）。

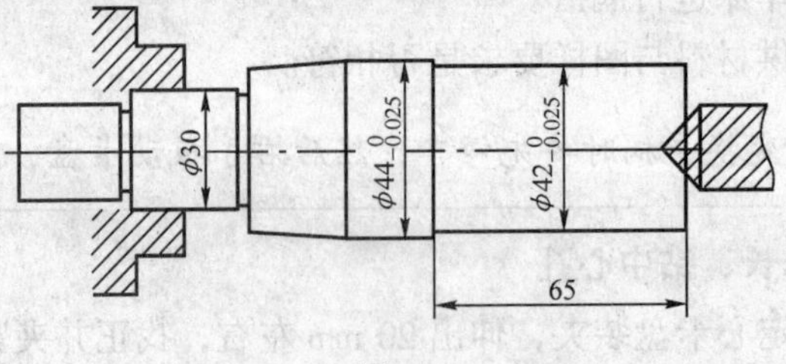

图 55c

特别提示：车 $\phi42_{-0.025}^{\ 0}$ mm × 65 mm，其长度只能短不能长。

步骤 5 **划线、车双偏心轴**

◆ 把工件放在 V 形架上用游标高度尺在平面和外圆划线（见图 56a、图 56b、图 56c）。

◆ 把垫片放在已划好的侧母线上夹住 $\phi30$ mm，校正偏心距（2 ± 0.02）mm，钻一中心孔，用尾座顶尖支顶，粗、精车偏心外圆 $\phi34_{-0.039}^{\ 0}$ mm × 20 mm（见图 56d）。

◆ 松开工件转 180°，偏心垫片垫着另一侧母线，校偏心距 2 mm ± 0.02 mm 并控制两处偏心的平行度 0.025 mm，钻一中心孔，用尾座顶尖顶着，用车槽刀（高速钢材料）粗、精车偏心外圆 $\phi34_{-0.039}^{\ 0}$ mm × 20 mm，并控制 $\phi42_{-0.025}^{\ 0}$ mm × $25_{-0.084}^{\ 0}$ mm 和 $\phi44_{-0.025}^{\ 0}$ mm × $20_{-0.025}^{\ 0}$ mm 的长度公差值（见图 56e）。

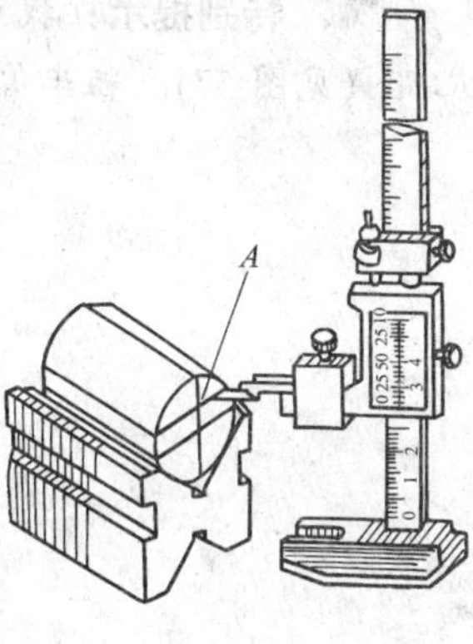

图 56a 在 V 形架上划偏心的方法

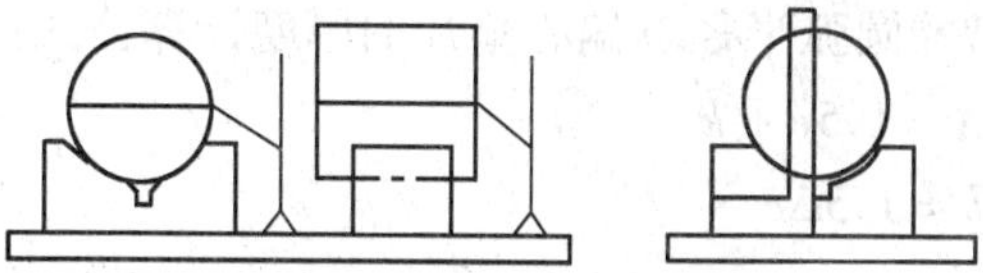

图 56b 偏心轴的划线方法

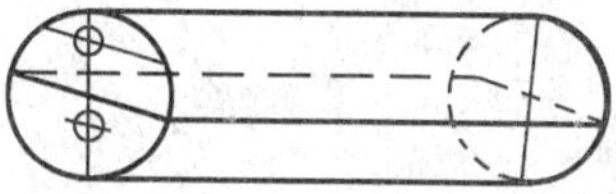

图 56c 划偏心

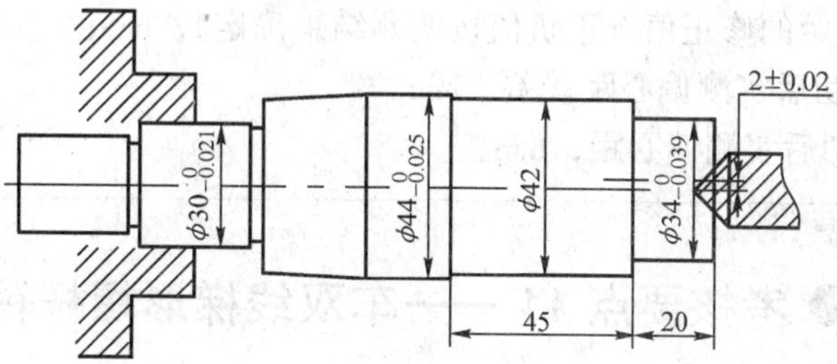

图 56d

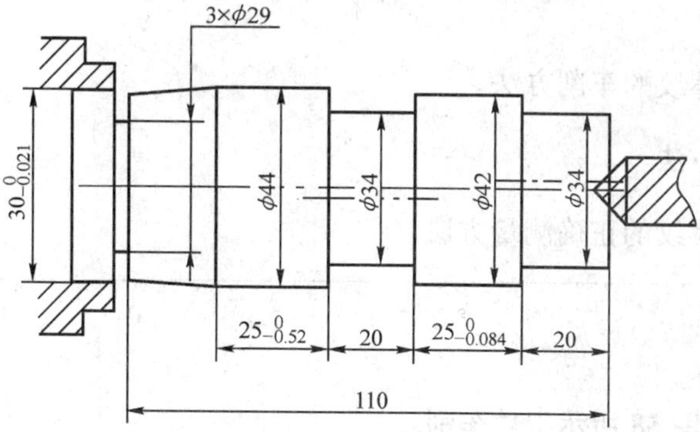

图 56e

特别提示： 找正偏心距时要先找正侧母线（两条母线相间 90°），再找正偏心距（见图 57）。粗车偏心后应用百分表再校正一次，确保偏心距在公差范围内。

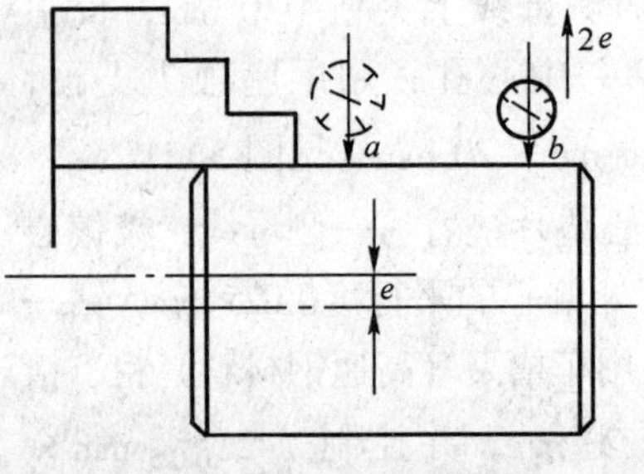

图 57 用百分表校正偏心工件

- 因为断续切削，所以车偏心时切削速度和进给量要小。
- 偏心垫片的圆弧半径小于三爪卡盘的圆弧半径。偏心垫片的厚度计算公式：

$$X = 1.5e + k$$
$$k = 1.5\Delta e$$
$$\Delta e = e - e_{测}$$

式中 e ——工件偏心距，mm；

k ——偏心距的修正值（正负值按实测结果确定），mm；

Δe ——试切后实测偏心距误差，mm；

$e_{测}$ ——试切后实测偏心距，mm。

考核要点 11 ——车双线梯形螺杆轴

重点掌握

¤ 双线梯形螺纹的车削方法。

¤ 量针测量方法。

¤ 双线梯形螺纹的正确测量方法。

[训练]完成如图 58 所示工件车削。

否定项 双线梯形螺纹中径超差和螺距超差至（6 ± 0.15）mm 以上时，视为不合格。

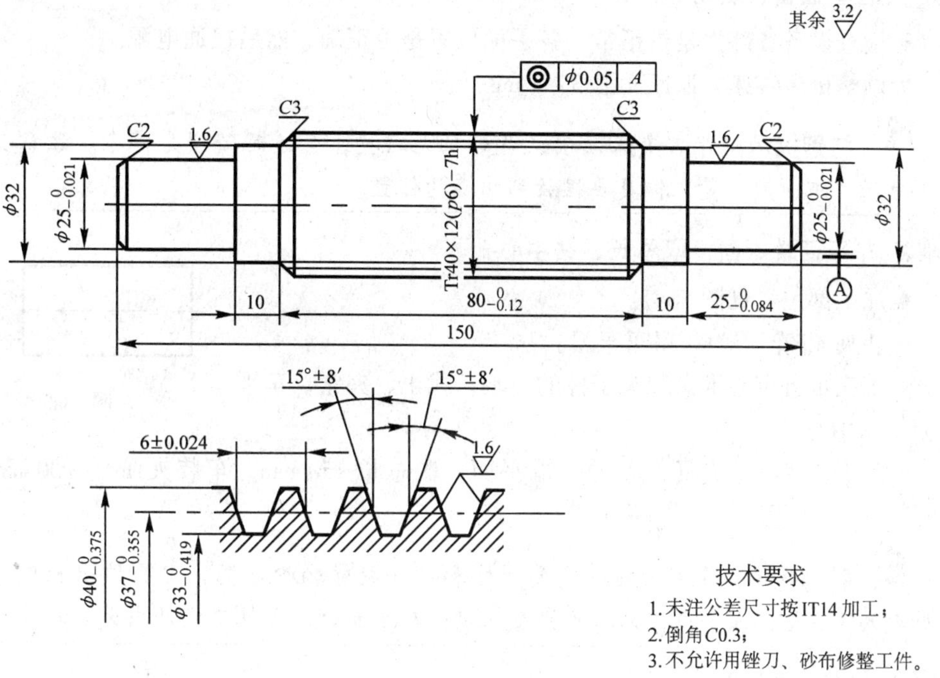

图 58 双线梯形螺杆轴

1. 操作前应准备的工具、设备、用品

（1）材料（考场准备）：45 号钢，尺寸为 $\phi45$ mm × 170 mm 轴料每人 1 根。

（2）设备（考场准备）：车床 C620 或 CA6140，卡盘扳手 1 副，刀架扳手 1 副。

说明：除上述型号的车床外，C610、CA6132、C618、CA6136 型号车床也可，但必须保证每人 1 台车床。

（3）工、刃、量、辅具准备：45°车刀、90°车刀、Tr40 × 12 外梯形螺纹车刀、$L >$ 5 mm车槽刀、游标卡尺 0.02 mm /(0 ~ 150) mm、游标深度尺 0.02 mm /(0 ~ 200) mm、公法线千分尺 0.01 mm /(25 ~ 50) mm、量针 $\phi3.108$ mm、千分尺 0.01 mm /(25 ~ 50) mm、百分表 0.01 mm /(0 ~ 10) mm 及磁力表座 1 套、螺纹车刀样板或 2′/(0° ~ 320°) 万能量角器、A3 中心钻及钻夹头、回转顶尖、常用工具、0.1 ~ 0.2 mm 厚铜皮。

2. 基本操作步骤

基本操作步骤描述

检查设备、启动→车平两端平面，取总长、钻中心孔→粗车右端外圆→精车右端外圆→车削双线梯形螺纹→粗、精车左端外圆→检查工件、交验。

步骤1 检查设备、启动

◆ 检查设备各部件是否正常，各手柄位置是否正确，然后接通电源。

◆ 调整机床转速，低速润滑 3～5 min。

特别提示： 开启车床须确认各部位无碰撞，变速时必须先停车。注意安全文明生产，工、刃、量、辅具要摆放到正确的位置。

步骤2 车平两端平面，取总长、钻中心孔

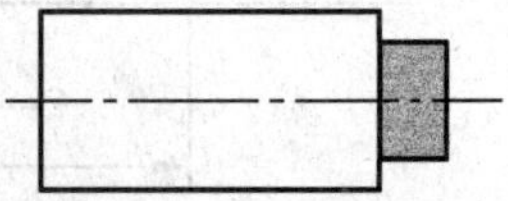

图 58a

◆ 加工部位（见图 58a）。

◆ 装夹 45°车刀、90°粗车车刀。

◆ 用三爪自定心卡盘装夹工件的一端，找正、夹紧，车平平面，钻中心孔。

◆ 调头，找正、夹紧，车另一端平面，取总长 150 mm，车装夹阶台 $\phi30$ mm × 10 mm，钻中心孔。

特别提示： 车刀刀尖一定要严格和工件旋转轴心等高；刀头伸出长度是刀杆厚度的 1.5 倍；保证车刀的工作角度正确；车平面时，工件不宜伸出太长。

步骤3 粗车右端外圆

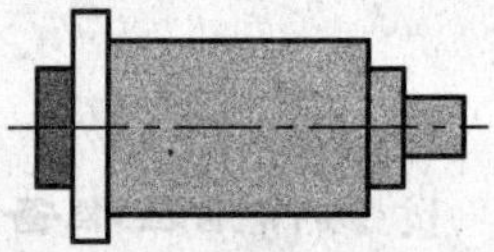

图 58b

加工部位（见图 58b）。

◆ 采用一夹一顶方法装夹，用三爪自定心卡盘装夹 $\phi30$ mm × 10 mm，另一端用回转顶尖支承。

◆ 选择 90°粗车刀，粗车工件右端。

◆ 车削 $\phi25_{-0.021}^{\ 0}$ mm × $25_{-0.084}^{\ 0}$ mm 至 $\phi26$ mm × 24 mm。

◆ 车削 $\phi32$ mm × 10 mm 至 $\phi33$ mm × 9 mm。

◆ 车削 $\phi40_{-0.375}^{\ 0}$ mm 至 $\phi41$ mm × 90 mm。

特别提示： 粗车时应及时调整工件锥度；为了提高生产率，应尽快切除大部分加工余量，在机床刚度允许的情况下选择较大的吃刀量和进给量，但切削速度不宜太高。

步骤4 精车右端外圆

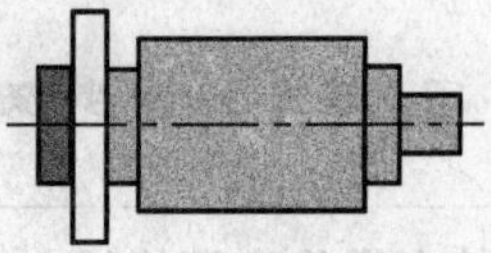

图 58c

加工部位（见图 58c）。

◆ 装夹。

◆ 车出退刀槽 $\phi32$ mm × 10 mm 至 $\phi32.5$ mm × 12 mm，并保证长度尺寸为 $80_{-0.12}^{\ 0}$ mm。

◆ 选择 90°精车刀，精车工件右端外圆。

◆ 车削 $\phi25_{-0.021}^{\ 0}$ mm × $25_{-0.084}^{\ 0}$ mm 至要求，并保证 $R_a1.6$ μm。

◆ 车削 ϕ32 mm×10 mm 至要求，并保证 $R_a3.2\ \mu m$。

◆ 车削 $\phi40_{-0.375}^{\ 0}$ mm 至 $\phi40_{-0.375}^{\ 0}$ mm×90 mm，并保证 $R_a1.6\ \mu m$。

◆ 装夹 45°车刀，倒角、倒钝锐边至要求。

特别提示：后顶尖应松紧适当。

步骤5 **车削双线梯形螺纹**

◆ 加工部位（见图 58d）。

◆ 装夹梯形螺纹粗车刀。

◆ 车削梯形螺纹中径 $\phi37_{-0.355}^{\ 0}$ mm 至 ϕ37.2 mm，底径 $\phi33_{-0.419}^{\ 0}$ mm 至 ϕ33.2 mm。

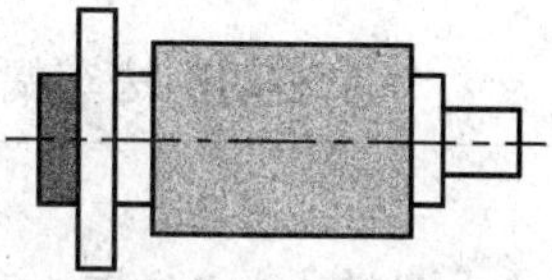

图 58d

◆ 装夹梯形螺纹精车刀。

◆ 车削梯形螺纹中径 $\phi37_{-0.355}^{\ 0}$ mm 至要求，底径 $\phi33_{-0.419}^{\ 0}$ mm 至要求，并保证螺距（6±0.024）mm 及 $R_a1.6\ \mu m$。

特别提示：车梯形螺纹前注意调整小滑板、中滑板的松紧程度；车梯形螺纹过程中，应尽量避免多刃同时参加车削，否则易产生扎刀和起毛现象；双线梯形螺纹为两个中径，在车削过程中要保持两中径尺寸相等；用量针测量双线梯形螺纹时，注意量针不要放错位置。

步骤6 **粗、精车左端外圆**

加工部位（见图 58e）。

◆ 调头，垫铜皮，采用一夹一顶方法装夹，用三爪自定心卡盘装夹 $\phi25_{-0.021}^{\ 0}$ mm×$25_{-0.084}^{\ 0}$ mm，另一端用回转顶尖支承。

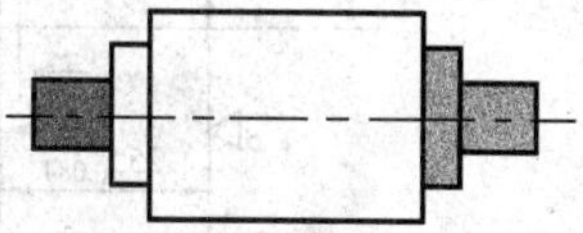

图 58e

◆ 选择外径 90°粗车刀，粗车工件左端。

◆ 车削 $\phi25_{-0.021}^{\ 0}$ mm 至 ϕ26 mm，并保证 ϕ32 mm、长度尺寸 10 mm。

◆ 选择外径 90°精车刀，精车工件左端。

◆ 车削 ϕ32 mm×10 mm 至要求，并保证 $R_a3.2\ \mu m$。

◆ 车削 $\phi25_{-0.021}^{\ 0}$ mm 至要求，并保证 $R_a1.6\ \mu m$。

◆ 装夹 45°车刀，倒角、倒钝锐边至要求。

特别提示：不要夹伤工件。

步骤7 **检查工件、交验**

◆ 检查各部分尺寸、用防锈油擦拭工件、交验。

◆ 擦拭工、量、辅具。

◆ 清扫车床、整理工作位置。

● 考核要点 12——车圆锥、蜗杆轴

重点掌握

¤偏移小滑板车外圆锥面。

¤左右切削法车蜗杆螺纹的方法，公制蜗杆各部分的尺寸计算。

[训练] 完成如图 59 所示工件的车削。

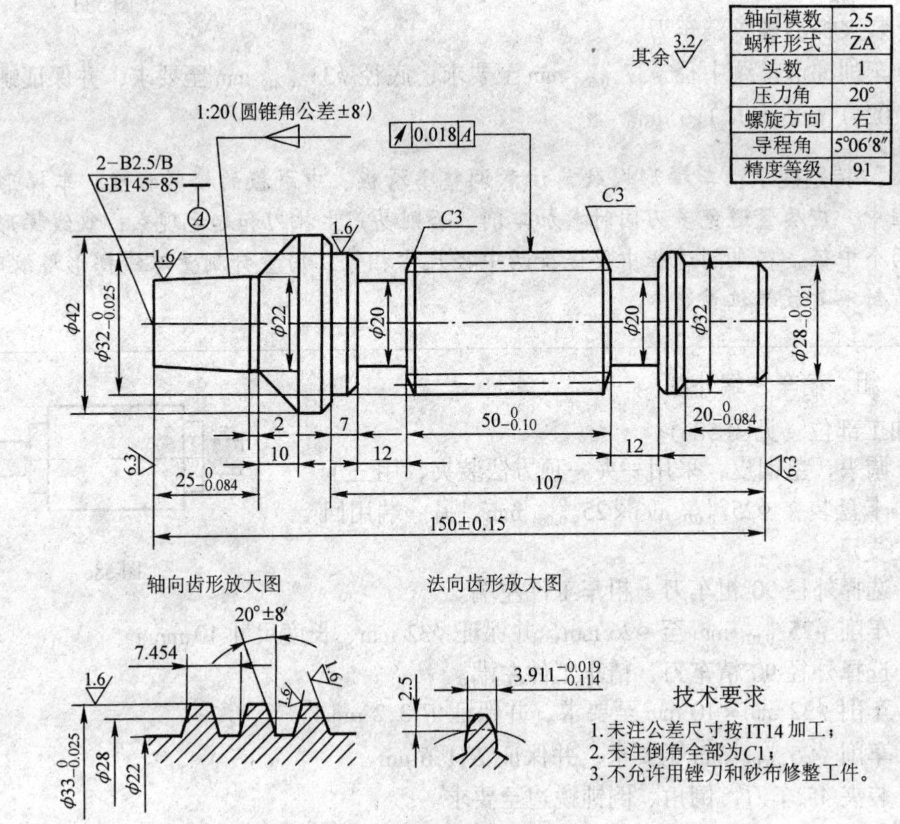

图 59 圆锥、蜗杆轴

否定项 锥度 1:20（圆锥角公差 ± 8′）超差和 $3.911_{-0.114}^{-0.019}$ mm 超差时，视为不合格。

1. 操作前应准备的工具、设备、用品

（1）材料（考场准备）：45 号钢，尺寸为 ϕ45 mm × 155 mm 轴料 1 根。

（2）设备（考场准备）：车床（CA6140 或 C620）1 台，卡盘扳手 1 副，刀架扳手 1 副。

（3）工、刃、量、辅具（考生自备）：45°车刀、90°车刀、蜗杆车刀（m_x = 2.5、Z =

1)、5 mm×10 mm 沟槽刀、圆头车刀、0.02 mm/(0～150) mm 游标卡尺、0.01 mm/(0～25) mm 和 0.01 mm/(25～50) mm 千分尺、0.02 mm/(1～18) mm 齿厚卡尺、2′/(0°～320°) 万能量角尺、A3 中心钻及钻夹头、回转顶尖、前顶尖及鸡心夹头、常用工具、0.1～0.2 mm 厚铜皮。

2. **基本操作步骤**

基本操作步骤描述

开车前准备工作→车平面、取总长、钻中心孔→一夹一顶装夹，粗、精车各外圆、阶台和蜗杆→调头，粗、精车各外圆和锥面。

步骤 1 **开车前准备工作**

◆ 检查车床部件是否正常，各手柄位置是否正确。然后接通电源，选低速使车床运转 3～5 min，并对车床进行润滑。

◆ 检查、核对材料与图样要求是否相符。

特别提示： 变换手柄时要先停车，然后右手扳动卡盘，左手变换手柄位置。

步骤 2 **车平面、取总长、钻中心孔**

◆ 棒料用三爪自定心卡盘装夹，伸出长度为 20 mm 左右，找正并夹紧。

◆ 装夹 45°车刀及 90°车刀，用 45°车刀车平面，车平即可，并车装夹阶台 ϕ43 mm×10 mm。

◆ 钻一端中心孔至尺寸要求。

◆ 工件划线，总长为 (150±0.15) mm，调头用三爪自定心卡盘装夹，找正并夹紧。

◆ 车平面，取总长，钻另一端中心孔至尺寸要求。

特别提示： 车平面时，工件平面不能留有凸台；钻中心孔时，宜选择较高的转速、较小的进给量，并注意中心孔不能太深或太浅；为保证中心孔与工件平面垂直，应确保平面、中心孔一次装夹加工完成。

步骤 3 **粗、精车外圆、阶台和蜗杆**

◆ 用三爪自定心卡盘装夹 ϕ43 mm×10 mm，另一端用回转顶尖支承，粗车外圆至 ϕ43 mm（尽量长），螺纹直径至 ϕ34 mm × 87 mm，小外圆至 ϕ30 mm×19.5 mm（见图 60a）。

◆ 用两顶尖装夹法精车外圆 $\phi32_{-0.025}^{\ 0}$ mm、R_a1.6 μm，外圆 ϕ32 mm 和 $\phi28_{-0.021}^{\ 0}$ mm×$20_{-0.084}^{\ 0}$ mm、R_a1.6 μm，

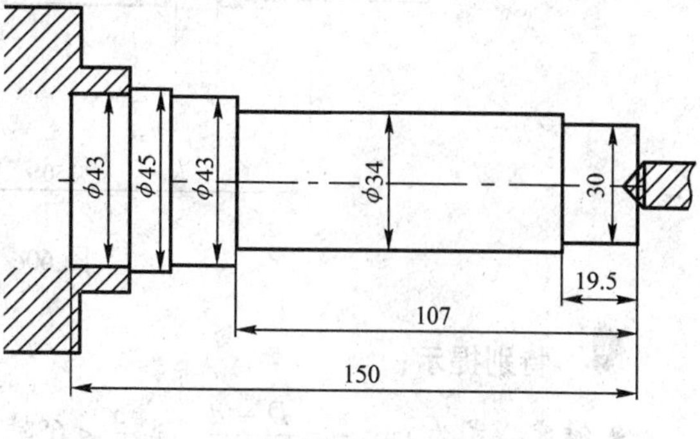

图 60a

并倒角 $C1$（4处）。

♦ 装夹车槽刀，车槽 12 mm × ϕ20 mm，控制长度分别为 $50_{-0.10}^{0}$ mm 和 7 mm，并倒角 $C3$（两处）。

♦ 装夹蜗杆车刀，粗、精车蜗杆螺纹 $\phi 33_{-0.025}^{0}$ mm（$m_x = 2.5$、$Z = 1$）至尺寸要求，控制牙侧面 $R_a 1.6\ \mu m$（见图 60b）。

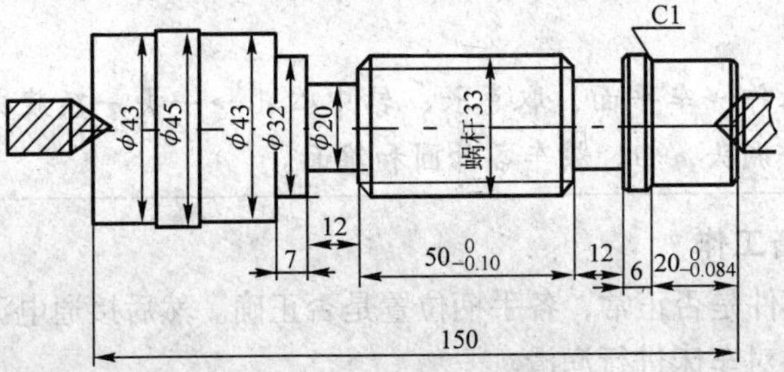

图 60b

特别提示：粗车外圆时应注意工件锥度的找正。车蜗杆时应采用左右切削法，以免切削力过大产生扎刀现象，小滑板导轨应调紧；法向齿厚 $S_n = 3.911_{-0.114}^{-0.019}$ mm，使用齿厚卡尺时应在法向方向测量。

步骤4 **车外圆和锥面（如图示 60c）**

♦ 两顶尖装夹，粗、精车外圆 ϕ22 mm × $25_{-0.084}^{0}$ mm 和 ϕ42 mm。

♦ 偏移小滑板法粗、精车锥度 1:20（圆锥角公差 ±8′）、$R_a 1.6\ \mu m$，用万能角度尺测量。

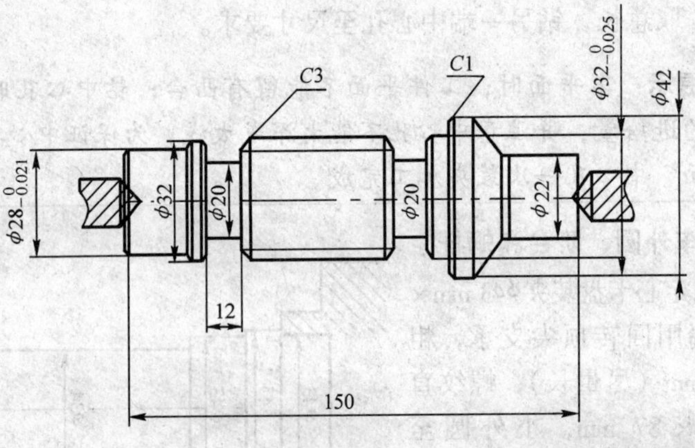

图 60c

特别提示：

♦ 锥度公式为 $\tan\dfrac{\alpha}{2} = \dfrac{D-d}{2L}$。当 $\dfrac{\alpha}{2} < 6°$ 时，可用以下公式：

$$\frac{\alpha}{2} \approx 常数 \times \frac{D-d}{L} = 28.7° \times \frac{D-d}{L} = 28.7° \times \frac{1}{20} = 1.435°$$

◆ 车刀中心必须对准工件中心，避免出现双曲线误差；在转动小滑板时，应稍大于圆锥半角$\frac{\alpha}{2}$然后逐步找正，双手动作要协调，走刀要均匀。

考核要点 13——车圆锥、左旋螺纹轴

重点掌握

¤ 圆锥的车削方法。

¤ 外三角左旋螺纹的车削方法。

¤ 螺纹千分尺正确使用方法。

［训练］完成如图 61 所示工件车削。

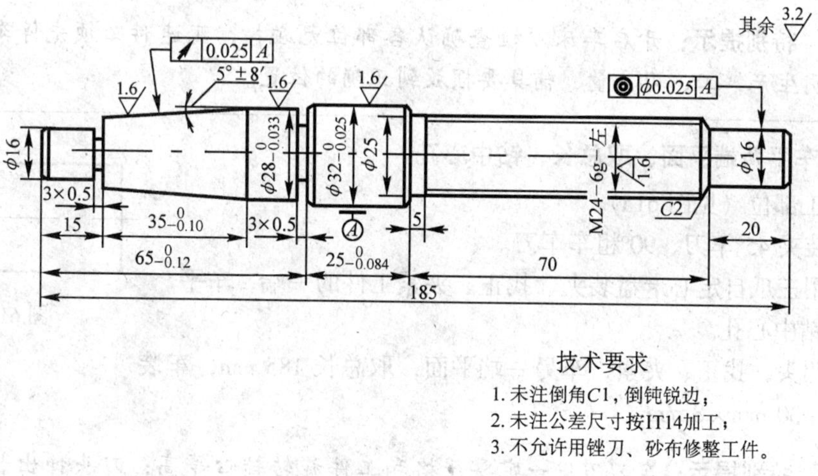

图 61　圆锥、左旋螺纹轴

否定项

◆ 圆锥角度 5°±8′超差时，视为不合格。

◆ M24-6g-左中径尺寸超差时，视为不合格。

1. 操作前应准备的工具、设备、用品

（1）材料（考场准备）：45 号钢，尺寸为 ϕ40 mm×190 mm 轴料每人 1 根。

（2）设备（考场准备）：车床 C620 或 CA6140，卡盘扳手 1 副，刀架扳手 1 副。

说明：除上述型号的车床外，C610、CA6132、C618、CA6136型号车床也可，但必须保证每人一台车床。

（3）工、刃、量、辅具准备：45°车刀、90°车刀、外圆锥车刀、外三角螺纹车刀M24－6g－左2把、外沟槽刀3 mm×5 mm、切断刀ϕ40 mm、游标卡尺0.02 mm/(0～300) mm、游标深度尺0.02 mm/(0～200) mm、千分尺0.01 mm/(0～25) mm和0.01 mm/(25～50) mm各1把、螺纹环规或螺纹千分尺、百分表及磁力表座1套、螺纹车刀样板、2′/(0°～320°) 万能角度尺、A3中心钻及钻夹头、回转顶尖、常用工具、0.1～0.2 mm厚铜皮。

2. **基本操作步骤**

基本操作步骤描述

检查设备、启动→车平两端平面，取总长、钻中心孔→粗车外形→精车左端→车削左旋三角螺纹→精车右端ϕ16 mm→检查工件、交验。

步骤1 **检查设备、启动**

◆检查设备各部件是否正常，各手柄位置是否正确，然后接通电源。

◆调整机床转速，低速润滑3～5 min。

特别提示：开启车床须检查确认各部位无碰撞，变速时必须先停车；注意安全文明生产，工、刃、量、辅具要摆放到正确的位置。

步骤2 **车平两端平面、取总长、钻中心孔**

加工部位（见图61a）。

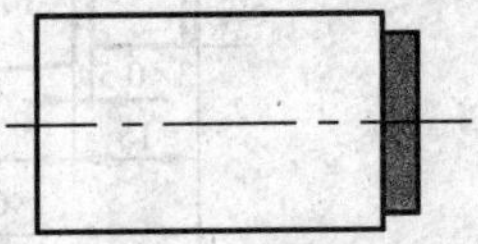

图61a

◆装夹45°车刀、90°粗车车刀。

◆用三爪自定心卡盘装夹、找正、夹紧工件的一端，车平平面，钻中心孔。

◆调头，找正、夹紧，车另一端平面，取总长185 mm，车装夹阶台ϕ30 mm×8 mm。

特别提示：车刀刀尖一定要严格和工件旋转轴心等高；刀头伸出长度是刀杆厚度的1.5倍；保证车刀的工作角度正确；车平面时，工件不宜伸出太长；钻中心孔时，转速一定要高（900～1 000 r/min）。

步骤3 **粗车外形**

加工部位（见图61b）。

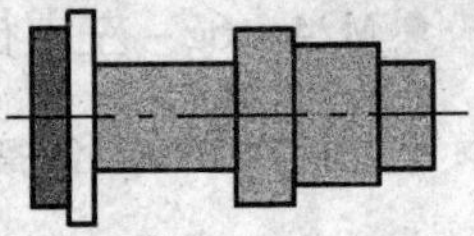

图61b

◆采用一夹一顶方法装夹，用三爪自定心卡盘装夹ϕ30 mm×8 mm，另一端用回转顶尖支承。

◆选择90°粗车刀，粗车工件左端。

◆ 车削 ϕ16 mm × 15 mm 至 ϕ17 mm × 14 mm。

◆ 车削 $\phi 28_{-0.033}^{0}$ mm 至 ϕ29 mm × 49 mm。

◆ 车削 $\phi 32_{-0.025}^{0}$ mm × 25 mm 至 ϕ33 mm × 30 mm。

◆ 装夹车槽刀。

◆ 车槽 ϕ25 mm 至 ϕ26 mm × 20 mm，并保证 $\phi 32_{-0.025}^{0}$ mm 长度至 28 mm。

特别提示： 一夹一顶装夹时，后顶尖应松紧适当；车削 ϕ17 mm × 14 mm 外圆时应注意车刀刀背与后顶尖不能碰撞；粗车时应及时调整工件锥度；粗加工时，为了提高生产率，应尽快切除大部分加工余量，在机床刚度允许的情况下选择较大的吃刀量和进给量，但切削速度不宜太高。

步骤 4 **精车左端**

加工部位（见图 61c）。

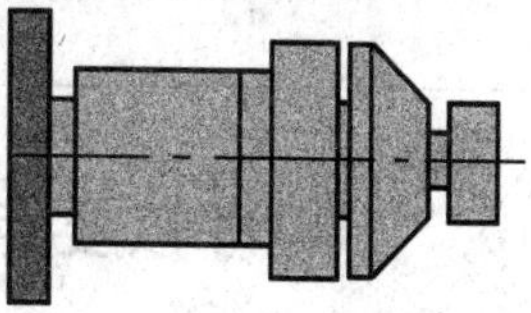

图 61c

◆ 装夹 90°精车刀，精车工件左端。

◆ 车削 ϕ16 mm × 15 mm 至要求，并保证 $R_a 3.2$ μm。

◆ 车削 $\phi 28_{-0.033}^{0}$ mm 至要求，并保证长度 65 mm 及 $R_a 1.6$ μm。

◆ 车削 $\phi 32_{-0.025}^{0}$ mm 至要求，并保证长度 26 mm 及 $R_a 1.6$ μm。

◆ 装夹 3 mm × 5 mm 车槽刀。

◆ 车两处 3 mm × 0.5 mm 的外沟槽。

◆ 转动小滑板，车削圆锥至要求，并保证 $R_a 1.6$ μm。

特别提示： 车削 ϕ16 mm × 15 mm 外圆时应注意车刀刀背不能与后顶尖碰撞；车圆锥前应注意调整小滑板的松紧程度；锥度的测量。

步骤 5 **车削左旋三角螺纹**

加工部位（见图 61d）。

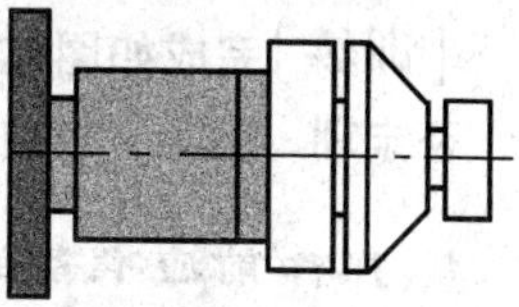

图 61d

◆ 装夹车槽刀。

◆ 用车槽刀车削 ϕ25 mm × 5 mm 至要求，并保证 ϕ25 mm × 5 mm。

◆ 车退刀槽，保证长度为 70 mm，车削 ϕ16 mm 至 ϕ17 mm。

◆ 车削 M24 – 6g – 左大径至 ϕ23.85 mm。

◆ 倒角、倒钝锐边至要求。

◆ 装夹外三角螺纹车刀，车削 M24 – 6g – 左至要求，并保证 $R_a 1.6$ μm。

特别提示： 左旋螺纹和右旋螺纹车削方法的区别；车削外三角螺纹时注意及时退刀。

步骤6 **精车右端 ϕ16 mm**

加工部位（见图 61e）。

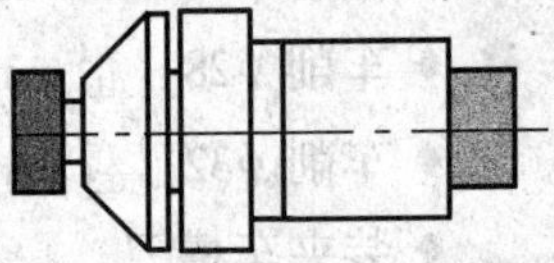

图 61e

◆ 调头，采用两顶尖支顶装夹，车削 ϕ16 mm 至要求，并保证 R_a3.2 μm。

◆ 倒角 C1 至要求。

特别提示：不要夹伤工件。

步骤7 **检查工件、交验**

◆ 检查各部分尺寸，用防锈油擦拭工件、交验。

◆ 擦拭工、量、辅具。

◆ 清扫车床、整理工作位置。

考核要点 14——车带孔、三角螺纹和梯形螺纹轴

重点掌握

¤ 不通孔的加工方法。

¤ 三角螺纹车削方法。

¤ 左右切削法车梯形螺纹的方法，量针测量时 M 值的计算。

[训练] 完成如图 62 所示工件车削。

否定项 Tr40 × 7 – 7e 中径和 M36 × 3 – 6g 中径都超差时，视为不合格。

1. 操作前应准备的工具、设备、用品

(1) 材料（考场准备）：45 号钢，尺寸为 ϕ45 mm × 120 mm 轴料 1 根。

(2) 设备（考场准备）：车床（CA6140 或 C620）1 台，卡盘扳手 1 副，刀架扳手 1 副。

(3) 工、刃、量、辅具（考生自备）：45°车刀、90°车刀、Tr40 × 7 外梯形螺纹车刀、4 mm × 15 mm 车槽刀、ϕ20 mm × 35 mm 不通孔车刀、ϕ18 mm 钻头、外三角螺纹车刀、0.02 mm /(0 ~ 150) mm 游标卡尺、0.01 mm /(0 ~ 25) mm 和 0.01 mm /(25 ~ 50) mm 千分尺、Tr40 × 7 – 7e、量针及公法线千分尺、螺纹环规或螺纹千分尺、ϕ20H7 塞规或 0.01 mm/ (18 ~ 35) mm内径量表、A3 中心钻及钻夹头对分夹头、回转顶尖、常用工具。

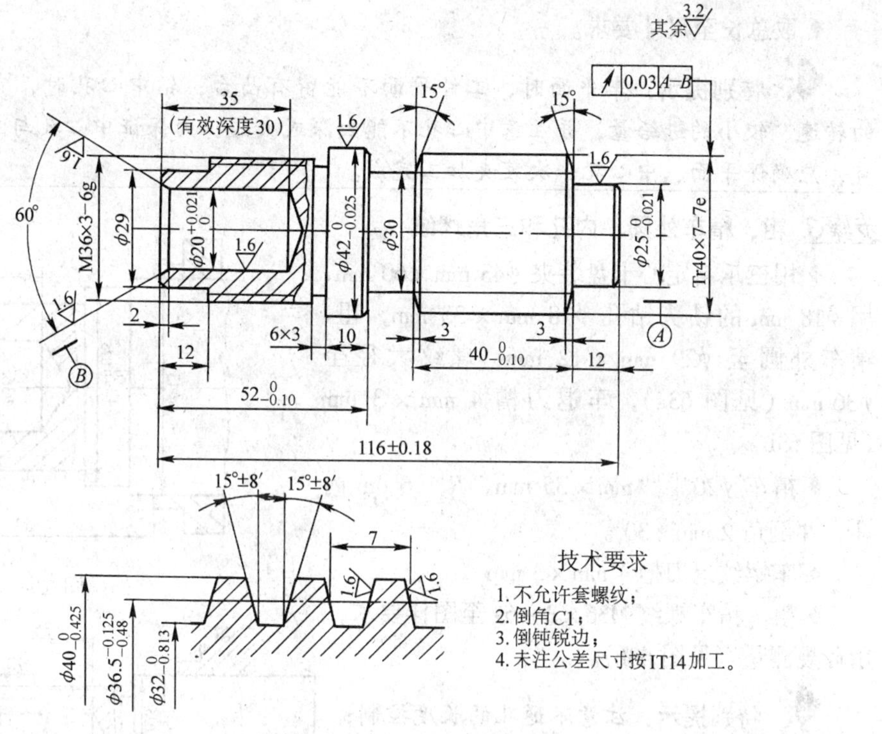

图62　带孔、三角螺纹和梯形螺纹轴

2. 基本操作步骤

基本操作步骤描述

开车前准备工作→车平面、取总长、钻中心孔→粗、精车外圆、内孔和三角螺纹→车削外圆和梯形螺纹。

步骤1 **开车前准备工作**

◆ 检查车床部件是否正常，各手柄位置是否正确。然后接通电源，选低速使车床运转3～5 min，并对车床进行润滑。

◆ 检查核对所供材料与图样要求是否相符。

特别提示：变换手柄时先停车，再右手扳动卡盘，左手变换手柄位置。

步骤2 **车平面、取总长、钻中心孔**

◆ 棒料用三爪自定心卡盘装夹，伸出20 mm左右，找正并夹紧。

◆ 装夹45°车刀及90°车刀，用45°车刀车平面，车平即可，并车外圆 ϕ43 mm×60 mm。

◆ 钻一端中心孔至尺寸要求。

◆ 用车过的平面为基准，以（116±0.18）mm总长划线，调头用三爪自定心卡盘装夹，找正并夹紧。

◆ 取总长至尺寸要求。

特别提示： 车平面时，工件平面不能留有凸台；钻中心孔时，宜选择较高的转速、较小的进给量，并注意中心孔不能太深或太浅；为保证中心孔与工件平面垂直，应确保平面、中心孔一次装夹加工完成。

步骤 3 **粗、精车外圆、内孔和三角螺纹**

◆ 用三爪自定心卡盘装夹 $\phi43$ mm × 60 mm，用 $\phi18$ mm 的钻头钻孔 $\phi18$ mm × 35 mm，粗、精车外圆至 $\phi29$ mm × 12 mm，螺纹大径至 $\phi36$ mm（见图 63a），车退刀槽 4 mm × 3 mm（见图 63b）。

◆ 精车 $\phi20^{+0.021}_{0}$ mm × 35 mm、$R_a1.6$ μm 内孔，并倒角 2 mm × 30°。

◆ 车螺纹退刀槽 4 mm × 3 mm。

◆ 粗、精车螺纹 M36 × 3 − 6g 至图样要求，用环规测量（见图 63b）。

特别提示： 注意不通孔的长度控制；车三角螺纹时应采用左右切削法，以免切削力过大产生扎刀现象；倒内角时注意锥度的大小和表面粗糙度值；车平面时注意保证总长（116 ± 0.18）mm。

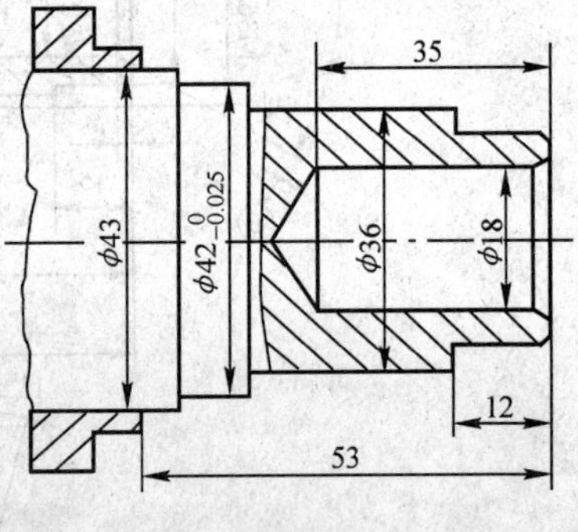

图 63a

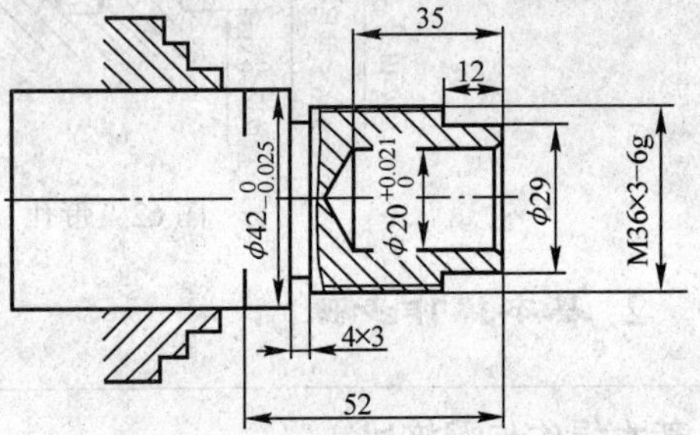

图 63b

步骤 4 **车削外圆和梯形螺纹**

◆ 工件调头，前顶尖顶着 $\phi20^{+0.021}_{0}$ mm 内孔 30°倒角，并用后顶尖支承（采用两顶尖装夹）。

◆ 粗、精车外圆至 $\phi25^{0}_{-0.021}$ mm × 12 mm、$R_a1.6$ μm，$\phi42^{0}_{-0.025}$ mm × 10 mm、$R_a1.6$ μm，并控制长度 $52^{0}_{-0.10}$ mm、螺纹外圆 $\phi40^{0}_{-0.425}$ mm（见图 63c）。

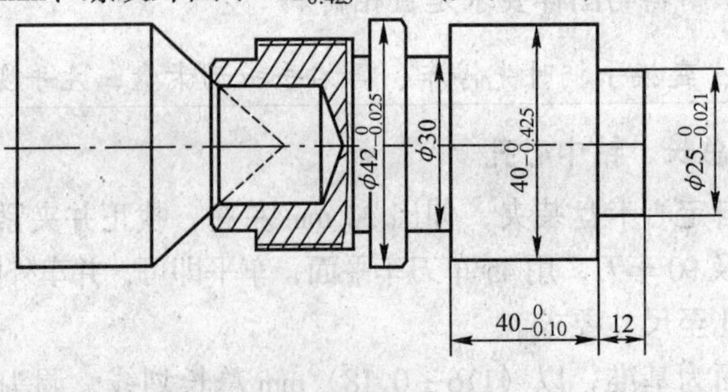

图 63c

♦ 换车槽刀，车退刀槽 $\phi30$ mm × 12 mm，并控制梯形螺纹的长度为 $40_{-0.10}^{\ 0}$ mm，倒角 3 mm × 15°。

♦ 换梯形螺纹刀，倒角 3 mm × 15°，采用左右借刀法车 Tr40 × 7 – 7e 的螺纹，用量针测量控制中径 $\phi36.5_{-0.48}^{-0.125}$ mm（见图 63d）。

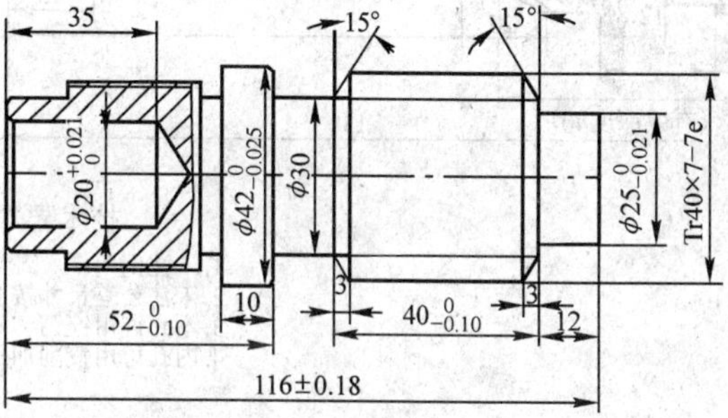

图 63d

特别提示：此训练中 $M = \phi40.92_{-0.48}^{-0.125}$ mm；车槽时要控制好梯形螺纹的长度 $40_{-0.10}^{\ 0}$ mm 和 $52_{-0.10}^{\ 0}$ mm 的长度。

考核要点 15——车带孔、圆锥、螺纹轴

重点掌握

¤ 铰孔的方法。

¤ 钻孔、车孔、铰孔时切削用量的选择。

¤ 内径量表的正确使用方法。

［训练 1］完成如图 64 所示工件车削。

否定项

♦ 60° ± 6′超差时，视为不合格。

♦ M16 – 6g 中径超差时，视为不合格。

1. 操作前应准备的工具、设备、用品

（1）材料（考场准备）：45 号钢，尺寸为 $\phi40$ mm × 145 mm 轴料每人 1 根。

（2）设备（考场准备）：车床 C620 或 CA6140，卡盘扳手 1 副，刀架扳手 1 副。

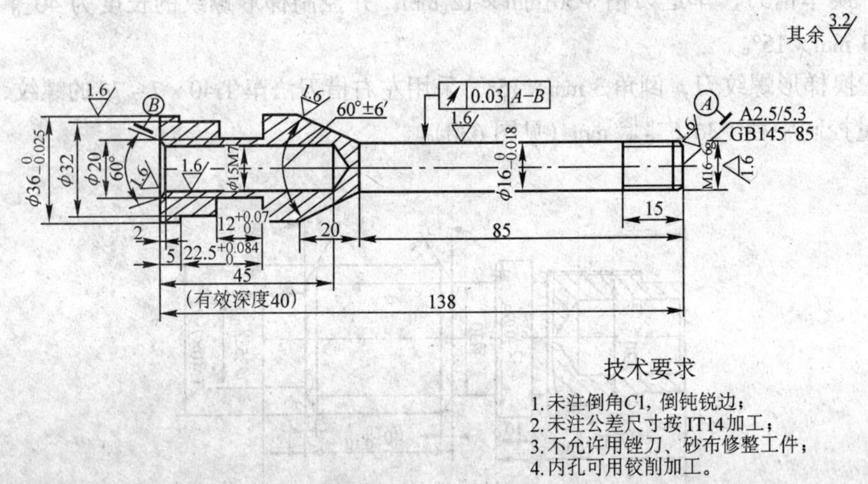

图 64　带孔、圆锥、螺纹轴

说明：除上述型号的车床外，C610、CA6132、C618、CA6136 型号车床也可，必须保证每人一台车床。

(3) 工、刃、量、辅具准备：45°车刀、90°车刀、外圆锥车刀、$P=2$ mm 外三角螺纹车刀、外沟槽车刀（$S=5$ mm，$L>8$ mm）、$\phi15$ mm × 45 mm 不通孔车刀、ϕ15H7 铰刀或浮动镗刀、$\phi12$ mm 钻头、游标卡尺 0.02 mm /(0 ~ 150) mm、千分尺 0.01 mm /(0 ~ 25) mm 和 0.01 mm /(25 ~ 50) mm、游标深度尺 0.02 mm /(0 ~ 200) mm、内径量表或塞规 (ϕ15H7)、螺纹环规 M16 − 6g、万能角度尺 2′/(0° ~ 320°)、A3 中心钻及钻夹头、回转顶尖、常用工具、0.1 ~ 0.2 mm 厚铜皮。

2. 基本操作步骤

基本操作步骤描述

检查设备、启动→车平两端平面、取总长、钻中心孔→车孔→粗车工件右端→粗车工件左端→两顶尖装夹、精车工件右端→粗、精车三角螺纹→精车工件左端→检查工件、交验。

步骤 1　检查设备、启动

◆ 检查设备各部件是否正常，各手柄位置是否正确，然后接通电源。

◆ 调整机床转速，低速润滑 3 ~ 5 min。

特别提示： 开启车床必须确认各部位无碰撞，变速时必须先停车；注意安全文明生产，工、刃、量、辅具要摆放到正确的位置。

步骤2 **车平两端平面，取总长、钻中心孔，车孔**

加工部位（见图 64a）。

图 64a

♦ 装夹 45°车刀、90°粗车车刀。

♦ 用三爪自定心卡盘装夹工件的一端，车平面，钻中心孔。

♦ 调头车另一端平面，取总长，车装夹阶台 ϕ39 mm×10 mm。

特别提示： 车刀刀尖一定要严格与工件旋转轴心等高；刀头伸出长度是刀杆厚度的 1.5 倍；保证车刀的工作角度正确；车平面时，工件不宜伸出太长；钻中心孔时，转速一定要高（900～1 000 r/min）。

步骤3 **车孔**

加工部位（见图 64b）。

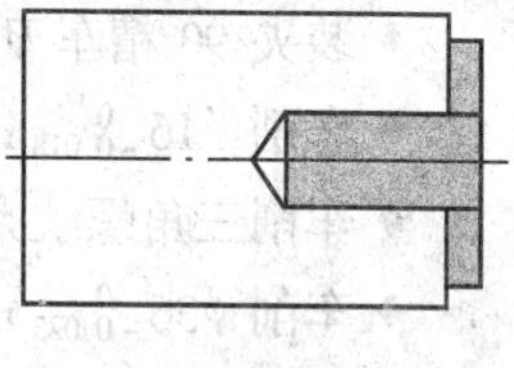

图 64b

♦ 装夹钻头，钻 ϕ12.5 mm×45 mm 孔至深度要求。

♦ 装夹车孔刀。车 ϕ15 mm 至 ϕ14.9 mm×45 mm。

♦ 装夹 ϕ15H7 铰刀，铰孔至尺寸要求并保证 R_a1.6 μm。

♦ 转动小滑板，车 60°锥孔至要求。

特别提示： 钻孔、车孔、铰孔时切削用量的选择。

步骤4 **粗车工件右端**

加工部位（见图 64c）。

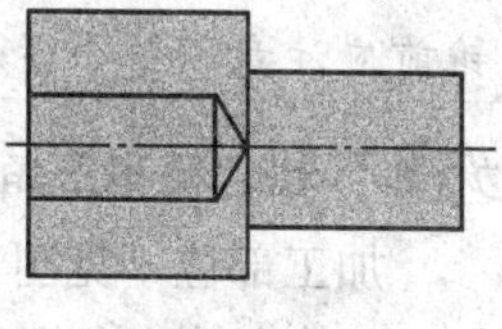

图 64c

♦ 采用一夹一顶方法装夹，用三爪自定心卡盘装夹 ϕ39 mm×10 mm，另一端用回转顶尖支承。

♦ 选择 90°粗车刀，粗车工件右端。

♦ 车削 $\phi 16_{-0.018}^{\ 0}$ mm×85 mm 至 ϕ18 mm×84 mm。

♦ 调头，用三爪自定心卡盘装夹 ϕ18 mm×20 mm，另一端用回转顶尖支承，粗车工件左端。

♦ 车削 $\phi 36_{-0.025}^{\ 0}$ mm 至 ϕ37 mm。

特别提示： 后顶尖应注意松紧适当；车削 ϕ18 mm×84 mm 外圆时注意车刀刀背不能与后顶尖碰撞；粗车时及时调整工件锥度。

步骤5 **粗车工件左端**

加工部位（见图 64d）。

♦ 调头，一夹一顶装夹，粗车工件左端。

◆ 装夹 90°粗车刀。

◆ 车削 $\phi 36_{-0.025}^{\ 0}$ mm 至 $\phi 37$ mm。

◆ 装夹外沟槽粗车刀。

◆ 车削外沟槽 $\phi 32$ mm × $22.5_{\ 0}^{+0.084}$ mm 至 $\phi 32$ mm × 22 mm。

◆ 车削外沟槽 $\phi 20$ mm × $12_{\ 0}^{+0.07}$ mm 至 $\phi 20$ mm × 11.5 mm。

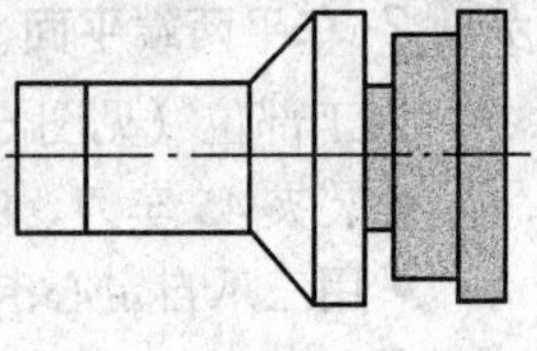

图 64d

特别提示：用鸡心夹头夹螺纹外径时，不要夹伤工件外圆，应垫铜片；应保证外沟槽的精加工余量。

步骤 6 **两顶尖装夹、精车工件右端**

加工部位（见图 64e）。

◆ 车前顶尖，工件两顶尖装夹。

◆ 装夹 90°精车刀，精车工件右端。

◆ 车削 $\phi 16_{-0.018}^{\ 0}$ mm × 85 mm 至要求，并保证 $R_a 1.6$ μm。

◆ 车削三角螺纹大径 $\phi 16$ mm 至 $\phi 15.8$ mm × 15 mm。

◆ 车削 $\phi 36_{-0.025}^{\ 0}$ mm 至尺寸要求，保证 $\phi 36_{-0.025}^{\ 0}$ mm × 35 mm。

◆ 装夹 45°车刀，倒角至要求。

◆ 装夹外圆锥车刀，转动小滑板。

◆ 车削 60°圆锥至要求，并保证 $R_a 1.6$ μm。

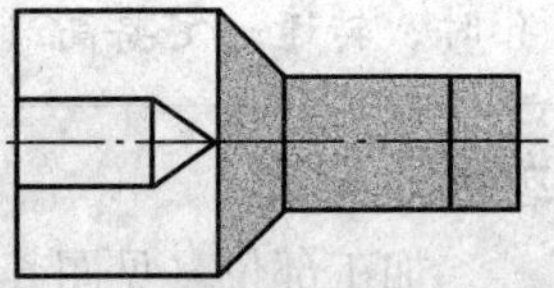

图 64e

特别提示：车削 $\phi 16$ mm × 85 mm 外圆时车刀刀背不能与后顶尖碰撞；车圆锥前应注意调整小滑板的松紧程度。

步骤 7 **粗、精车三角螺纹**

加工部位（见图 64f）。

◆ 装夹外三角螺纹粗车刀。

◆ 粗车 M16 - 6g，留有精车余量。

◆ 装夹外三角螺纹精车刀。

◆ 精车 M16 - 6g 至尺寸要求，并保证 $R_a 1.6$ μm。

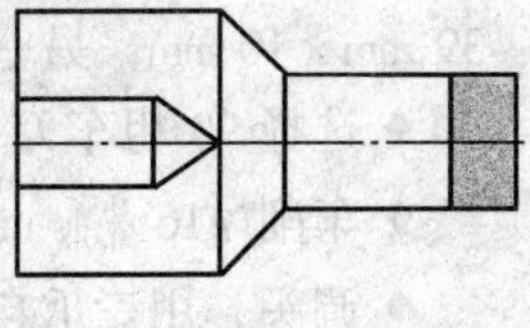

图 64f

特别提示：保证螺纹精加工余量。

步骤 8 **精车工件左端**

加工部位（见图 64g）。

◆ 装夹 90°精车刀。

◆ 车削 $\phi 36_{-0.025}^{\ 0}$ mm 至要求，并保证 $R_a 1.6$ μm。

◆ 装夹外沟槽精车刀。

◆ 车削外沟槽 $\phi32\ \text{mm}\times22.5^{+0.084}_{0}\ \text{mm}$ 至要求，并保证 $R_a3.2\ \mu\text{m}$。

◆ 车削外沟槽 $\phi20\ \text{mm}\times12^{+0.07}_{0}\ \text{mm}$ 至要求，并保证 $R_a3.2\ \mu\text{m}$。

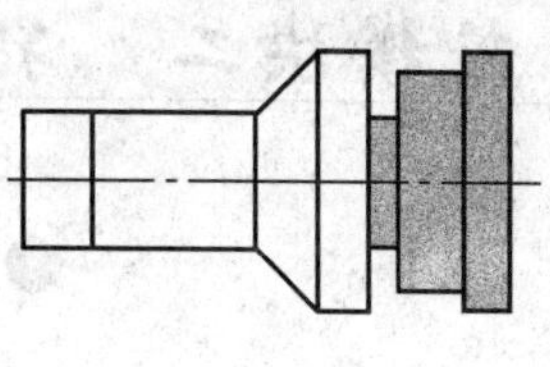

图 64g

◆ 装夹 45°车刀，倒角、倒钝锐边至要求。

特别提示： 精车槽时应避免喇叭口。

步骤 9 **检查工件、交验**

◆ 检查各部分尺寸、用防锈油擦拭工件、交验。

◆ 擦拭工、量、辅具。

◆ 清扫车床、整理工作位置。

[训练 2]完成如图 65 所示工件车削。

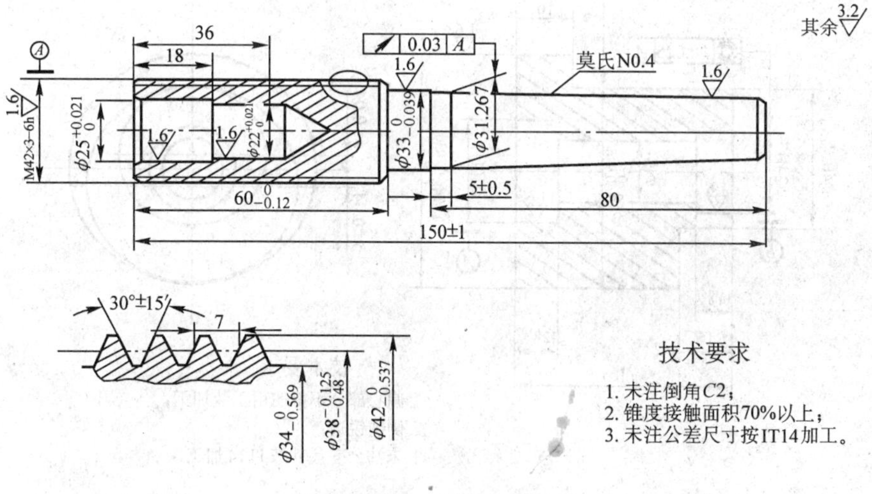

图 65　带孔、圆锥、螺纹轴

否定项　圆锥锥度接触面低于 50%和螺纹中径超差时，视为不合格。

基本操作步骤描述　车平右端平面，钻中心孔→调头，车平左端平面→车 $\phi25$ mm 和 $\phi22$ mm 两孔，根据工件实际长度加深两孔，保证两孔（150 ± 1）mm位置→车装夹阶台 8 mm × $\phi34$ mm→一夹一顶装夹，粗车 M42 × 3 － 6h、$\phi33$ mm、$\phi31.267$ mm 外圆→精车 $\phi31.267$ mm、$\phi33$ mm 外圆至尺寸要求→精车 M42 × 3 － 6h 外圆至尺寸要求→车圆锥→倒角→车工艺槽，保证（150 ± 1）mm 和 60 mm 长度→倒角→车M42 × 3 － 6h 至中径尺寸→切断，取长→校正，倒角。

特别提示　采用工序集中的方法保证同轴度要求。

考核要点 16——车双偏心套

重点掌握

¤四爪单动卡盘的找正方法。

¤双偏心的找正方法。

¤车削偏心工件时的切削用量的选择。

[训练]完成如图 66 所示工件车削。

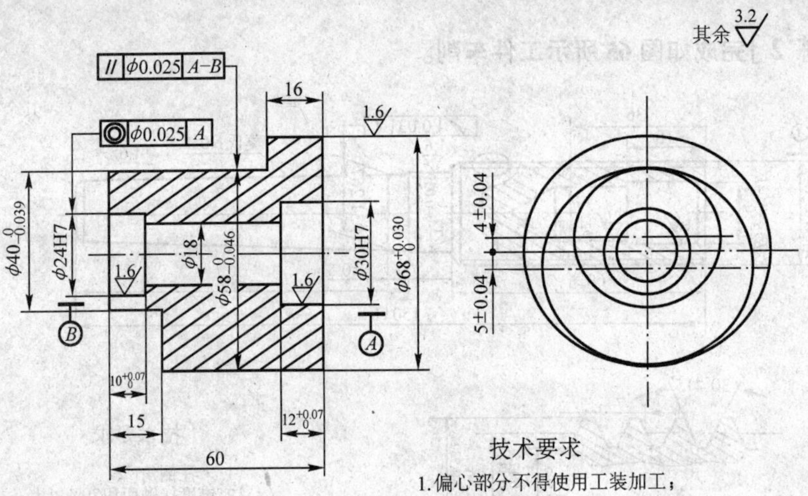

技术要求

1. 偏心部分不得使用工装加工；
2. 倒钝锐边；
3. 未注公差尺寸按 IT14 加工。

图 66　双偏心套

否定项　两偏心距尺寸超差至（4 ± 0.15）mm 和（5 ± 0.15）mm 以上，ϕ30H7、ϕ24H7 两个尺寸也都超差时，视为不合格。

1. 操作前应准备的工具、设备、用品

（1）材料（考场准备）：45 号钢，尺寸为 ϕ70 mm × 65 mm 轴料每人 1 根。

（2）设备（考场准备）：车床 C620 或 CA6140，（四爪单动卡盘）卡盘扳手 1 副，刀架扳手 1 副。

说明：除上述型号的车床外，C610、CA6132、C618、CA6136 型号车床也可，必须保

证每人一台车床。

（3）工、刃、量、辅具准备：45°车刀、90°车刀、ϕ16 mm 钻头、ϕ18 mm × 60 mm 通孔车刀、ϕ30 mm × 12 mm 不通孔车刀、ϕ24 mm × 10 mm 不通孔车刀游标卡尺 0.02 mm/（0 ~ 150）mm、游标深度尺 0.02 mm /（0 ~ 200）mm、千分尺 0.01 mm /（25 ~ 50）mm 和 0.01 mm/（50 ~ 75）mm 各 1 把、内径量表或塞规 ϕ24H7 或 ϕ30H7、百分表 0.01 mm/（0 ~ 10）mm 及磁力表座 1 套、划线工具、常用工具、0.1 ~ 0.2 mm 厚铜皮。

2. **基本操作步骤**

基本操作步骤描述

检查设备、接通电源→车装夹阶台→粗车工件右端、钻孔→精车工件右端、精车孔→车孔，粗、精车 ϕ40 mm 偏心→粗、精车ϕ58 mm偏心→检查工件、交验。

步骤 1 **检查设备、启动**

检查设备各部件是否正常，各手柄位置是否正确，然后接通电源。

♦ 调整机床转速，低速润滑 3 ~ 5 min。

特别提示：开启车床须确认各部位无碰撞，变速时必须先停车；注意安全文明生产，工、刃、量、辅具要摆放到正确的位置。

步骤 2 **车装夹阶台**

加工部位（见图 66a）。

图 66a

♦ 用四爪单动卡盘装夹工件的一端，找正、夹紧。

♦ 装夹 90°粗车车刀。

♦ 车装夹阶台 ϕ60 mm × 10 mm。

特别提示：车刀刀尖一定要严格与工件旋转中心等高；刀头伸出长度是刀杆厚度的 1.5 倍；保证车刀的工作角度正确；四爪单动卡盘装夹工件时一定要找正。

步骤 3 **粗车工件右端、钻孔**

加工部位（见图 66b）。

用四爪单动卡盘夹持 ϕ60 mm × 10 mm 外圆，找正、夹紧。

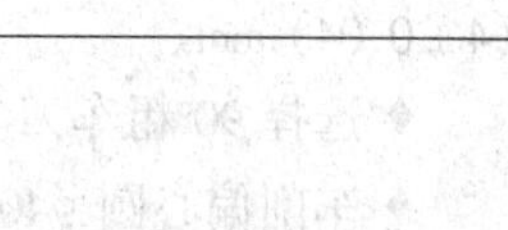

图 66b

♦ 装夹 45°车刀。

♦ 车平平面。

♦ 选择 90°外圆粗车刀。

♦ 车削 $\phi68^{+0.030}_{0}$ mm 至 ϕ68.5 mm × 55 mm。

♦ 装夹 ϕ16 mm 钻头，钻通孔。

特别提示：
◆ 四爪单动卡盘找正的方法：调整卡爪时，应成对找正。
◆ 工件装夹长度不宜过长。

步骤 4 精车工件右端、精车孔

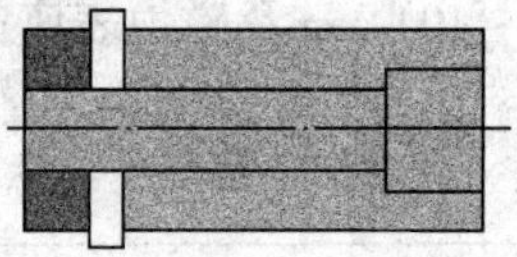
图 66c

加工部位（见图 66c）。

◆ 装夹通孔车刀。
◆ 车 $\phi18$ mm 孔至 $\phi18$ mm × 55 mm。
◆ 装夹不通孔车刀 $\phi30$ mm × 12 mm。
◆ 车削 $\phi30H7\times12^{+0.070}_{0}$ 孔至要求，并保证 $R_a1.6$ μm。
◆ 选择 90°精车刀。
◆ 车削 $\phi68^{+0.030}_{0}$ mm 至 $\phi68^{+0.030}_{0}$ mm × 55 mm，并保证 $R_a1.6$ μm。
◆ 装夹 45°车刀，倒钝锐边至要求。

特别提示：车孔切削用量的选择；精车刀要锋利。

步骤 5 车孔，粗、精车 ϕ40 mm 偏心圆

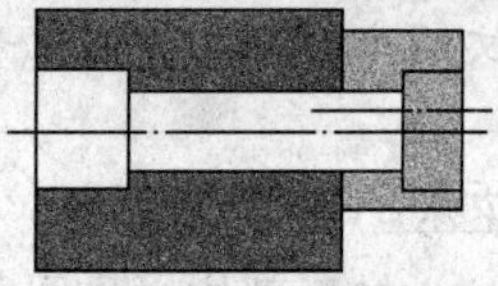
图 66d

加工部位（见图 66d）。

◆ 调头，垫铜皮，用四爪单动卡盘装夹 $\phi68^{+0.030}_{0}$，装夹长度为 12 mm，用百分表找正、夹紧。
◆ 装夹 45°车刀。
◆ 取总长度 60 mm 至尺寸要求。
◆ 装夹不通孔车刀 $\phi24$ mm × 10 mm。
◆ 车削 $\phi24H7\times10^{+0.070}_{0}$ mm 孔至要求，并保证 $R_a1.6$ μm。
◆ 装夹 45°车刀，倒钝锐边至要求。
◆ 划偏心线、打样冲眼。用百分表在 $\phi68^{+0.030}_{0}$ mm 找正 $\phi40^{0}_{-0.039}$ mm 外圆偏心距 (4 ± 0.04) mm。
◆ 选择 90°粗车刀。
◆ 车削偏心圆 $\phi40^{0}_{-0.039}$ mm × 15 mm 至 $\phi41$ mm × 14.5 mm。
◆ 选择 90°精车刀。
◆ 车削偏心圆 $\phi40^{0}_{-0.039}$ mm × 15 mm 至要求，并保证 $R_a3.2$ μm。
◆ 倒钝锐边至要求。

特别提示：不要夹伤工件；找正偏心之前要找正外圆的侧母线，使侧母线与车床主轴轴线平行；车削偏心工件时是断续车削，切削速度、吃刀量、进给量不宜太大；用百分表校正工件时，表杆要垂直于工件轴线。

步骤6 **粗、精车 $\phi58$ mm 偏心圆**

加工部位（见图 66e）。

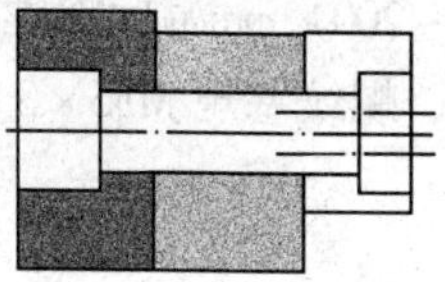

图 66e

◆ 用百分表找正 $\phi68^{+0.030}_{0}$ mm 外圆，在 $\phi68^{+0.030}_{0}$ mm 找正 $\phi58^{0}_{-0.046}$ mm 外圆，偏心距（5 ± 0.04）mm，并保证与 $\phi68^{+0.030}_{0}$ mm 中心、$\phi40^{0}_{-0.039}$ mm 偏心在同一条轴线上。

◆ 选择 90°粗车刀。

◆ 车削 $\phi58^{0}_{-0.046}$ mm 至 $\phi59$ mm × 27.5 mm。

◆ 选择 90°精车刀。

◆ 车削 $\phi58^{0}_{-0.046}$ mm 至要求，并保证 $R_a3.2$ μm 及 $\phi68^{+0.030}_{0}$ mm 的长度为 16 mm。

特别提示：两个外圆的偏心相反，找正时要保证两偏心平行于同一条轴线。

步骤7 **检查工件、交验**

◆ 检查各部分尺寸、用防锈油擦拭工件、交验。

◆ 擦拭工、量、辅具。

◆ 清扫车床、整理工作位置。

考核要点 17——车偏心螺母套

重点掌握

¤ 偏心螺母套的车削方法、找正方法。

¤ 内三角螺纹的车削方法。

［训练1］完成如图 67 所示工件车削。

否定项 偏心距尺寸超差至（2 ± 0.125）mm 以上和内螺纹中径尺寸超差时，视为不合格。

1. 操作前应准备的工具、设备、用品

（1）材料准备（考场准备）：45 号钢，尺寸为 $\phi50$ mm × 90 mm 棒料 1 根。

（2）设备准备（考场准备）：车床 CA6140 或 C620，卡盘扳手 1 副，刀架扳手 1 副。

（3）工、刃、量、辅具（考生自备）：45°车刀、90°车刀、$\phi30$ mm × 35 mm 不通孔车刀、内螺纹退刀槽刀 $\phi36$ mm × 5 mm、内螺纹车刀 M36 × 3、钻头 $\phi18$ mm 和钻头 $\phi28$ mm 及各种钻

套、0.02 mm/(0～150) mm游标卡尺、0.01 mm/(25～50) mm千分尺、0.02 mm/(0～200) mm游标深度尺、0.01 mm/(0～10) mm百分表及座、ϕ36H7和ϕ30H7塞规或内径量表、螺纹塞规M36×3－7H、$e=(2\pm0.02)$ mm的偏心垫块、常用工具和铜皮。

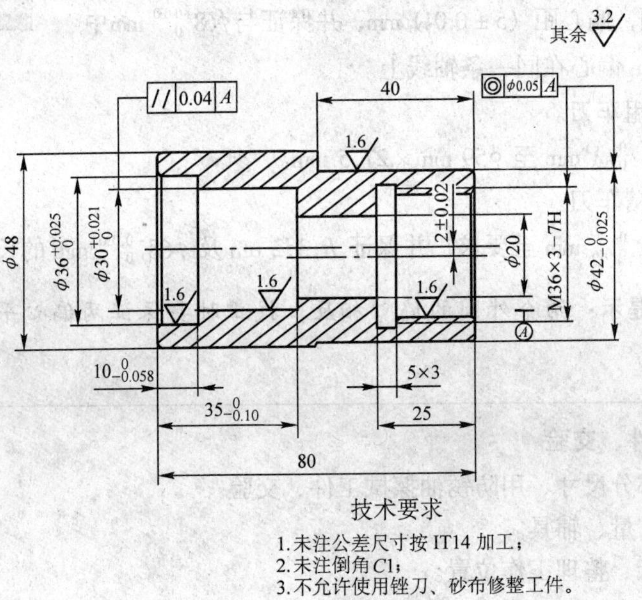

图67 偏心、螺母套

2. **基本操作步骤**

基本操作步骤描述

开车前准备工作→车装夹阶台→调头装夹，粗、精车外圆及内孔→调头垫偏心垫块装夹，粗、精车内孔，内螺纹及偏心外圆。

步骤1 **开车前准备工作**

♦ 检查车床运转状况是否正常，接通电源，选低速使车床运转3～5 min，并对车床进行润滑；装夹车刀。

♦ 审图、编排加工工艺，检查所供料的尺寸。

特别提示：时刻注意车床运转情况，轴承是否发热、有无杂音，不得任意放松或拧紧轴承和定位环；车床导轨面上不得放置工具、工件。

步骤2 **车装夹阶台**（见图68a）

◆夹住外圆，找正夹紧；车外圆，车圆即可，长20 mm左右。

◆车平面，车平即可。

特别提示：车外圆时，吃刀量不能过大，要给偏心外
圆留足够的余量。

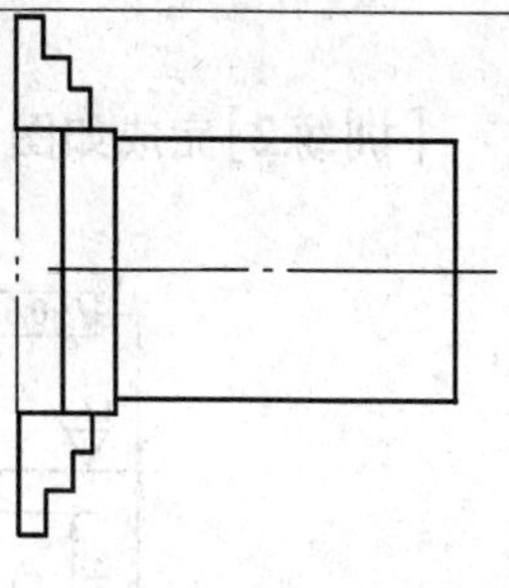

图68a

步骤3 **粗、精车外圆及阶台孔**（见图68b）

◆调头夹住装夹阶台，找正夹紧，车平面，控制总长80.5 mm。

◆钻孔 $\phi28$ mm×34.5 mm。

◆粗车外圆至尺寸 $\phi48.5$ mm，长度车至近卡处。

◆粗、精车阶台孔 $\phi36$ mm、$\phi30$ mm。

◆精车外圆 $\phi48$ mm至尺寸要求，倒角。

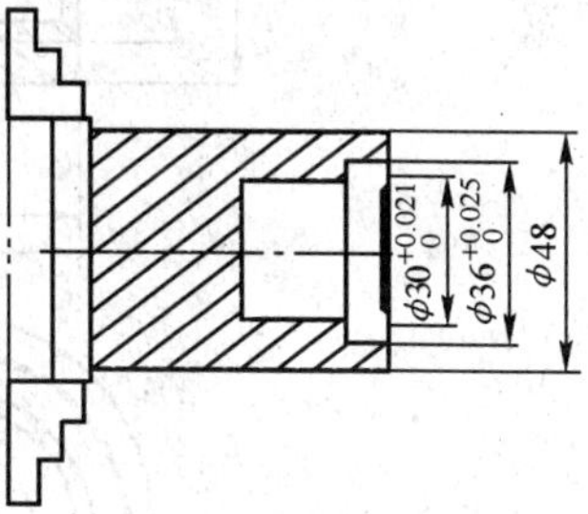

图68b

特别提示：钻孔时深度要从钻尖处算起；车刀纵向切削至接近底平面时，应停止机动进给，用手动进给代替，防止碰撞底平面；若采用塞规检查内孔，应开排气槽，否则会影响测量；车刀刀尖要严格对准工件旋转中心，否则底平面无法车平。

步骤4 **粗、精车内孔、内三角螺纹及偏心外圆**（见图68c）

◆工件调头，垫偏心垫块装夹，找正，用百分表检验偏心距，通过调整，控制偏心距（2±0.02）mm，然后夹紧。

◆钻通孔 $\phi18$ mm。

◆车平面，取总长，控制长度尺寸80 mm。

◆粗、精车内孔 $\phi20$ mm、螺纹底孔及退刀槽5 mm×3 mm至尺寸要求，倒角。

◆粗、精车内三角螺纹M36×3－7H。

◆粗、精车偏心外圆 $\phi42_{-0.025}^{\ 0}$ mm、长40 mm，倒钝锐边。

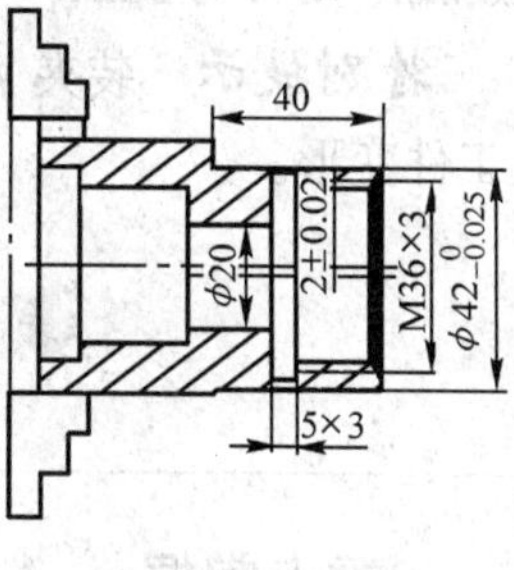

图68c

特别提示：粗车内三角螺纹吃刀量不能过大，防止工件移动；车内三角螺纹退刀要及时，防止和内孔阶台平面碰撞；用螺纹塞规检查前应修去内孔毛刺；开车时严禁用棉纱接触螺纹表面；先校正两条相交90°的外圆侧母线，使外圆侧母线与车床主轴轴线平行；用百分表校验偏心距时，表杆要垂直于工件轴线，工件圆跳动应是2个偏心距；由于工件偏心，在车削前车刀不能靠近工件，防止开车后工件碰击车刀。

[训练2]完成如图69所示工件车削。

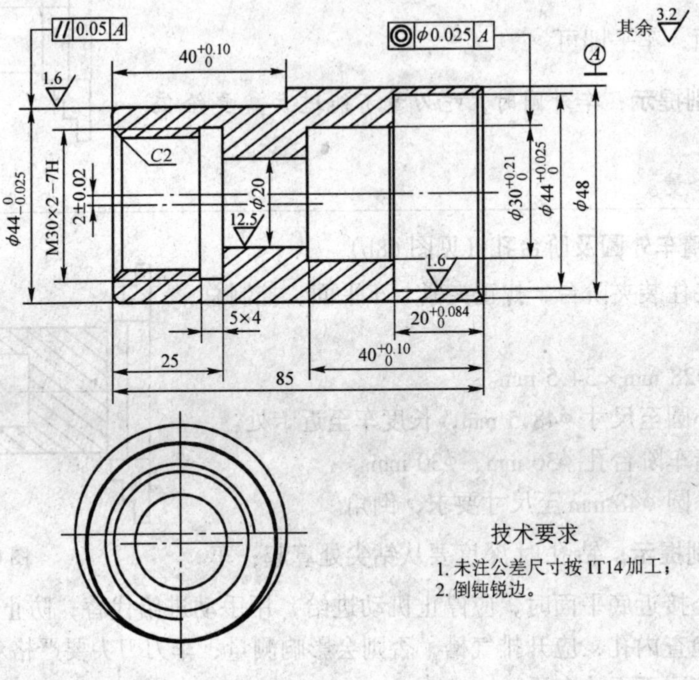

图69 偏心、螺母套

否定项 偏心距超差至（2±0.1）mm以上和M30×2-7H中径超差时，视为不合格。

基本操作步骤描述 车装夹阶台→粗、精车外圆 ϕ48 mm，阶台孔 $ϕ44^{+0.025}_{0}$ mm、$ϕ30^{+0.21}_{0}$ mm→调头，垫偏心垫块，装夹，找正夹紧，粗、精车偏心圆 $ϕ44^{0}_{-0.025}$ mm、内孔 ϕ20 mm、退刀槽5 mm×4 mm及内三角螺纹M30×2-7H。

特别提示 装夹 ϕ48 mm车削偏心外圆时，要注意装夹部位，不能夹在薄壁处，防止工件变形。

考核要点18——车圆锥、偏心套

重点掌握

¤偏心的车削方法。

¤铰孔的方法。

¤锥体的车削方法。

[训练1]完成如图 70 所示工件车削。

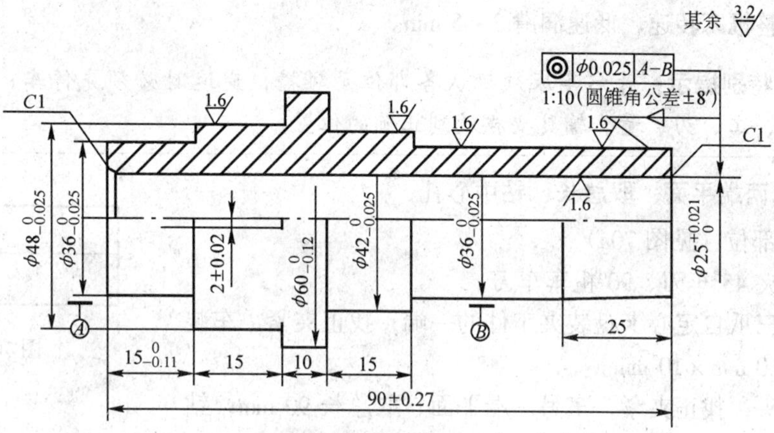

技术要求

1. 未注倒角 $C0.5$；
2. 未注公差尺寸按IT14加工；
3. 不允许用锉刀、砂布修整工作；
4. 内孔可用铰削加工。

图 70　圆锥、偏心套

否定项

◆ 孔径 $\phi25^{+0.021}_{0}$ mm 尺寸超差时，视为不合格。

◆ 偏心距超差至（2 ± 0.125）mm 以上时，视为不合格。

1. 操作前应准备的工具、设备、用品

（1）材料（考场准备）：45 号钢，尺寸为 ϕ65 mm × 130 mm 轴料每人 1 根。

（2）设备（考场准备）：车床 C620 或 CA6140，卡盘扳手 1 副，刀架扳手 1 副。

（3）工、刃、量、辅具准备：45° 车刀、90° 车刀、L = 25 mm 切断刀、ϕ22 mm × 110 mm通孔车刀、ϕ25H7 铰刀或浮动铰刀、游标卡尺 0.02 mm /(0 ~ 150）mm、千分尺 0.01 mm /(0 ~ 25）mm、千分尺 0.01 mm /(25 ~ 50）mm 和（50 ~ 75）mm 各 1 把、百分表 0.01 mm /(0 ~ 10）mm 及磁力表座 1 套、± 0.08 mm 杠杆百分表、内径量表或塞规 ϕ22H7、万能角度尺 2′/(0° ~ 320°)、钢直尺 0 ~ 150 mm、A3 中心钻及钻夹头、回转顶尖、偏心垫块或四爪单动卡盘 e = (2 ± 0.02）mm、常用工具、0.1 ~ 0.2 mm 厚铜皮。

2. 基本操作步骤

基本操作步骤描述

检查设备、启动→车平两端平面、取总长、钻中心孔→粗车外形→粗车左端外圆→加工孔→车偏心→精车工件右端→检查工件、交验。

步骤1 检查设备、启动

◆ 检查设备各部件是否正常，各手柄位置是否正确，然后接通电源。

◆ 调整机床转速，低速润滑 3 ~ 5 min。

特别提示：开启车床须确认各部位无碰撞，变速时必须先停车；注意安全文明生产，工、刃、量、辅具要摆放到正确的位置。

步骤2 车两端平面、取总长、钻中心孔

加工部位（见图 70a）。

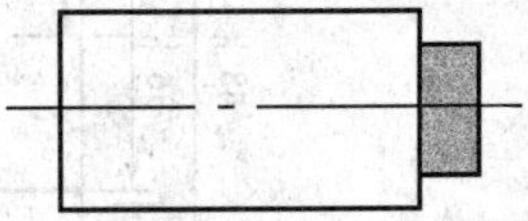

图 70a

◆ 装夹 45°车刀、90°粗车车刀。

◆ 用三爪自定心卡盘装夹工件的一端，找正夹紧，车装夹阶台 $\phi 60$ mm × 10 mm。

◆ 调头，找正夹紧，车另一端平面、取总长 90 mm，钻中心孔。

特别提示：车刀刀尖一定要严格与工件旋转中心等高；刀头伸出长度是刀杆厚度的 1.5 倍；保证车刀的工作角度正确；车平面时，工件不宜伸出太长；钻中心孔时，转速一定要高。

步骤3 粗车外形

加工部位（见图 70b）。

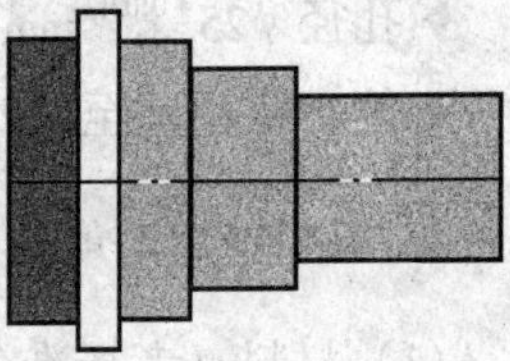

图 70b

◆ 采用一夹一顶方法装夹，用三爪自定心卡盘装夹 $\phi 60$ mm × 10 mm，另一端用回转顶尖支承。

◆ 选择 90°粗车刀，粗车工件右端外圆。

◆ 车削 $\phi 36_{-0.025}^{0}$ mm 至 $\phi 37$ mm。

◆ 车削 $\phi 42_{-0.025}^{0}$ mm × 15 mm 至 $\phi 43$ mm × 14 mm。

◆ 车削 $\phi 60_{-0.12}^{0}$ mm 至 $\phi 61$ mm × 15 mm。

特别提示：后顶尖的支顶应松紧适当，装夹时应先顶后夹；粗车时应及时调整工件锥度。

步骤4 粗车左端外圆

加工部位（见图 70c）。

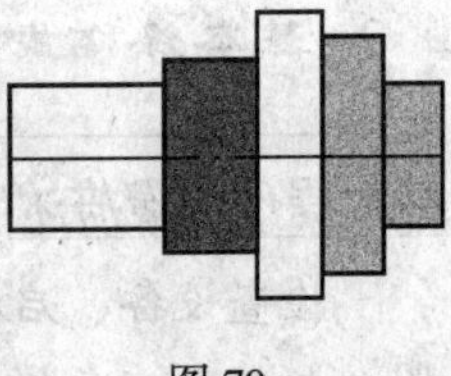

图 70c

◆ 调头，用三爪自定心卡盘装夹 $\phi 43$ mm × 14 mm。

◆ 选择 90°粗车刀，粗车工件左端外圆。

◆ 车削 $\phi 36_{-0.025}^{0}$ mm × 15 mm 至 $\phi 37$ mm × 14 mm。

◆ 车削 $\phi 48_{-0.025}^{0}$ mm × 15 mm 至 $\phi 53$ mm × 14 mm。

◆ 装夹 90°精车刀。

◆ 车削 $\phi 36_{-0.025}^{\ 0}$ mm × 15 mm 至尺寸要求，并保证 $R_a 3.2\ \mu m$。

◆ 装夹 45°车刀，倒角至要求。

特别提示：偏心外圆留有加工余量。

步骤5 **加工孔**

加工部位（见图 70d）。

◆ 装夹 $\phi 18$ mm 麻花钻，钻通孔。

◆ 装夹 $\phi 20$ mm 麻花钻，扩通孔。

◆ 装夹通孔车刀。

◆ 车通孔 $\phi 25_{\ 0}^{+0.021}$ mm 至 $\phi 24.9$ mm。

◆ 装夹 ϕ25H7 铰刀至 $\phi 25_{\ 0}^{+0.021}$ mm，并保证 $R_a 1.6\ \mu m$。

◆ 装夹 45°通孔车刀，倒角至要求。

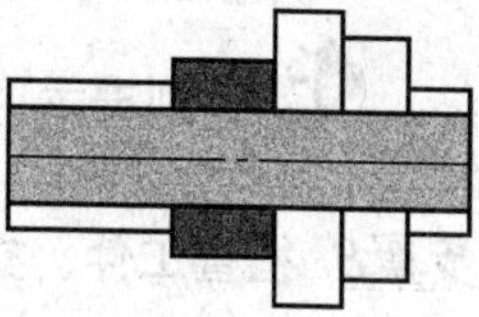

图 70d

特别提示：钻孔、车孔切削用量的选择；铰孔余量要合适，一般为 0.08～0.15 mm；为了保证铰孔精度，要先进行试铰。

步骤6 **车偏心**

加工部位（见图 70e）。

◆ 垫偏心垫块，找正 $e = (2 \pm 0.02)$ mm 偏心、夹紧。

◆ 装夹 90°粗车刀。

◆ 车削偏心外圆 $\phi 48_{-0.025}^{\ 0}$ mm × 15 mm 至 $\phi 49$ mm × 14 mm。

◆ 装夹 90°精车刀。

◆ 车削偏心外圆 $\phi 48_{-0.025}^{\ 0}$ mm × 15 mm 至要求，并保证 $R_a 1.6\ \mu m$。

◆ 装夹 45°车刀，倒角至要求。

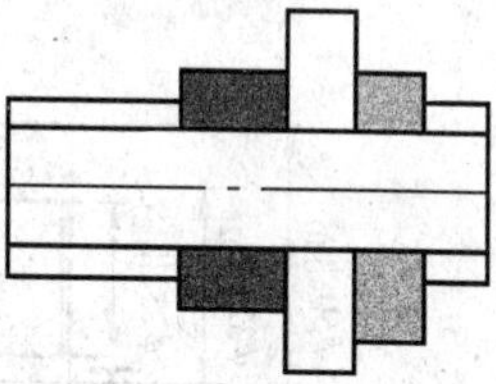

图 70e

特别提示：偏心的找正方法；应先校正侧母线，后校正偏心；工件夹紧以后，应重新校正一次偏心距。

步骤7 **精车工件右端**

加工部位（见图 70f）。

◆ 车削间隙配合圆柱心轴。

◆ 装夹工件。

◆ 装夹 90°精车刀。

◆ 车削 $\phi 60_{-0.12}^{\ 0}$ mm × 10 mm 至尺寸要求，并保证 $R_a 3.2\ \mu m$。

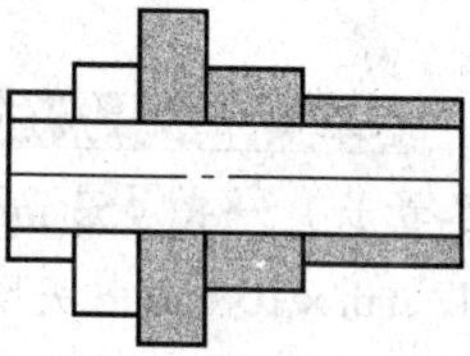

图 70f

◆ 车削 $\phi42_{-0.025}^{\ 0}$ mm × 15 mm 至尺寸要求，并保证 $\phi60_{-0.12}^{\ 0}$ mm × 10 mm 的长度及 $R_a1.6\ \mu$m。

◆ 车削 $\phi36_{-0.025}^{\ 0}$ mm 至尺寸要求，并保证 $\phi42_{-0.025}^{\ 0}$ mm × 15 mm 的长度及 $R_a1.6\ \mu$m。

◆ 转动小滑板，车锥体 1∶10（圆锥角公差 ± 8′）至尺寸要求，并保证长度 25 mm 及 $R_a1.6\ \mu$m。

◆ 倒角至要求。

特别提示： 车圆锥前应注意调整小滑板的松紧程度。

步骤 8 **检查工件、交验**

◆ 检查各部分尺寸、用防锈油擦拭工件、交验。

◆ 擦拭工、量、辅具。

◆ 清扫车床、整理工作位置。

[训练2]完成零件如图 71 所示工件车削。

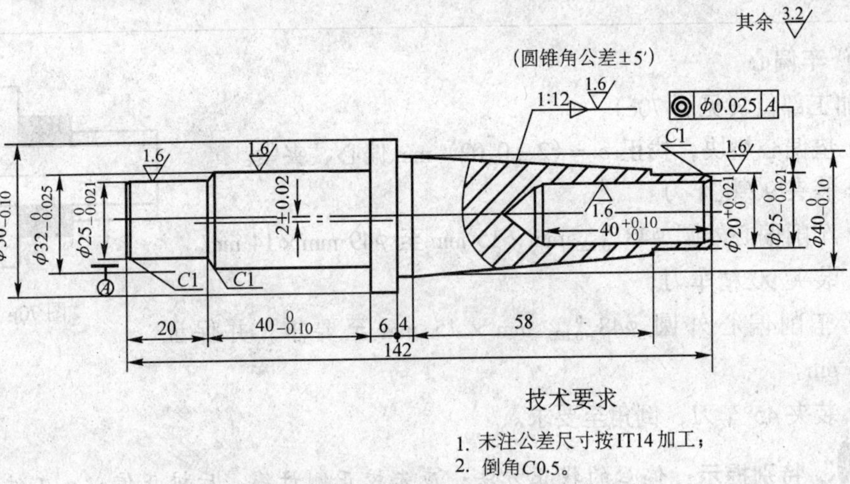

图 71　圆锥偏心套

否定项　偏心距超差至（2 ± 0.1）mm 以上和内孔 $\phi20_{\ 0}^{+0.021}$ mm 尺寸超差时，视为不合格。

基本操作步骤描述　将左平面车平，钻中心孔→一夹一顶装夹，车外圆至 $\phi53$ mm（尽量长）→夹 $\phi53$ mm 外圆，车平右平面，钻、车 $\phi20$ mm 孔至尺寸要求，倒角→车外圆 $\phi42$ mm × 10 mm 装夹阶台→调头，夹 $\phi42$ mm × 10 mm 工艺阶台另一端支顶→车工艺槽，$\phi38$ mm × 5 mm 保证 142 mm 长度→粗车 $\phi50$ mm、$\phi32$ mm、$\phi25$ mm→用四爪单动夹盘夹 $\phi52$ mm，调校 $\phi32$ mm 外圆偏心至（2 ± 0.02）mm，车 $\phi32$ mm 至尺寸要求→夹左端，顶

ϕ20 mm孔，精车 ϕ50 mm、ϕ40 mm、ϕ25 mm 至尺寸要求→转动小滑板，调整锥度保证 1:12（圆锥角公差 ±5′），车锥体保证 58 mm →用车槽刀车出左端 ϕ25 mm 至公差要求→切断，取长，倒角。

特别提示 在用四爪单动卡盘装夹车偏心时，应反复校正工件的跳动和圆柱母线来保证偏心和垂直度技术要求；铰孔的方法；锥体的车削方法。

考核要点 19——车莫氏变径套

重点掌握

¤ 车削变径套的方法。

¤ 根据塞规伸出长度来控制吃刀量。

[训练]完成如图 72 所示工件车削。

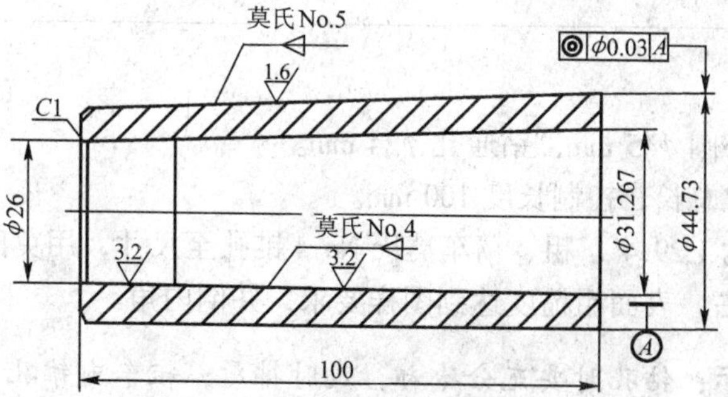

技术要求
1.未注公差尺寸按IT14 加工；
2.倒钝锐边。

图 72 莫氏变径套

否定项 内、外莫氏锥度接触面积都达不到 50%时，视为不合格。

1. 操作前应准备的工具、设备、用品

（1）材料准备（考场准备）：45 号钢，尺寸为 ϕ50 mm × 105 mm 轴料 1 根。

（2）设备准备（考场准备）：C620 或 CA6140 车床，卡盘扳手、刀架扳手各 1 副。

（3）工、刃、量具准备（考生自备）：45°车刀、90°车刀、内孔车刀 ϕ26 mm × 100 mm、钻头（ϕ24 mm、L > 100 mm）、0.02 mm /（0 ~ 150）mm 游标卡尺、莫氏 No.4 塞规、莫氏 No.5 套规、莫氏 No.4 胎具、红丹粉、常用工具。

2. 基本操作步骤

基本操作步骤描述

开车前准备工作→车装夹阶台→车内锥孔→车外锥。

步骤 1 开车前准备工作

◆ 检查车床部件是否正常，各手柄位置是否正确；装夹工件及车刀；然后接通电源，选低速使车床运转 3 ~ 5 min，并对车床进行润滑。

◆ 检查核对所供材料与图样要求是否相符，审图，编排加工工艺。

特别提示：各手柄到位以后，方可启动车床；变速时，应先停车后变速。

步骤 2 车装夹阶台

◆ 车平面，车平即可。

◆ 车外圆 $\phi45$ mm × 60 mm。

特别提示：外圆不能车削太长，要给车削外锥留有足够的余量。

步骤 3 车内锥孔

◆ 调头夹住外圆 $\phi45$ mm，钻通孔 $\phi24$ mm。

◆ 车平面，取总长，控制长度 100 mm。

◆ 小滑板转动 1°29.4′，粗、精车莫氏 No.4 锥孔至尺寸，用莫氏 No.4 塞规检查接触面应在 70%左右，表面粗糙度达到图样要求，并倒内角。

特别提示：钻孔时要充分冷却，及时排屑；粗车内锥孔时，吃刀量不宜过大，应先粗找正锥度；要以锥形塞规上的界线来控制锥孔尺寸。

步骤 4 车外锥

◆ 工件装夹在预制好的莫氏 No.4 胎具上，偏移尾座或小滑板，粗、精车外圆锥莫氏 No.5 至图样尺寸要求。

◆ 倒钝锐边。

特别提示：检查莫氏 No.4 胎具的同轴度；莫氏 No.4 胎具和工件锥孔要清洁，以保证内外锥面的同轴度；车刀必须严格对准工件旋转中心，防止双曲线的产生。

考核要点 20——车圆锥孔、螺母套

重点掌握

¤内锥孔的车削方法。

¤内三角螺纹的车削方法。

[训练1]完成如图 73 所示工件车削。

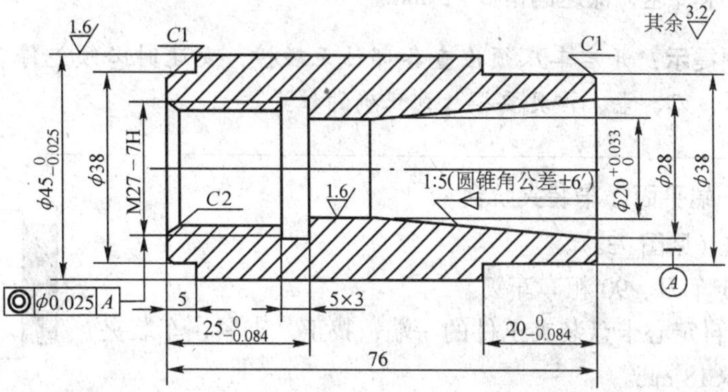

图 73　圆锥孔、螺母套

否定项

♦ 锥度 1:5（圆锥角公差 ± 6′）超差至 1:5（圆锥角公差 ± 10′）以上时，视为不合格。

♦ M27－7H 中径尺寸超差时，视为不合格。

1. 操作前应准备的工具、设备、用品

（1）材料（考场准备）：45 号钢，尺寸为 ϕ50 mm × 80 mm 轴料每人 1 根。

（2）设备（考场准备）：车床 C620 或 CA6140，卡盘扳手 1 副，刀架扳手 1 副。

说明：除上述型号的车床外，C610、CA6132、C618、CA6136 型号车床也可，必须保证每人一台车床。

（3）工、刃、量、辅具准备：45°车刀、90°车刀、ϕ20 mm × 55 mm 通孔车刀、内沟槽刀（S = 5 mm、ϕ28 mm）、ϕ20 mm × 25 mm 不通孔车刀、M27 内三角螺纹车刀、ϕ18 mm 麻花钻、游标卡尺 0.02 mm /（0 ~ 150）mm、游标深度尺 0.02 mm /（0 ~ 200）mm、千分尺 0.01 mm/（0 ~ 25）mm 和 0.01 mm /（25 ~ 50）mm 及 0.01 mm /（50 ~ 75）mm 各 1 把、锥度

1:5塞规、内径量表或塞规 ϕ20H8、螺纹塞规 M27 - 7H、百分表及磁力表座 1 套 0.01 mm/(0 ~ 3) mm、A3 中心钻及钻夹头、回转顶尖、常用工具、0.1 ~ 0.2 mm 厚铜皮。

2. **基本操作步骤**

基本操作步骤描述

检查设备、启动→车平面，车装夹阶台→粗车工件左端各部外径→取总长，粗、精车右端外径，钻、车孔→车内三角螺纹、沟槽→检查工件、交验。

步骤 1 **检查设备、启动**

◆ 检查设备各部件是否正常，各手柄位置是否正确，然后接通电源。

◆ 调整机床转速，低速润滑 3 ~ 5 min。

特别提示：开启车床须检查各部位无碰撞，变速时必须先停车；注意安全文明生产，工、刃、量、辅具要摆放到正确的位置。

步骤 2 **车平一端平面，车装夹阶台**

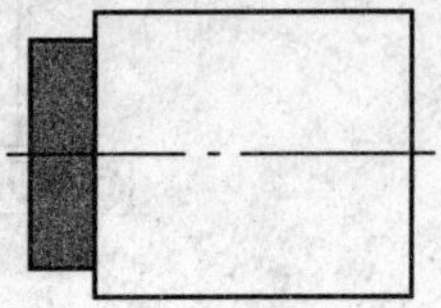

图 73a

加工部位（见图 73a）。

◆ 装夹 45°车刀、90°粗车车刀。

◆ 用三爪自定心卡盘装夹工件的一端，找正、夹紧，车装夹阶台 ϕ45 mm × 18 mm。

◆ 调头，用三爪自定心卡盘夹住装夹阶台，找正、夹紧，车平平面。

特别提示：车刀刀尖一定要严格与工件旋转中心等高；刀头伸出长度是刀杆厚度的 1.5 倍；保证车刀的工作角度正确。

步骤 3 **粗、精车左端外径**

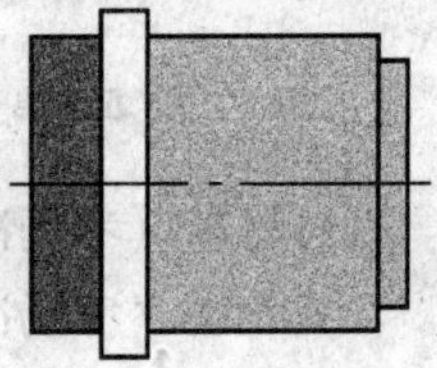

图 73b

加工部位（见图 73b）。

◆ 选择 90°粗车刀，粗车工件左端外径。

◆ 车削 $\phi45_{-0.025}^{\ 0}$ mm 至 ϕ46 mm × 57 mm。

◆ 车削 ϕ38 mm × 5 mm 至 ϕ39 mm × 4 mm。

◆ 装夹 90°精车刀。

◆ 车削 $\phi45_{-0.025}^{\ 0}$ mm 至尺寸要求，并保证长度 57 mm 及 $R_a1.6$ μm。

◆ 车削 ϕ38 mm × 5 mm 至尺寸要求，并保证 $R_a3.2$ μm。

◆ 装夹 45°车刀，倒钝锐边。

步骤 4 **取总长，精车右端外径，钻、车孔**

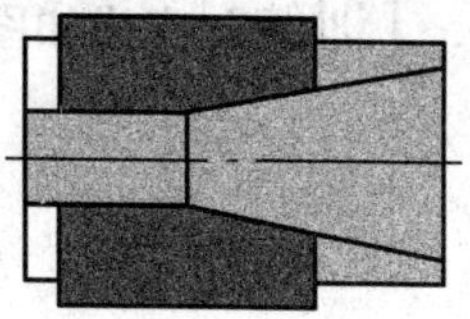

图 73c

加工部位（见图 73c）。

◆ 调头，垫铜皮、用三爪自定心卡盘装夹 $\phi 45_{-0.025}^{0}$ mm × 20 mm，用百分表在 $\phi 45_{-0.025}^{0}$ mm 找正圆跳动量在 0.01 mm 以内，夹紧。

◆ 选择 45°车刀，车平面，取总长 76 mm。

◆ 选择 90°精车刀。

◆ 车削 $\phi 38$ mm × $20_{-0.084}^{0}$ mm 至尺寸要求，并保证 $R_a3.2$ μm。

◆ 装夹 $\phi 18$ mm 麻花钻，钻通孔。

◆ 装夹通孔车刀。

◆ 车通孔 $\phi 20_{0}^{+0.033}$ mm 至尺寸要求，并保证 $R_a1.6$ μm。

◆ 转到小滑板，车锥孔 1:5（圆锥角公差 ±6′）至尺寸要求，并保证 $R_a3.2$ μm。

◆ 选择 45°车刀，倒钝锐边。

特别提示： 找正时在找正圆跳动量的同时，还要找正外圆母线的直线度在 0.01 mm以内；内锥体的车削方法；粗车内锥孔时，吃刀量不宜过大，应先找正锥度。

步骤 5 **车内三角螺纹、沟槽**

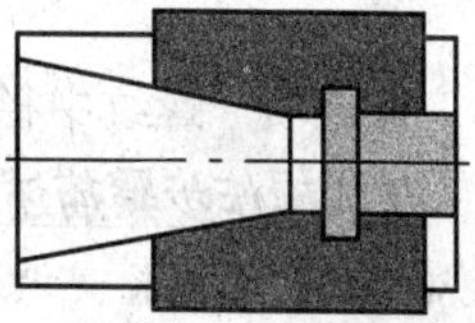

图 73d

加工部位（见图 73d）。

◆ 调头，垫铜皮、用三爪自定心卡盘装夹 $\phi 45_{-0.025}^{0}$ mm × 20 mm，用百分表在 $\phi 45_{-0.025}^{0}$ mm 找正圆跳动量在 0.01 mm 以内，夹紧。

◆ 装夹不通孔车刀。

◆ 车 M27 内三角螺纹小径至 $\phi 24.2$ mm × 24 mm。

◆ 装夹内沟槽刀。

◆ 车削内沟槽 5 mm × 3 mm 至尺寸要求，并保证 $25_{-0.084}^{0}$ mm 及 $R_a3.2$ μm。

◆ 装夹 45°车刀，倒钝锐边。

◆ 装夹内三角螺纹车刀。

◆ 车削内三角螺纹 M27 − 7H 至要求，并保证 $R_a3.2$ μm。

特别提示： 车削内三角螺纹时要及时退刀；粗车时赶刀量不宜过多，以防精车时没有余量；小滑板宜调得紧一些。

步骤 6 **检查工件、交验**

◆ 检查各部分尺寸、用防锈油擦拭工件、交验。

◆ 擦拭工、量、辅具。

◆ 清扫车床、整理工作位置。

[训练2]完成如图 74 所示工件车削。

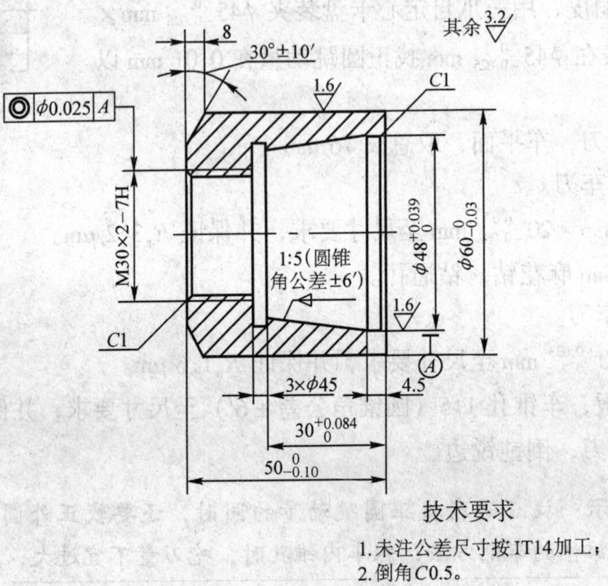

图 74　带孔、圆锥孔、螺母套

否定项　螺纹中径超差，内锥超差至 1:5（圆锥角公差 6′）以上时，视为不合格。

基本操作步骤描述　检查设备、接通电源→车装夹阶台→粗、精车外圆至尺寸要求，车 30°锥角至要求→调头，垫铜皮校正工件，车平面取长→钻孔、车孔→车 M30 × 2 − 7H 螺纹→车内孔，车内沟槽至尺寸→车圆锥调整锥度至精度要求→车 $\phi48^{+0.039}_{0}$ mm 内孔至尺寸要求→车锥度至尺寸要求。

特别提示　内圆锥锥度应在车 $\phi48$ mm 孔前调校正确，并在车完内孔后保证锥体大径尺寸精度。

考核要点 21——车三联齿轮坯

重点掌握

¤三联齿轮坯的车削方法。

¤铰孔的方法。

[训练]完成如图 75 所示工件车削。

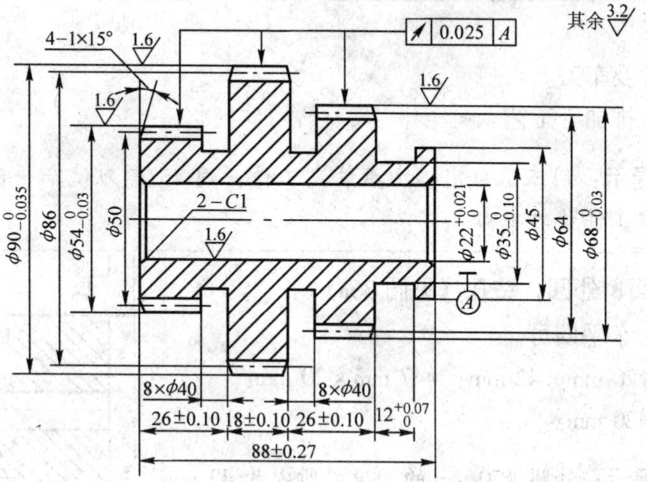

技术要求

1. 未注倒角C0.5；
2. 未注公差尺寸按IT14加工；
3. 不允许用锉刀、砂布修整工件；
4. 内孔可用铰削加工。

图 75　三联齿轮坯

否定项　外圆直径和内孔直径尺寸精度要求 IT7 都超差时，视为不合格。

1. 操作前应准备的工具、设备、用品

（1）材料准备（考场准备）：45 号钢，ϕ100 mm × 93 mm 毛坯料。

（2）设备准备（考场准备）：C620 或 CA6140 车床，（四爪单动卡盘）卡盘扳手、刀架扳手各 1 副。

（3）工、刃、量、辅具（考生准备）：45°车刀、90°车刀、外沟槽刀（S = 8 mm、L = 25 mm）、内孔车刀 ϕ22 mm × 88 mm、内孔铰刀 ϕ22H7、游标卡尺 0.02 mm /(0 ~ 150) mm、游标深度尺 0.02 mm /(0 ~ 200) mm、千分尺 0.01 mm /(0 ~ 25) mm、千分尺 0.01 mm /(25 ~ 50) mm、千分尺 0.01 mm /(50 ~ 75) mm、千分尺 0.01 mm /(75 ~ 100) mm、百分表及座 0.01 mm /(0 ~ 10) mm、中心钻及钻头 A3（ϕ1 mm ~ ϕ13 mm）、麻花钻 ϕ20 mm、塞规或内径量表 ϕ22H7、万能角度尺 2′/(0° ~ 320°)、铜皮、常用工具。

2. 基本操作步骤

基本操作步骤描述

开车前准备工作→粗车平面，ϕ68 mm、ϕ45 mm 外圆，钻孔→粗、精车 ϕ90 mm、ϕ54 mm 外圆及孔 ϕ22 mm，倒角→调头，找正，精车 ϕ68 mm、ϕ45 mm 外圆，倒角。

步骤 1　**开车前准备工作**

◆ 检查车床运转状况是否正常，接通电源后车床低速运转 3 ~ 5 min，并对车床进

行润滑。

♦ 装夹工件及车刀。

♦ 审图，编排加工工艺。

特别提示： 用三爪自定心卡盘装夹工件，用45°车刀试车平面，然后把所有车刀的刀尖对准工件旋转中心。

步骤2 粗车平面、外圆，钻孔（见图76a）

- 车平面，车平即可。
- 车外圆 ϕ70 mm×42 mm、ϕ47 mm×20 mm。
- 钻通孔 ϕ20 mm。

特别提示： 外圆 ϕ70 mm的长度之所以为42 mm，是为了调头以后车 ϕ90 mm外圆时有足够的空间；钻孔时，刃带进入前、即将钻通时，进给要慢，冷却要充分，排屑要及时。

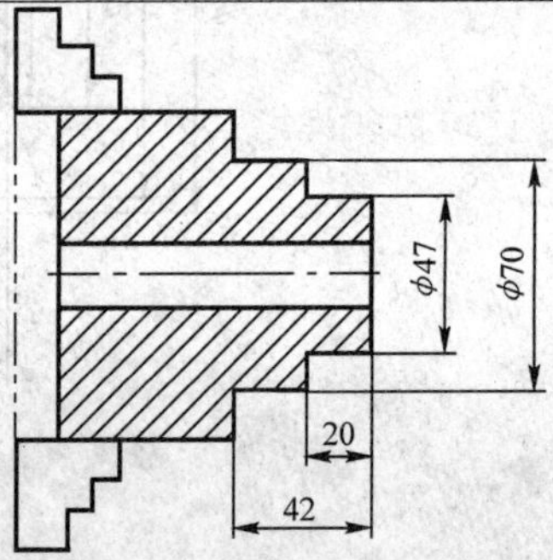

图76a

步骤3 粗、精车平面、外圆、孔（见图76b）

♦ 调头夹住 ϕ70 mm外圆，找正、夹紧，车平面，控制总长89 mm。

♦ 粗车外圆 ϕ90 mm×45 mm及 ϕ54 mm×26 mm（留精车余量）。

♦ 精车孔 ϕ22 mm（留精车余量）。

♦ 精车外圆 $\phi 90_{-0.035}^{\ 0}$ mm×45 mm、$\phi 54_{-0.03}^{\ 0}$ mm×（26±0.10）mm。

♦ 车槽8 mm×ϕ40 mm。

♦ 转动小滑板车削两处1 mm×15°倒角，并用万能角度尺测量。

♦ 孔口倒角 *C*1，其余倒角 *C*0.5。

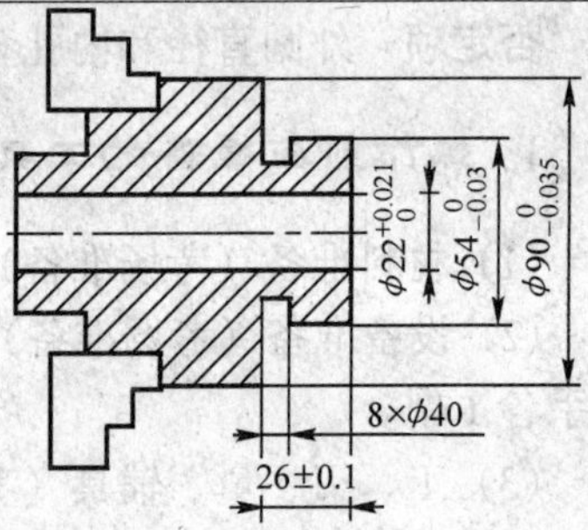

图76b

特别提示： 为了保证加工精度，各部位粗、精车要分开；车孔后的铰削余量不宜太多或太少，一般为0.08～0.15 mm；铰削时切削速度一般在0.1 m/s以下，进给量可取得大些；防止铰刀中心与工件中心不一致，否则铰孔时可能会产生锥度，或把孔铰大；应先试铰，以免造成废品。

步骤4 调头，粗、精车外圆、槽（图76c）

♦ 工件调头，夹 ϕ54 mm外圆，找正 ϕ90 mm外圆，控制圆跳动量在0.02 mm以内，夹紧工件。

◆ 车平面，控制总长尺寸（88±0.27）mm。

◆ 粗、精车外圆 $\phi68$ mm、$\phi45$ mm 至尺寸要求。

◆ 车槽 8 mm×$\phi40$ mm、及另一槽宽 $12^{+0.07}_{0}$ mm，槽底直径 $\phi35^{0}_{-0.10}$ mm。

◆ 车削两处 1 mm×15°倒角（方法同另一端 1 mm×15°倒角）。

◆ 按图样要求倒各个角。

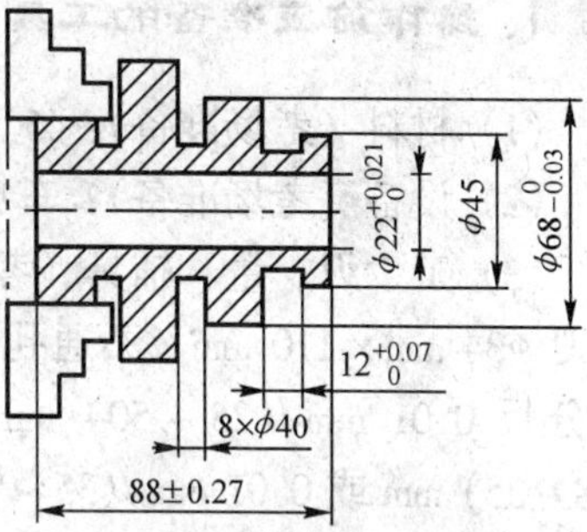

图 76c

特别提示：精车矩形槽时，最好先精车槽宽，再精车槽底；槽底与槽壁相交处要清角；防止槽壁与轴心线不垂直，出现内槽狭窄外口大的喇叭形。

考核要点 22——车薄壁套

重点掌握

¤ 薄壁套的车削方法及步骤。

¤ 车孔的方法及步骤。

¤ 形位公差的保证方法。

[训练]完成如图 77 所示工件车削。

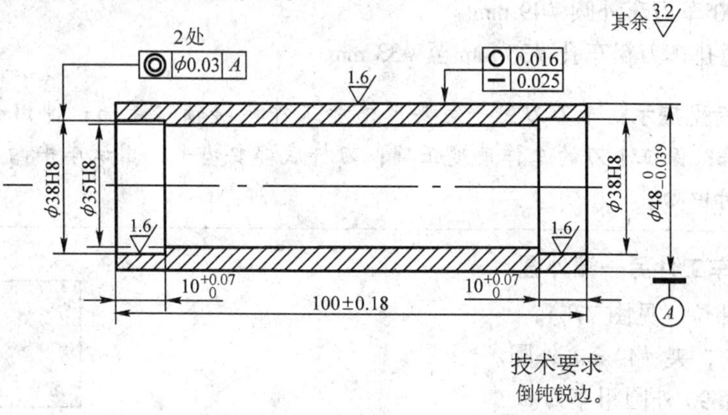

图 77　薄壁套

否定项　圆度超差至 ○ 0.036 以上和直线度超差至 — 0.10 以上时，视为不合格。

1. 操作前应准备的工具、设备、用品

(1) 材料（考场准备）：45 号钢管，尺寸为 ϕ55 mm × 130 mm。

(2) 设备（考场准备）：车床 CA6140，卡盘扳手 1 副，刀架扳手 1 副。

(3) 工、刃、量、辅具（考生自备）：45°车刀、90°车刀、切断刀 3 mm × 20 mm、内孔车刀 ϕ34 mm × 110 mm、不通孔车刀 ϕ38 mm × 15 mm、游标卡尺 0.02 mm /(0 ~ 150) mm、千分尺 0.01 mm /(25 ~ 50) mm、百分表及磁力表座 1 套、内径量表或塞规 0.01 mm /(18 ~ 35) mm 或 0.01 mm /(35 ~ 50) mm（或 ϕ35H8、ϕ38H8）、常用工具、0.1 ~ 0.2 mm 厚铜皮、橡胶皮。

2. 基本操作步骤

基本操作步骤描述

检查设备、接通电源→车装夹阶台、粗车通孔→粗车另一端外圆→精车外圆、通孔、阶台孔→切断→取总长、精车右端阶台孔→检查工件、交验

步骤 1 **启动设备、接通电源**

♦ 检查设备各部件是否正常，各手柄位置是否正确，然后接通电源。

♦ 调整机床转速，低速运转 3 ~ 5 min，并对车床进行润滑。

特别提示：开启车床须检查确认部位无碰撞，变速时必须停车进行。

步骤 2 **车装夹阶台，粗车通孔**

加工部位（见图 77a）。

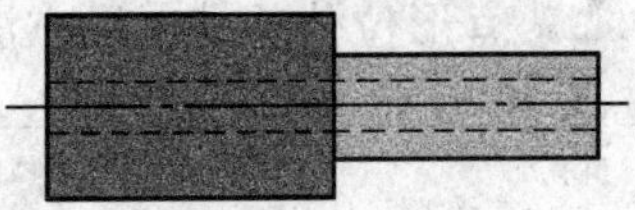

图 77a

♦ 装夹通孔车刀、90°车刀。

♦ 夹毛坯，伸出长度 80 mm。

♦ 用 90°车刀车外圆 ϕ49 mm。

♦ 用通孔车刀粗车孔 ϕ35 mm 至 ϕ33 mm。

特别提示：车刀刀尖一定要严格和工件旋转轴心等高；伸出长度是刀杆厚度的 1.5 倍；保证车刀的工作角度正确；刀杆底部要垫平，用试车平面的方法来保证刀尖严格对中心。

步骤 3 **粗车工件另一端外圆**

加工部位（见图 77b）。

图 77b

♦ 调头，夹 ϕ49 mm 外圆。

♦ 选择 90°外圆粗车刀。

♦ 粗车外圆至 ϕ49 mm 接刀。

♦ 用 45°车刀车平即可。

步骤4 精车外圆、通孔、阶台孔

加工部位（见图 77c）。

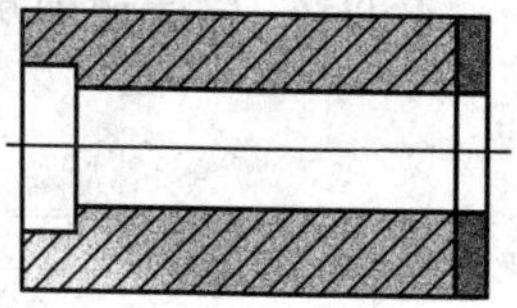

图 77c

♦ 夹工件长度为 25 ~ 28 mm，校正，夹紧。

♦ 用通孔车刀精车孔 ϕ35H8。

♦ 用不通孔车刀粗、精车孔 ϕ38H8。

♦ 用 90°车刀精车外圆 $\phi 48_{-0.039}^{\ 0}$ mm。

♦ 倒角 C0.3。

特别提示：车削时吃刀量不宜过大，以防止工件振动。

步骤5 切断

加工部位（见图 77d）。

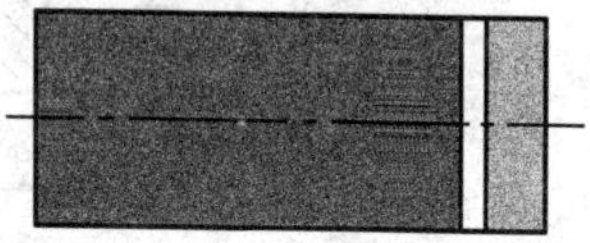

图 77d

♦ 垫橡胶皮，夹工件，伸出长 40 ~ 50 mm。

♦ 选择切断刀。

♦ 留 101 ~ 102 mm 长切断。

步骤6 取总长，精车右端阶台孔

加工部位（见图 77e）。

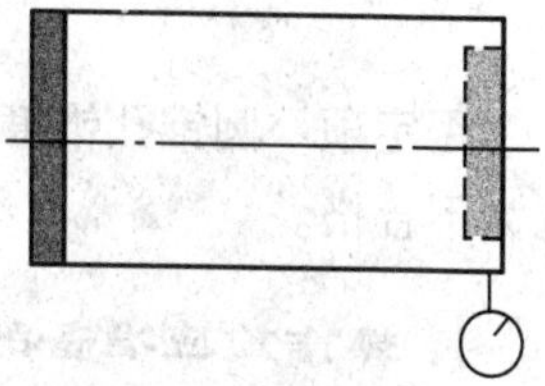

图 77e

♦ 垫橡胶皮，伸出工件长 80 mm。

♦ 用百分表在工件右端校正，夹紧工件。

♦ 用 45°车刀车平面，取总长（100 ± 0.18）mm。

♦ 用不通孔车刀车孔 ϕ38H8。

♦ 倒角 C0.3。

特别提示：各部分尺寸和表面粗糙度应严格符合要求。

步骤7 检查工件、交验

♦ 检查各部分尺寸、用防锈油擦拭工件、交验。

♦ 清扫车床、整理工作位置。

考核要点 23——车圆锥孔、偏心套

重点掌握

¤ 车削锥孔、偏心套的步骤和方法。

¤ 测量锥孔、偏心套的方法。

[训练]完成如图 78 所示工件车削。

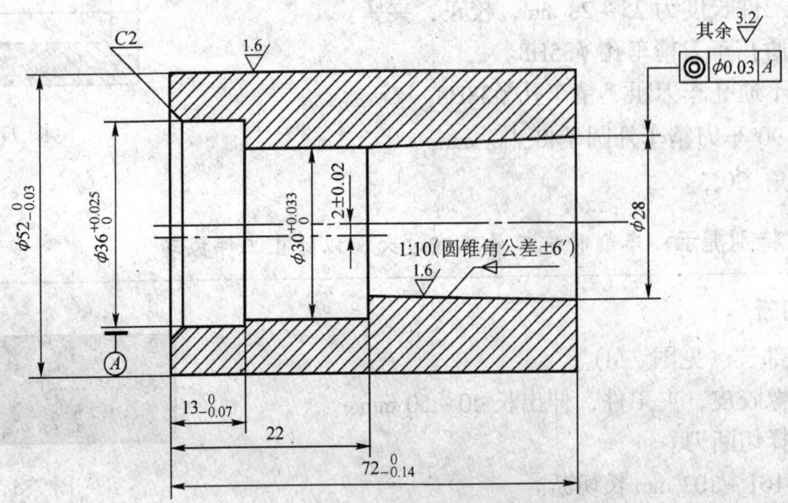

图 78 圆锥孔、偏心套

否定项 圆锥孔锥度精度超差至 10 级以上或接触面积低于 50% 和偏心距尺寸超差时，视为不合格。

1. 操作前应准备的工具、设备、用品

(1) 材料（考场准备）：45 号钢，尺寸为 φ56 mm × 80 mm 工件。

(2) 设备（考场准备）：车床（CA6140 或 C620）1 台，卡盘扳手 1 副，刀架扳手 1 副。

(3) 工、刃、量、辅具（考生自备）：45°车刀、90°车刀、φ24 mm × 40 mm 和 φ30 mm × 35 mm 不通孔车刀、0.02 mm /(0 ~ 150) mm 游标卡尺、0.01 mm /(50 ~ 75) mm 和 0.01 mm /(25 ~ 50) mm 千分尺、0.01 mm /(0 ~ 10) mm 百分表及座、麻花钻（φ20 mm、$L > 72$ mm）、钻套、φ36H7 mm 和 φ30H7 mm 塞规或内径量表、2′/(0° ~ 320°) 万能角度尺或 1∶10 圆锥塞规、e = (2 ± 0.02) mm 的偏心垫块、常用工具、铜皮。

2. 基本操作步骤

基本操作步骤描述

开车前准备工作→钻孔、车装夹阶台→粗、精车平面、外圆及内孔→粗、精车锥孔→粗、精车偏心孔。

步骤1 开车前准备工作

◆ 检查车床运转情况是否正常，接通电源，低速运转车床 3～5 min，并对车床进行润滑。

◆ 检查、核对所供材料与图样要求是否相符，装夹工件及车刀。

◆ 审图、编排加工工艺。

特别提示：先停车后变速，手柄准确到位后方可启动车床；可先用 45°车刀试车平面，然后把所有车刀的刀尖都对准工件旋转中心。

步骤2 钻孔、车装夹阶台（见图 79a）

◆ 钻通孔 $\phi20$ mm。

◆ 车外圆 $\phi54$ mm×7 mm 左右。

特别提示：钻孔时切削速度不能过高，冷却要充分，排屑要及时；为防止钻孔以后工件产生位移，可先钻孔，后车外圆。

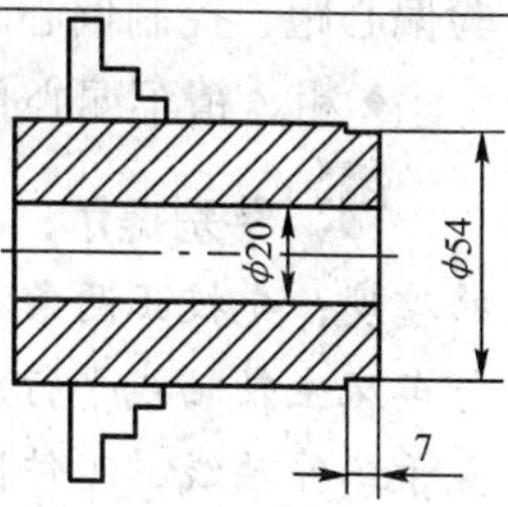

图 79a

步骤3 粗、精车平面、外圆、内孔（见图 79b）

◆ 调头装夹，车平面，粗车外圆 $\phi52$ mm 至 $\phi52.5$ mm，长度超过 72 mm，粗车内孔 $\phi36$ mm 至 $\phi35.5$ mm，深 12.6～12.7 mm。

◆ 精车平面，精车外圆 $\phi52_{-0.03}^{0}$ mm 至尺寸，精车内孔 $\phi36_{0}^{+0.025}$ mm 至尺寸，保证深度 $13_{-0.07}^{0}$ mm。

◆ 内孔倒角 $C2$，外圆倒钝锐边。

特别提示：精车车刀要锋利，切削用量选择要合理，外圆不能产生锥度；精车内孔时，可增加一个半精车；若采用高速钢车刀进行低速精车内孔，不可多次重刀，防止产生加工硬化。

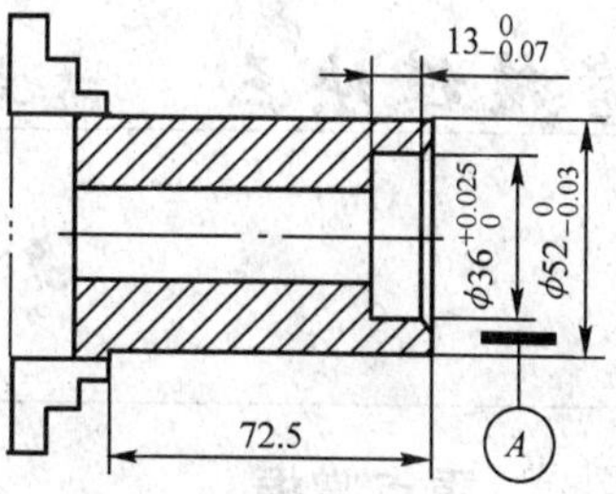

图 79b

步骤4 粗、精车锥孔（见图 79c）

◆ 工件调头装夹，找正外圆，控制外圆跳动量在 $\phi0.03$ mm 以内。

◆ 车平面，取总长，控制长度尺寸 $72_{-0.14}^{0}$ mm。

◆ 粗、精车锥孔，并用万能角度尺或圆锥塞规检查。

特别提示：内孔车刀刀尖必须严格对准

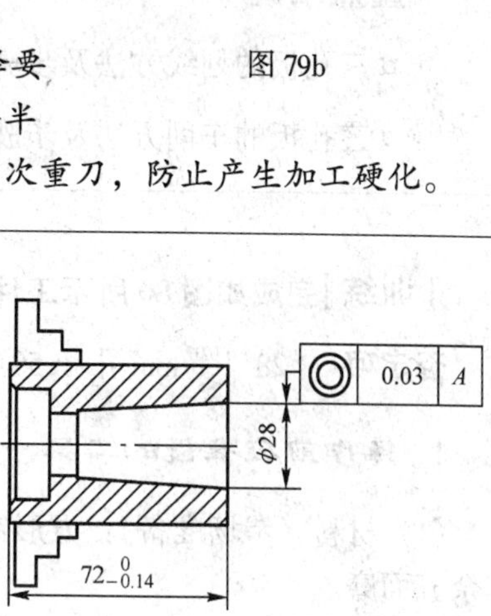

图 79c

工件旋转中心，防止双曲线的产生；粗车时不宜进刀过深，应先找正锥度；用塞规检查时，必须注意孔内清洁，涂色要薄而均匀，两条线要相隔180°，转动量一般在半圈之内；在转动小滑板时，应稍大于圆锥半角 $\alpha/2$，然后逐次校准。

步骤5 **粗、精车偏心孔**

加工部位（见图79d）

♦ 工件调头，垫偏心垫块装夹，找正工件，用百分表校验偏心距，控制偏心距（2±0.02）mm，然后夹紧工件。

♦ 粗、精车偏心孔至尺寸要求。

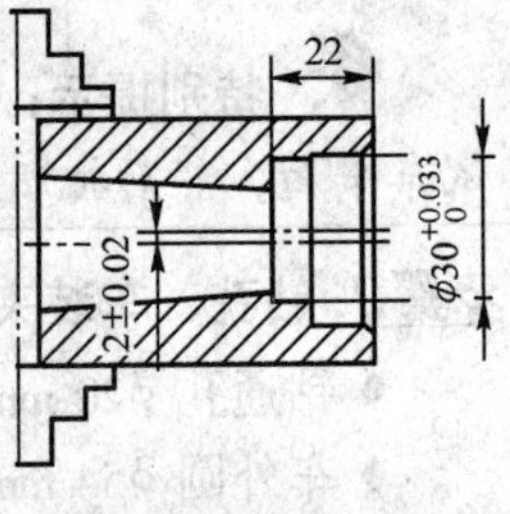

图79d

特别提示： 装夹长度不宜过长，否则会增加找正的难度；先校正两条相交90°的外圆侧母线，使外圆侧母线与车床主轴轴线平行；用百分表校验偏心距时，表杆要垂直于工件轴线，工件圆跳动应是2个偏心距；由于工件偏心，在车削前车刀不能靠近工件，防止开车后工件碰击车刀；车偏心孔的切削速度不能太高；工件夹紧以后，应重新校正偏心距。

考核模块三　盘类

考核要点24——车三孔板

重点掌握

¤三孔板的划线方法及步骤。

¤三孔板的车削方法及步骤。

［训练］完成如图80所示工件车削。

否定项　$\phi28^{+0.021}_{0}$ mm孔和 $50^{0}_{-0.062}$ mm长度超差时，视为不合格。

1. 操作前应准备的工具、设备、用品

（1）材料（考场准备）：方形钢板，尺寸为110 mm×110 mm×18 mm，一大平面不磨，其余五面磨。

（2）设备（考场准备）：车床CA6140，四爪单动卡盘及扳手1副，刀架扳手1副。

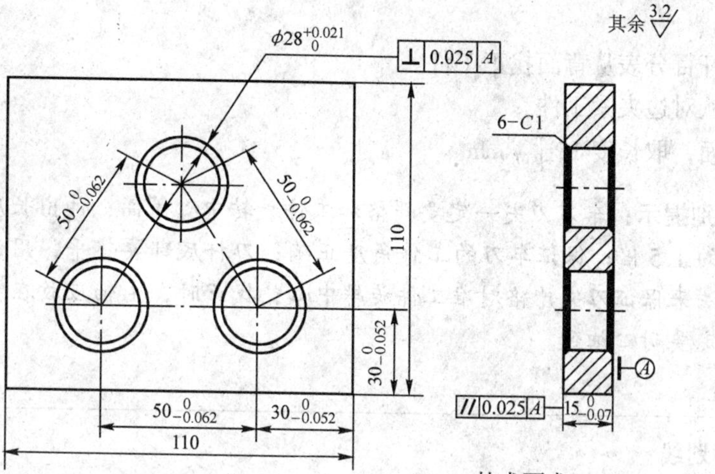

技术要求

1. 有一大平面不磨，其余五面磨 $R_a1.6$；
2. 未注倒角 C0.5；
3. 未注公差尺寸按 IT14 加工；
4. 不允许用锉刀、砂布修整工件。

图 80　三孔板

（3）工、刃、量、辅具（考生自备）：90°车刀、内孔车刀、麻花钻头 ϕ20 mm、游标卡尺 0.02 mm /（0 ~ 150）mm、游标高度尺 0.02 mm /（0 ~ 200）mm、千分尺 0.01 mm /（25 ~ 50）mm 和 0.01 mm /（50 ~ 75）mm 各 1 把、杠杆百分表 0.01 mm/ ± 0.8 mm、内径百分表 0.01 mm /（18 ~ 35）mm、百分表及磁力表座 1 套、小平板、V 形架、斜铁、划线工具、铜皮、内卡钳，辅助测量棒（ϕ22H5、ϕ25H5、ϕ28H5）、常用工具。

2. 基本操作步骤

基本操作步骤描述

启动设备→取工件长度→工件划线→车内孔→检查工件、交验。

步骤 1 **启动设备**

◆ 检查设备各部件是否正常，各手柄位置是否正确，然后接通电源。

◆ 调整机床转速，低速运转 3 ~ 5 min，并对车床进行润滑。

特别提示： 开启车床须检查各部位有无碰撞，变速时必须停车进行。

步骤 2 **取工件长度**

加工部位（见图 80a）。

◆ 垫铜皮，夹工件四周。

◆ 用划针粗校工件。

◆ 用杠杆百分表从背面找正工件。

◆ 分别从对边夹紧工件。

◆ 车平面，取长度 $15_{-0.07}^{\ 0}$ mm。

特别提示： 车刀刀尖一定要严格和工件旋转中心等高；伸出长度是刀杆厚度的 1.5 倍；保证车刀的工作角度正确；刀杆底部要垫平，用试车平面的方法来保证刀尖严格对准工件旋转中心；找正时，主轴应放在空挡位置，一定要耐心细致。

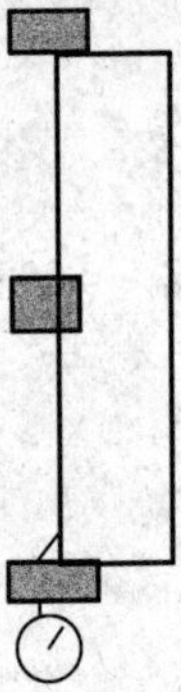

图 80a

步骤 3 **工件划线**

加工部位（见图 80b）。

◆ 工件放平板上，用游标高度尺划一高度为 30 mm 的线 *a*。

◆ 工件翻转 90°，用高度尺划一高度为 30 mm 的线 *b*，再升高 50 mm 划一线 *c*。

◆ 在交点处打一样冲眼。

◆ 用内卡钳对千分尺取尺寸 52 mm，然后以交点 *A* 和交点 *B* 分别划弧相交 *C* 点。

◆ 在 *C* 点处打一样冲眼。

◆ 在 *A*、*B*、*C* 点每处分别划圆。

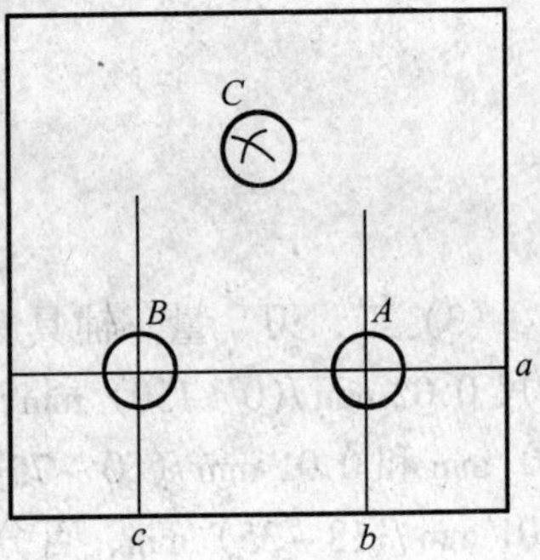

图 80b

特别提示： 划线尺寸要准确。

步骤 4 **车内孔**

◆ 垫铜皮，装夹工件。

◆ 用划针校正工件平面及 *A* 点外圆。

◆ 用百分表校正工件平面。

◆ 夹紧工件。

◆ 用 ϕ20 mm 钻头钻孔。

◆ 用内孔车刀车孔 ϕ22 mm。

◆ 测量 $30_{-0.052}^{\ 0}$ mm 的位置。

◆ 如尺寸不正确再进行调整，把孔车到 ϕ25 mm 再进行测量，如不正确再进行调整。

◆ 车 $\phi 28_{\ 0}^{+0.021}$ mm 孔。

◆ 倒角 *C*1。

◆ 以同样的方法车削 B 点处内孔 $\phi28^{+0.021}_{0}$ mm。

◆ 以同样的方法车削 C 点处内孔 $\phi28^{+0.021}_{0}$ mm。

特别提示： 校正时要有耐心，要细心；测量孔尺寸要精确，注意尺寸的计算。

步骤5 **检查工件、交验**

◆ 检查各部分尺寸、用防锈油擦拭工件、交验。

◆ 清扫车床、整理工作位置。

考核要点 25——车大带轮

重点掌握

¤ 车削三角带轮的步骤和方法。

¤ 测量梯形槽的方法。

[训练]完成如图 81 所示工件车削。

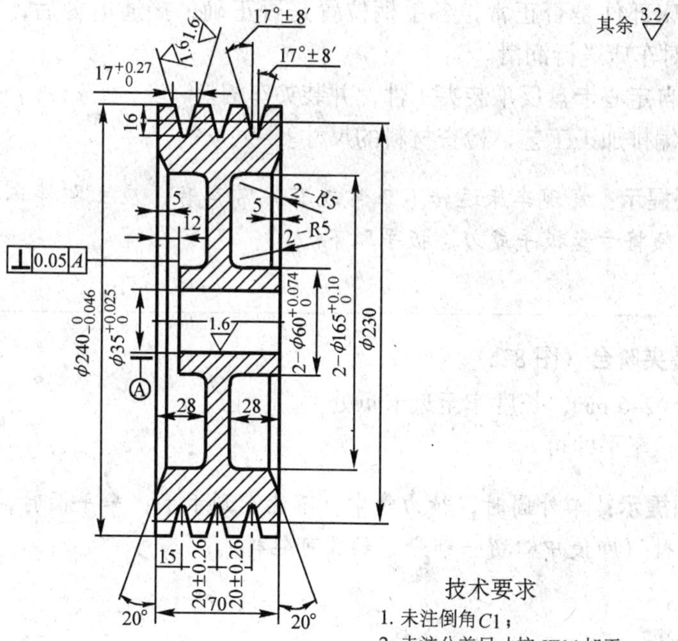

技术要求

1. 未注倒角 $C1$；
2. 未注公差尺寸按 IT14 加工；
3. 不允许用锉刀、砂布修整工件。

图 81 大带轮

否定项 槽形半角超差和主要孔径尺寸超差时，视为不合格。

1. 操作前应准备的工具、设备、用品

（1）材料准备：45 号钢或轮坯，ϕ250 mm × 80 mm 工件。

（2）设备准备：车床 C620 或 CA6140 一台，卡盘扳手、刀架扳手各 1 副。

（3）工、刃、量、辅具（考生自备）：45°车刀、90°车刀、外 V 形沟槽车刀（刀尖角 34°、深 > 16 mm）、平面槽刀（大径 ϕ165 mm、小径 ϕ60 mm、深 28 mm）、平面圆弧刀 $R5$、通孔车刀 ϕ35 mm × 70 mm、钻头 ϕ30 mm、钻套、游标卡尺 0.02 mm /（0 ~ 300）mm、游标深度尺 0.02 mm /（0 ~ 200）mm、万能角度尺 2′/（0° ~ 320°）、千分尺 0.01 mm /（200 ~ 250）mm和 0.01 mm /（50 ~ 75）mm 及 0.01 mm /（25 ~ 50）mm、内径量表或塞规 ϕ35H7、百分表及座 0.01 mm /（0 ~ 3）mm、半径样板 $R5$、常用工具。

2. 基本操作步骤

基本操作步骤描述

开车前准备→车削装夹阶台→粗、精车右端平面槽→粗、精车外 V 形沟槽、孔及左端平面槽。

步骤 1 **开车前准备工作**

◆ 检查车床部件是否正常，各手柄位置是否正确，接通电源后，低速运转车床 3 ~ 5 min，并对车床进行润滑。

◆ 用三爪自定心卡盘反爪装夹工件，并装夹车刀。

◆ 审图，编排加工工艺，检查材料的尺寸。

特别提示：发现车床运转不正常或有异常声音，应立即停车报告机修工处理；开车前必须将卡盘扳手或刀台扳手取下。

步骤 2 **车削装夹阶台**（图 82a）

◆ 车外圆 ϕ246 mm，长度车至近卡爪处。

◆ 车平面，车平即可。

特别提示：车外圆时，精力集中，不能车到卡爪；车平面时，可车到近中心处（即使中心留一部分，钻孔可钻掉）。

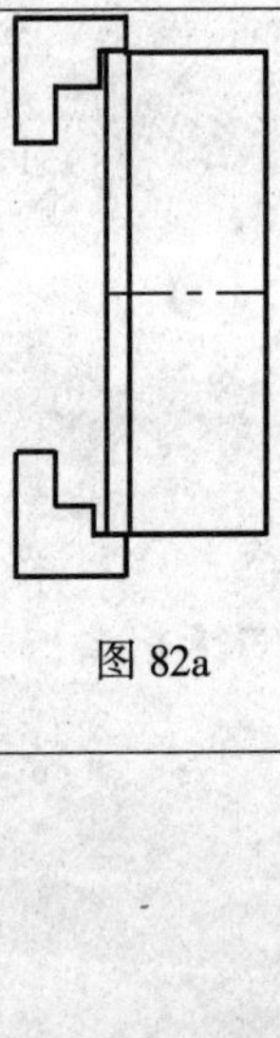

图 82a

步骤3 **粗、精车右端平面槽**（图 82b）

◆ 工件调头，仍用卡爪夹住 ϕ246 mm 外圆，找正夹紧。

◆ 粗车外圆 ϕ242 mm，长度车至近卡爪处。

◆ 车平面，车平即可。

◆ 钻通孔 ϕ30 mm。

◆ 粗车通孔至尺寸 ϕ33 mm。

◆ 粗、精车右端平面槽至尺寸要求。

◆ 按图样要求倒各个角。

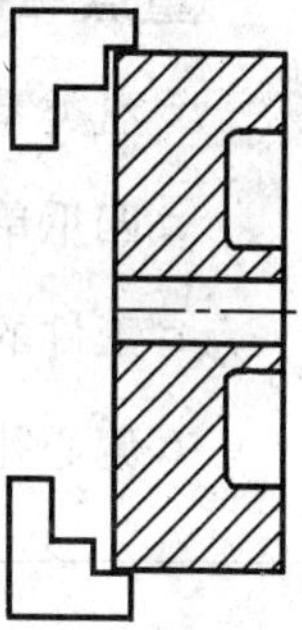

图 82b

特别提示：

◆ 车平面槽比车内、外沟槽容易产生振动，因此车刀刀头的宽度不能太宽；车平面槽，可先用平面槽车刀粗车，要给槽底圆弧留足够的余量；钻孔时，转速不能过高，冷却要充分，排屑要及时。

◆ 图样上 20°倒角，可把小滑板顺时针转动 70°，移动小滑板进行车削。

步骤4 **精、粗车外 V 形沟槽、平面槽及孔**（图 82c）

◆ 工件调头，用三爪自定心卡盘正爪撑平面槽 ϕ165 mm 孔，找正撑紧。

◆ 车平面，控制总长尺寸 70 mm。

◆ 粗车平面槽。

◆ 粗、精车 3 条 V 形槽。

◆ 粗、精车孔 $\phi35^{+0.025}_{0}$ mm。

◆ 精车平面槽，至尺寸要求。

◆ 按图样要求倒角。

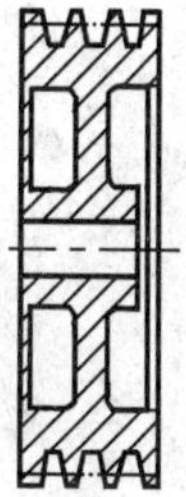

图 82c

特别提示：为达到孔与外 V 形沟槽的同轴度，应采用一次装夹完成；车外 V 形沟槽时，易产生振动，可用后顶尖支顶；左右借刀车外 V 形沟槽时，应该注意槽间距的位置偏差；3 条外 V 形槽的深度、宽度应保持一致，在尺寸的控制上应掌握“宁窄勿宽、宁深勿浅”的原则；V 形槽可借助样板通过工件中心平面，以透光法来检验，槽形角可用万能角度尺测其半角误差；精车孔时，车刀要锋利，切削用量选择要合理。

考核要点 26——车双孔端盖

重点掌握

¤盘类零件的车削方法及步骤。

¤四爪单动卡盘的校正方法。

¤工件的划线方法。

¤偏心孔的校正与加工。

[训练]完成如图 83 所示工件车削。

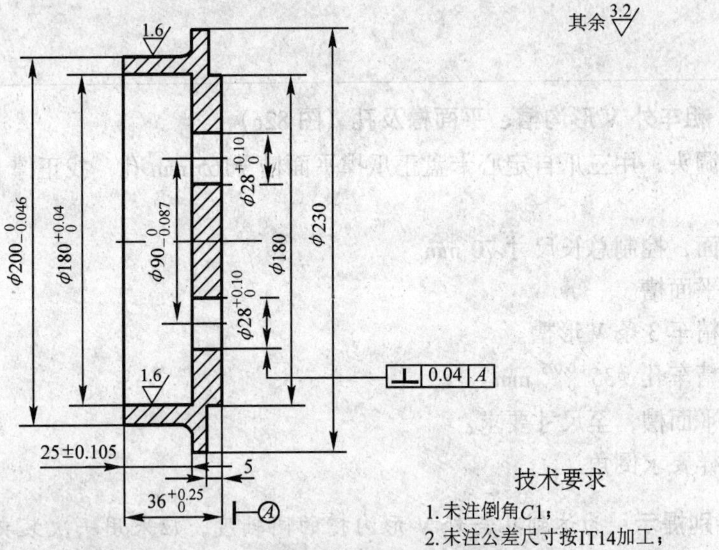

图 83 双孔端盖

否定项

◆ 孔 $\phi180_{0}^{+0.04}$ mm 尺寸超差时，视为不合格。

◆ $\phi90_{-0.087}^{0}$ mm 圆尺寸超差时，视为不合格。

1. 操作前应准备的工具、设备、用品

(1) 材料（考场准备）：45 号锻钢，尺寸为 $\phi250$ mm × 40 mm。

(2) 设备（考场准备）：车床 CA6140，卡盘扳手 1 副，刀架扳手 1 副。

(3) 工、刃、量、辅具（考生自备）：45°车刀、90°车刀、平面车刀、不通孔车刀 ϕ180 mm×25 mm、通孔车刀 ϕ28 mm×36 mm、内平面车刀、游标卡尺 0.02 mm/(0~300) mm、游标深度尺 0.02 mm/(0~200) mm、千分尺 0.01 mm/(175~200) mm、内径量表 ϕ180 mm、百分表及磁力表座1套、划线工具、常用工具、0.1~0.2 mm厚铜皮。

2. 基本操作步骤

基本操作步骤描述

启动设备→车装夹阶台→加工工件左端→加工工件右端→工件划线→车偏心孔→检查工件、交验。

步骤1 启动设备

- 检查设备各部件是否正常，各手柄位置是否正确，然后接通电源。
- 调整机床转速，低速运转3~5 min，并对车床进行润滑。

特别提示： 开启车床须确认各部位无碰撞，变速时必须停车进行。

步骤2 车装夹阶台

加工部位（见图83a）

- 加工工件左端外圆，外圆、平面粗略校正。
- 用90°车刀车外圆 ϕ200 mm×7 mm。
- 粗车外形，各留余量1 mm。

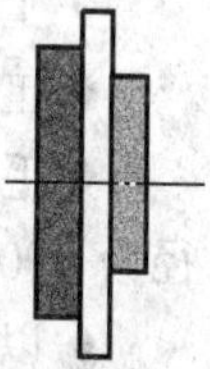
图83a

特别提示： 车刀刀尖一定要严格和工件旋转中心等高；伸出长度是刀杆厚度的1.5倍；保证车刀的工作角度正确；刀杆底部要垫平，用试车平面的方法来保证刀尖严格对准工件旋转中心；平面不要加工；阶台面一定要车平。

步骤3 加工工件左端

加工部位（见图83b）。

- 加工 ϕ200 mm外圆，阶台面贴平卡爪，外圆平面粗略校正。
- 用平面车刀车平面及取长度25~24.5 mm。
- 用90°车刀粗车 ϕ200 mm至 ϕ201 mm。
- 用90°车刀车 ϕ230 mm外圆。
- 用不通孔车刀粗车孔 ϕ180 mm至 ϕ179 mm。
- 用不通孔车刀精车孔 $\phi180^{+0.04}_{0}$ mm，取长度(25±0.105) mm。

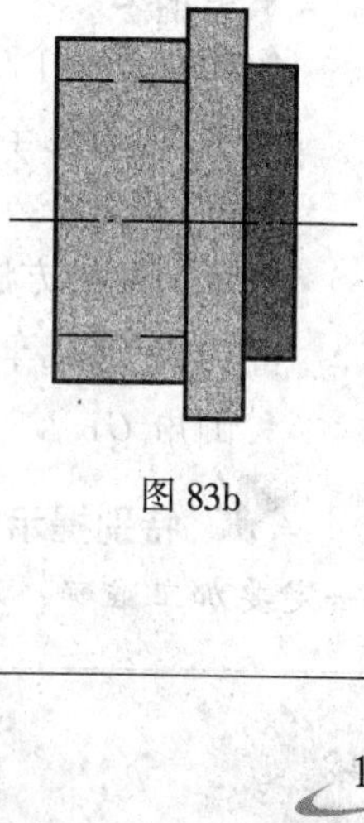
图83b

◆ 用90°车刀精车 $\phi 200_{-0.046}^{\ 0}$ mm。

◆ 倒角 $C1$。

特别提示： 装夹位置较短，车削时吃刀量不要太大，以防工件产生移位。

步骤4 加工工件右端

加工部位（见图83c）。

◆ ϕ200 mm外圆垫铜皮，校正工件，适度夹紧。

◆ 用平面车刀车平面，取总长36 mm。

◆ 用90°车刀粗、精车 ϕ180 mm外圆。

◆ 倒角 $C1$。

特别提示： 注意平面平行度的校正，夹紧力大小应适当，防止变形。

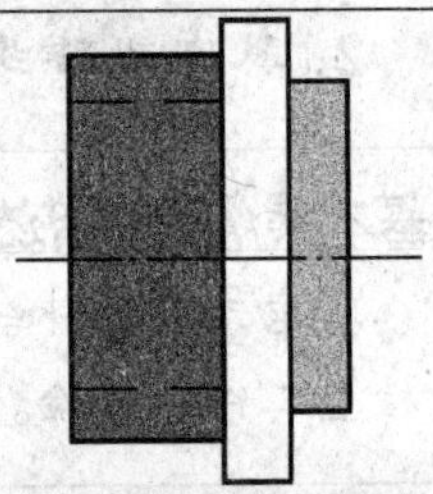

图83c

步骤5 工件划线

加工部位（见图83d）。

◆ 划针对正工件中心，通过毛坯孔中心划线。

◆ 工件转90°，用角尺对正已划线，再另划一条线。

◆ 工件取下，中心处钻一小眼。

◆ 毛坯孔用木块填实，用划规定半径 R45 mm划一直径为 ϕ90 mm的圆。

◆ 以毛坯孔中心为圆心划两个 ϕ28 mm的圆。

特别提示： 要精确测量圆 ϕ90 mm。

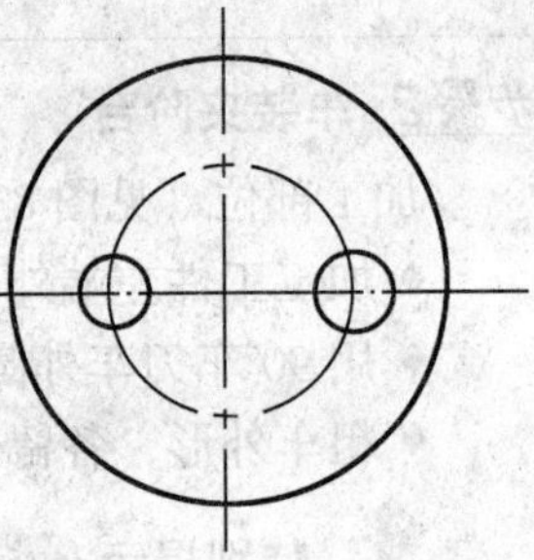

图83d

步骤6 车偏心孔

加工部位（见图83e）。

◆ 垫铜皮，夹 ϕ200 mm的外圆。

◆ 先找正一个小孔，再校正平面，反复校正，直到合格。

◆ 用45°通孔车刀粗、精车 $\phi 28_{\ 0}^{+0.1}$ mm。

◆ 倒角 $C1$。

◆ 以同样的方法找正另一小孔。

◆ 用45°通孔车刀粗、精车 $\phi 28_{\ 0}^{+0.1}$ mm。

◆ 倒角 $C1$。

特别提示： 各部分尺寸和表面粗糙度应严格符合图样要求；ϕ28 mm孔间距一定要加工准确；不要夹伤工件。

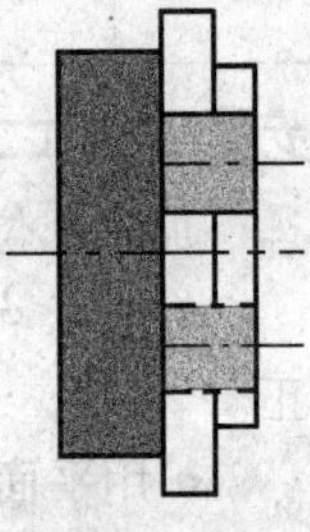

图83e

步骤7 **检查工件、交验**

- ♦ 检查各部分尺寸、用防锈油擦拭工件、交验。
- ♦ 清扫车床、整理工作位置。

考核要点 27——车主轴法兰盘

重点掌握

¤ 盘类在四爪单动卡盘装夹、找正的技巧。

¤ 法兰盘加工调头控制平行度的方法。

¤ 内锥孔的车削技巧。

¤ 车削高台阶三角螺纹时，车刀的处理方法。

[训练]完成如图 84 所示工件车削。

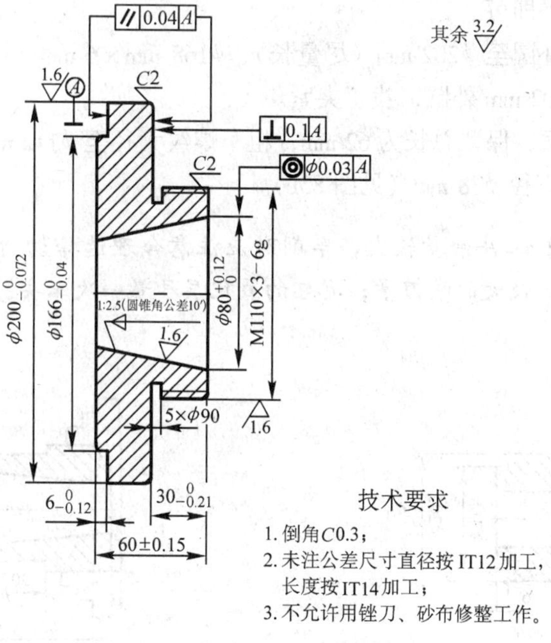

图 84 主轴法兰盘

否定项 锥度 1:2.5（圆锥角公差 10′）超差和 M110×3－6g 中径超差时，视为不合格。

1. 操作前应准备的用品、设备、用品

（1）材料（考场准备）：HT200，尺寸为 ϕ210 mm × 70 mm 铸铁 1 件。

（2）设备（考场准备）：车床 C620 或 CA6140（四爪单动卡盘）、卡盘扳手、刀架扳手。

（3）工、量、刃、辅具（考生自备）：YG8、45°车刀、90°车刀、车槽刀（S = 5 mm、L = 55 mm）、外三角螺纹车刀（P = 3 mm、L = 60 mm）、内通孔车刀（ϕ55 mm × 65 mm）、游标卡尺 0.02 mm /(0 ~ 300）mm、游标深度尺 0.02 mm /(0 ~ 200）mm、千分尺 0.01 mm /(150 ~ 175）mm 和 0.01 mm /(175 ~ 200）mm、螺纹环规（M110 × 3 – 6g)、圆锥塞规或万能角度尺（C = 1∶2.5 或 0° ~ 320°)、百分表及表座 0.01 mm /(0 ~ 10）mm。

2. 基本操作步骤

基本操作步骤描述

粗加工外形→精车两个大外圆一端→调头车锥孔、车三角螺纹。

步骤 1 **粗加工外形**

♦ 毛坯用四爪单动卡盘装夹，找正后夹紧。

♦ 车平面，车平即可。

♦ 粗车两个大外圆至 ϕ202 mm（尽量长)、ϕ168 mm × 6 mm（见图 85a)。

♦ 调头，夹 ϕ202 mm 外圆，找正夹紧。

♦ 粗车另一平面，保证总长为 62 mm，粗车螺纹大径至 ϕ112 mm × 30 mm，粗车内锥，控制内锥大端直径 ϕ78 mm（见图 85b)。

特别提示：工件余量较大，车削时应注意合理选择切削三要素：较低的转速，较大的进给量，较大的吃刀量；毛坯的氧化层尽量一次车去，否则容易加剧车刀的磨损。

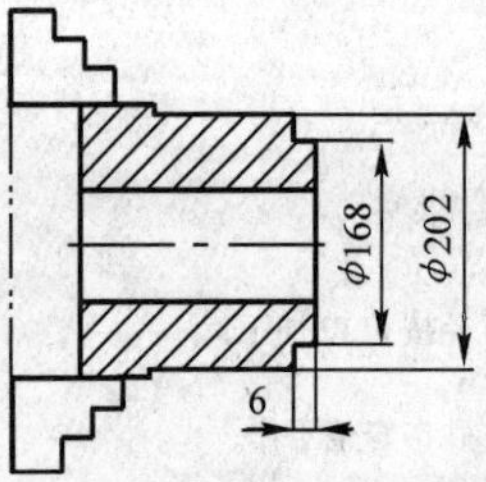

图 85a

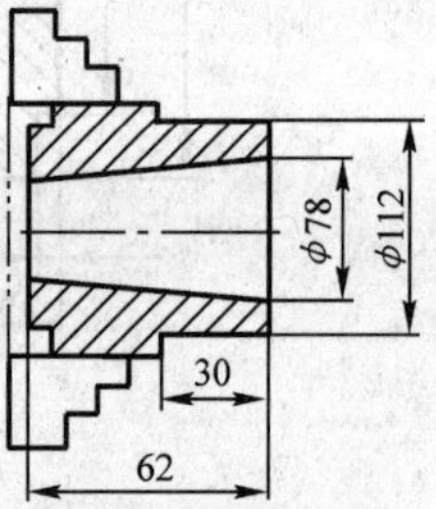

图 85b

步骤2 **精车两个大外圆**（见图85c）

◆ 工件调头装夹，找正并夹紧 $\phi112$ mm 外圆。

◆ 车左边平面，车平即可。

◆ 精车外圆 $\phi200_{-0.072}^{0}$ mm、$\phi166_{-0.04}^{0}$ mm × $6_{-0.12}^{0}$ mm 至尺寸要求，并倒角 $C0.3$（两处）。

特别提示： 平面较大，应注意检查平面度；用千分尺测量时应注意千分尺与工件的相对位置，否则不易测量准确。

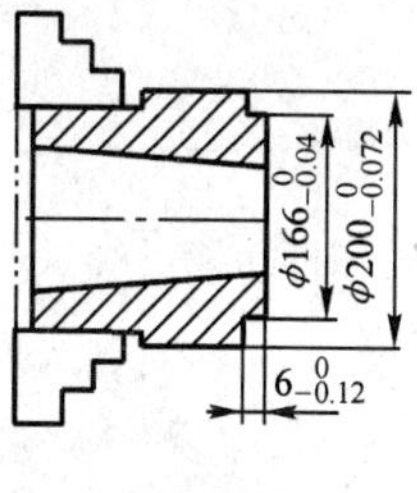

图85c

步骤3 **精车内锥孔及三角螺纹**

◆ 工件调头装夹 $\phi200_{-0.072}^{0}$ mm 外圆，用百分表找正后夹紧。

◆ 车平面，取总长（60 ± 0.15）mm，精车螺纹大径 $\phi110$ mm × $30_{-0.21}^{0}$ mm。

◆ 车槽 5 mm × $\phi90$ mm，车三角螺纹 M110 × 3 − 6g 至尺寸要求。

◆ 小滑板顺时针旋转，精车内锥孔，用圆锥塞规涂色检查。

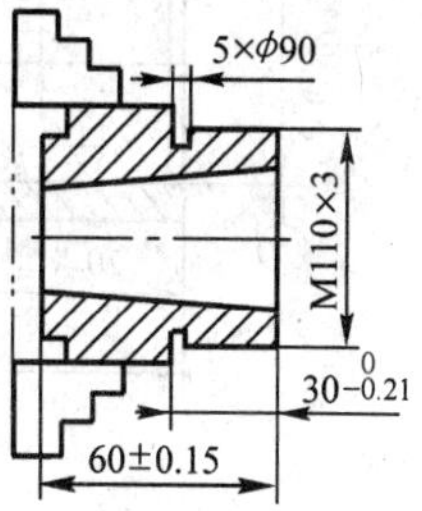

图85d

特别提示： 用百分表找正时，应同时找正外圆及平面，还可以通过试切平面、试测量控制平行度0.04；车槽刀和三角螺纹刀在刃磨时应特别注意刀头左侧尽量少磨，否则无法进行正常车削；用圆锥塞规检查锥孔控制尺寸时，要注意公式 $a_p = ac/2$ 的应用；涂色检查时，塞规转动应在半圆以内；车削三角形螺纹 M110 × 3 − 6g 时，中滑板转过的总格数约为39格。

考核模块四　配合类

考核要点28——偏心轴套配合组合件

重点掌握

¤ 偏心轴的车削方法及步骤。

¤ 偏心孔的车削方法及步骤。

¤ 偏心孔轴配合的技术要求。

¤ 形位公差的保证方法。

[训练]完成如图 86 所示工件车削。

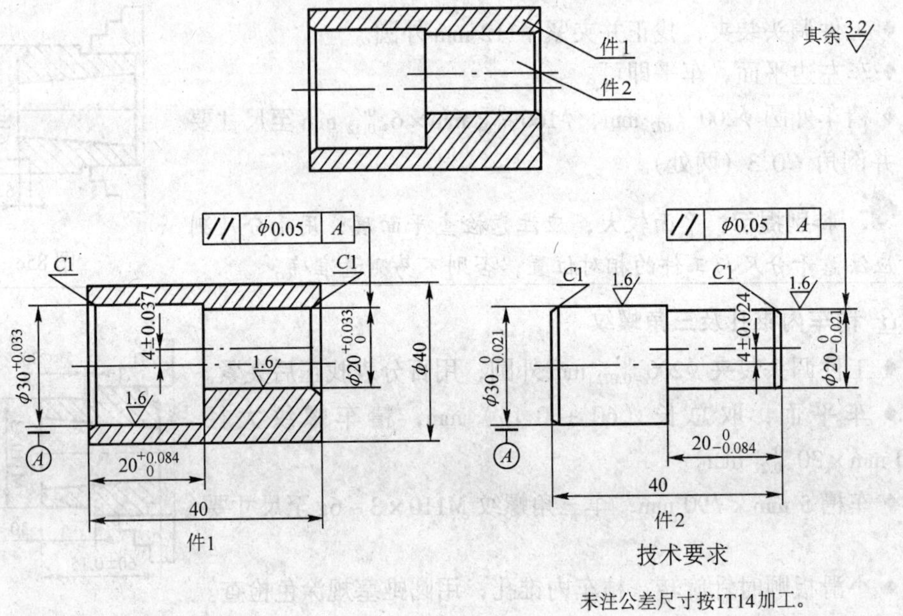

图 86 偏心轴套配合组合件

否定项 配合尺寸精度降低两级或无法组合时，视为不合格。

1. 操作前应准备的工具、设备、用品

(1) 材料（考场准备）：45 号钢，尺寸为 φ45 mm × 90 mm 。

(2) 设备（考场准备）：车床 CA6140，卡盘扳手 1 副，刀架扳手 1 副。

(3) 工、刃、量、辅具（考生自备）：45°车刀、90°车刀、切断刀 φ40 mm、不通孔车刀 φ30 mm × 20 mm、45°通孔车刀 φ20 mm × 40 mm、钻头 φ18 mm、游标卡尺0.02 mm/(0 ~ 150) mm、游标深度尺0.02 mm/(0 ~ 200) mm、千分尺0.01 mm/(0 ~ 25) mm 和0.01 mm/(25 ~ 50) mm 各 1 把、偏心垫块 $e = (4 \pm 0.024)$ mm、百分表及磁力表座 1 套、内径量表或塞规0.01 mm/(18 ~ 35) mm、常用工具、0.1 ~ 0.2 mm 厚铜皮。

2. 基本操作步骤

基本操作步骤描述

启动设备→车 φ30 mm 外圆→车 φ20 mm 偏心圆→车外圆、孔→车偏心孔→检查工件、交验。

步骤 1 **启动设备**

♦ 检查设备各部件是否正常，各手柄位置是否正确，然后接通电源。

◆ 调整机床转速，低速运转 3 ~ 5 min，并对车床进行润滑。

特别提示： 开启车床须确认各部位无碰撞，变速时必须停车进行。

步骤 2 **车 ϕ30 mm 外圆**

加工部位（见图 86a）。

◆ 装夹 45°车刀、90°车刀。

◆ 夹毛坯，伸出工件长 55 mm。

◆ 用 45°车刀车平面，车平即可。

◆ 用 90°车刀粗车外圆 ϕ30 mm 至 ϕ31 mm × 41 mm。

◆ 用 90°车刀精车 $\phi30_{-0.021}^{\ 0}$ mm × 41 mm。

◆ 外圆倒角 $C1$。

◆ 切断长度为 41 mm。

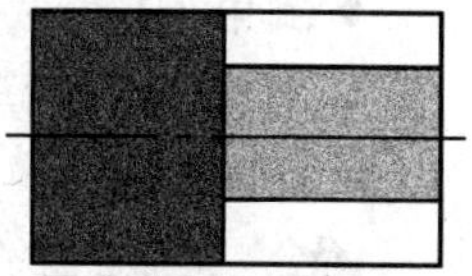

图 86a

特别提示： 车刀刀尖一定要严格和工件旋转轴心等高；伸出长度是刀杆厚度的 1.5 倍；保证车刀的工作角度正确；为方便找正工件，外圆应车圆且尺寸保持一致；刀杆底部要垫平，用试车平面的方法来保证刀尖严格对中心。

步骤 3 **车 ϕ20 mm 偏心圆**

加工部位（见图 86b）。

◆ 垫铜皮，垫垫块，夹 ϕ30 mm 外圆，伸出长度 25 mm。

◆ 用百分表测量外圆母线，校正工件。

◆ 百分表垂直于工件表面装夹，旋转工件，观察表针读数测量偏心距，调整垫块厚度，校正偏心。

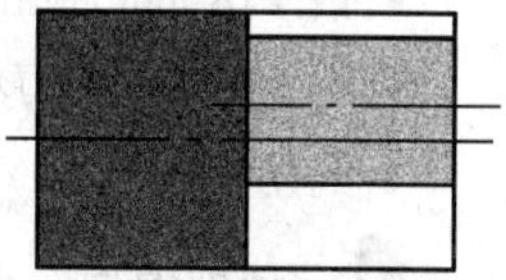

图 86b

◆ 用 45°车刀车平面取总长 40 mm。

◆ 用 90°车刀粗车 ϕ20 mm 至 ϕ21 mm × 19 mm。

◆ 用 90°车刀取长度 $20_{-0.084}^{\ 0}$ mm。

◆ 用 90°车刀精车 $\phi20_{-0.021}^{\ 0}$ mm 至尺寸要求。

◆ 倒角 $C1$。

特别提示： 调整偏心时，要细致、耐心，注意观察百分表的行程，防止表头损坏；开车时，将车刀远离工件，防止撞刀。

步骤 4 **车外圆、孔**

加工部位（见图 86c）。

◆ 夹工件，伸出长 41 mm。

◆ 用 45°车刀车平面，车平即可。

◆ 用 90°车刀粗车外圆 ϕ42 mm × 40 mm。

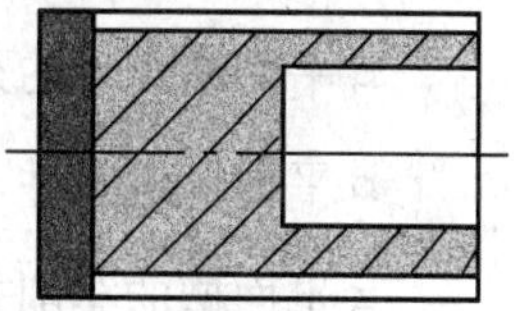

图 86c

◆ 用 ϕ18 mm 钻头钻孔 ϕ18 mm × 20 mm。
◆ 用不通孔车刀车孔，粗车 ϕ29.5 mm × 19.5 mm。
◆ 用不通孔车刀精车孔 $\phi30^{+0.033}_{0}$ mm × $20^{+0.084}_{0}$ mm。
◆ 倒角 C1。
◆ 用 90°车刀精车 ϕ40 mm × 41 mm。
◆ 外圆倒钝。

特别提示： 取孔长度时，注意长度的控制方法；精车孔时，注意保证孔径。

步骤 5 **车偏心孔**

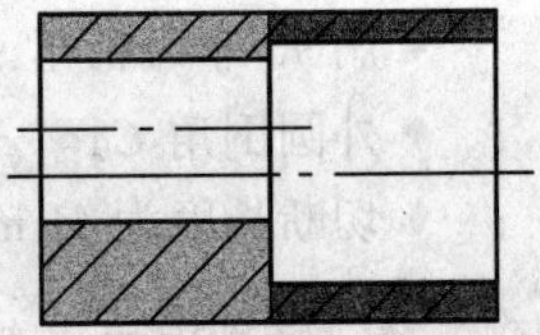
图 86d

加工部位（见图 86d）。
◆ 用计算好的垫块垫在工件上，垫铜皮。
◆ 用百分表测量外圆母线，找正。
◆ 百分表垂直于工件表面装夹，旋转工件，观察表针读数测量偏心距，调整垫块厚度，校正偏心。
◆ 夹紧工件，复校工件的母线和偏心距使之在公差之内。
◆ 用 45°车刀车平面，取长度 40 mm。
◆ 钻 ϕ18 mm 通孔。
◆ 用 45°通孔车刀粗、精车孔 $\phi20^{+0.033}_{0}$ mm。
◆ 倒角 C1。

特别提示： 不要夹伤工件；装夹时，要防止因 $\phi30^{+0.033}_{0}$ mm 孔变形而影响孔轴配合。

步骤 6 **检查工件、交验**

◆ 检查各部分尺寸、用防锈油擦拭工件、交验。
◆ 清扫车床、整理工作位置。

考核要点 29——平面槽配合组合件

重点掌握

¤ 平面槽车刀的刃磨要求。
¤ 平面槽组合件车削的组合技巧。
¤ 平面槽的车削方法。

[训练]完成如图 87 所示工件车削。

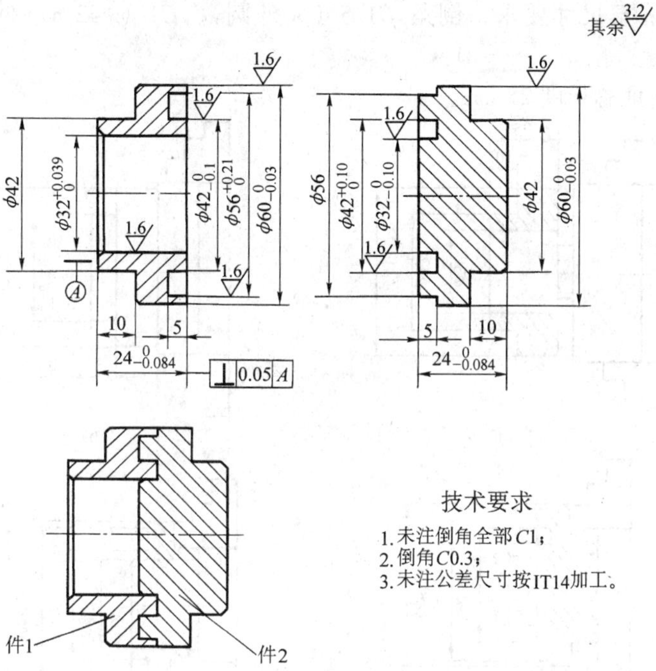

图 87　平面槽配合组合件

否定项　平面槽大小尺寸精度降低 2 个等级或无法组合时，视为不合格。

1. 操作前应准备的工具设备、用品

（1）材料（考场准备）：45 号钢，尺寸为 φ65 mm × 70 mm 棒料 1 件。

（2）设备（考场准备）：C620 或 CA6140 车床 1 台，卡盘扳手、刀台扳手各 1 副。

（3）工、刃、量、辅具（考生自备）：45°车刀、90°车刀、切断刀（φ65 mm）、平面槽车刀（深 5 mm，大径 φ56 mm、φ42 mm；小径 φ42 mm、φ32 mm）、通孔车刀 φ32 mm × 30 mm、游标卡尺0.02 mm/(0～150) mm、游标深度尺0.02 mm/(0～200) mm、千分尺0.01 mm/(20～50) mm、千分尺0.01 mm/(50～75) mm、内测千分尺0.01 mm/(5～25) mm、内径量表（或塞尺）0.01 mm/(18～35) mm（φ32H8）、麻花钻 φ30 mm × 35 mm、常用工具自选。

2. 基本操作步骤

基本操作步骤描述   加工件 1 小外圆一端→切断后加工件 2→加工件 1 内孔及平面槽（配作）。
步骤 1 **加工件 1 小外圆一端**（见图 88a）   ◆ 毛坯用三爪自定心卡盘装夹，伸出长 50 mm 左右，找正夹紧。

◆ 钻孔 $\phi30$ mm×26 mm，车平面，粗车大外圆 $\phi61$ mm（尽量长），粗、精车外圆 $\phi42$ mm×10 mm 至尺寸要求，倒角 $C1.5$（大外圆）、$C1$（$\phi42$ mm 外圆）、$C2$（内孔）。

◆ 切断，保证总长度 25 mm。

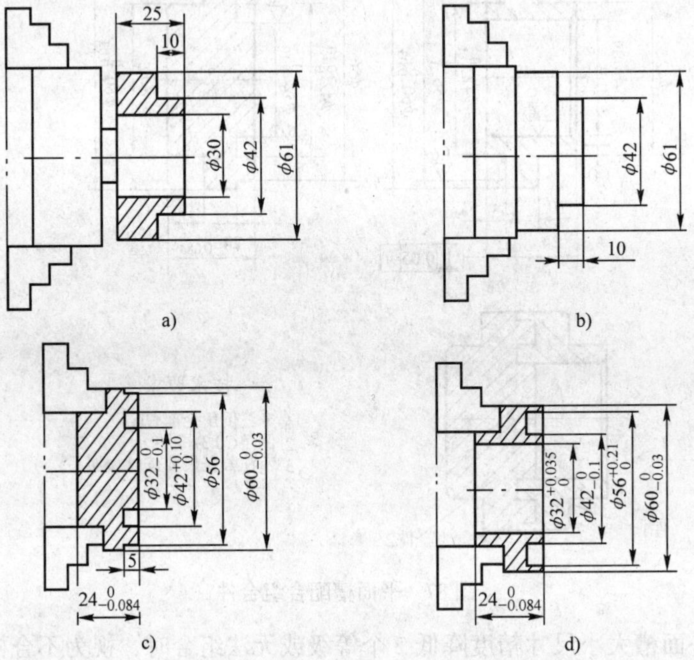

图 88　平面槽配合组件车削步骤

特别提示：钻孔时，注意钻孔深度不能太深或太浅，否则容易造成余料不够或件 1 孔深不够。

步骤 2 **加工件 2**（见图 88b、图 88c）

◆ 余料车平面，粗、精车外圆 $\phi42$ mm×10 mm，粗车大外圆 $\phi61$ mm 并倒角 $C1$、$C1.5$（见图 88b）。

◆ 调头，装夹 $\phi42$ mm×10 mm，找正夹紧，车平面，保证总长 $24_{-0.084}^{\ 0}$ mm，粗、精车外圆 $\phi60_{-0.03}^{\ 0}$ mm、$\phi56$ mm×5 mm，粗、精车平面槽大径 $\phi42_{\ 0}^{+0.10}$ mm、小径 $\phi32_{-0.10}^{\ 0}$ mm、深 5 mm 至尺寸要求，倒角 $C0.3$（两处）（见图 88c）。

特别提示：装夹平面槽车刀时，一定要使装夹角度等于刃磨角度，不然无法把槽底车平，导致槽深不一致；车平面槽时一定要用借刀法（刀宽小于槽宽）进行车削，否则容易引起振动；借刀法试切时要注意第一刀的试切位置不能车错，否则易造成工件报废；控制车平面槽车刀位置的方法如图 89 所示，其中：D 为工件外径，件 2 为 $\phi56$ mm；d 为平面槽大径，件 2 为 $\phi42$ mm；L 为车刀刀头外侧与工件外径间的距离（该训练 $L=7$ mm）。为使工件 1 容易组合，尺寸 $\phi56$ mm、$\phi32_{-0.10}^{\ 0}$ mm 尽量按下偏差加工；槽深 5 mm、$\phi42_{\ 0}^{+0.10}$ mm 尽量按上偏差加工。

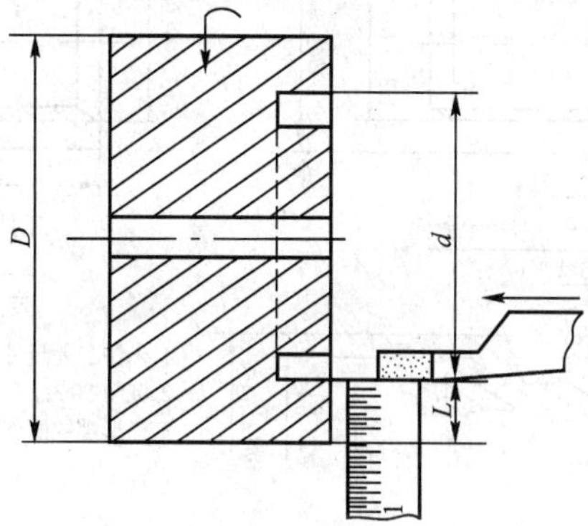

图 89　车平面槽车刀位置的控制

步骤 3　**车工件 1 内孔和平面槽**（见图 88d）

◆ 夹工件 1 $\phi42$ mm 外圆，找正并夹紧。

◆ 车平面控制总长 $24_{-0.084}^{\ 0}$ mm，粗、精车内孔 $\phi32_{\ 0}^{+0.039}$ mm，大外圆 $\phi60_{-0.03}^{\ 0}$ mm 至尺寸要求。

◆ 车平面槽、大径 $\phi56_{\ 0}^{+0.21}$ mm、小径 $\phi42_{-0.1}^{\ 0}$ mm、深 5 mm 至尺寸要求。

◆ 倒角 $C0.3$（4 处）。

特别提示：为使工件 2 容易结合，尺寸 $\phi56_{\ 0}^{+0.21}$ mm、$\phi32_{\ 0}^{+0.039}$ mm 尽量取上偏差加工，$\phi42_{-0.1}^{\ 0}$ mm 尽量按下偏差加工；其他特别提示与加工件 2 相同（略）。

考核要点 30——梯形螺纹配合组合件

重点掌握

¤ 外梯形螺纹的车削方法及步骤。

¤ 内梯形螺纹的车削方法及步骤。

¤ 内、外螺纹配合工件的车削方法和步骤。

［训练 1］完成如图 90 所示工件车削。

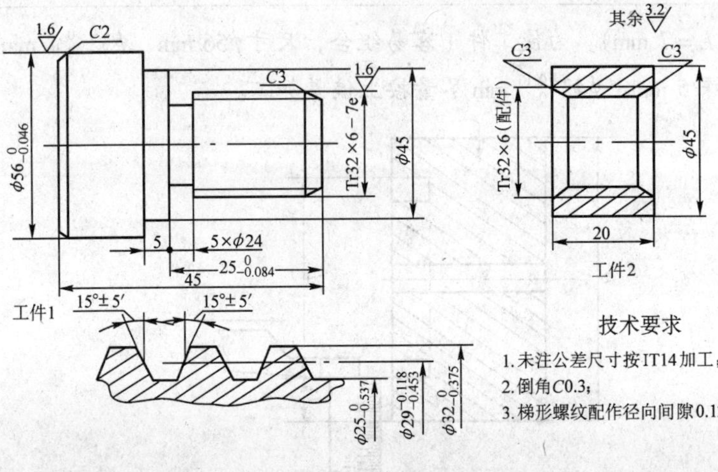

技术要求

1. 未注公差尺寸按IT14加工；
2. 倒角C0.3；
3. 梯形螺纹配作径向间隙0.12～0.18mm。

图 90　梯形螺纹配合组合件

否定项　精车内梯形螺纹需要工件 1 勤配合测量，此处配合超差时，视为不合格。

1. 操作前应准备的工具、设备、用品

(1) 材料（考场准备）：45 号钢，尺寸为 ϕ80 mm × 100 mm。

(2) 设备（考场准备）：车床 CA6140，卡盘扳手 1 副，刀架扳手 1 副。

(3) 工、刃、量、辅具（考生自备）：45°车刀、90°车刀、外梯形螺纹车刀 2 把、车槽刀（S = 5 mm、L > 6.5 mm）、切断刀（ϕ56 mm）、内孔车刀 ϕ24 mm × 25 mm、内梯形螺纹车刀 Tr32 × 6、钻头 ϕ20 mm、游标卡尺 0.02 mm/(0 ~ 150) mm、游标深度尺 0.02 mm/(0 ~ 200) mm、外径千分尺 0.01 mm/(25 ~ 50) mm、公法线千分尺及量针 0.01 mm/(25 ~ 50) mm、常用工具、0.1 ~ 0.2 mm 厚铜皮。

2. 基本操作步骤

基本操作步骤描述

启动设备→车装夹基准阶台→车外圆、外梯形螺纹→切断、车装夹阶台→取工件 1 总长→车内梯形螺纹→调头精车工件 2 总长→检查工件、交验。

步骤 1 **启动设备**

◆ 检查设备各部件是否正常，各手柄位置是否正确，然后接通电源。

◆ 调整机床转速，低速运转 3 ~ 5 min，并对车床进行润滑。

特别提示：开启车床须确认各部位无碰撞，变速时必须停车进行。

步骤2 车装夹基准阶台

加工部位（见图90a）。

♦ 夹毛坯，伸出工件长55 mm。

♦ 装夹90°外圆车刀，车装夹基准阶台 ϕ500 mm×50 mm。

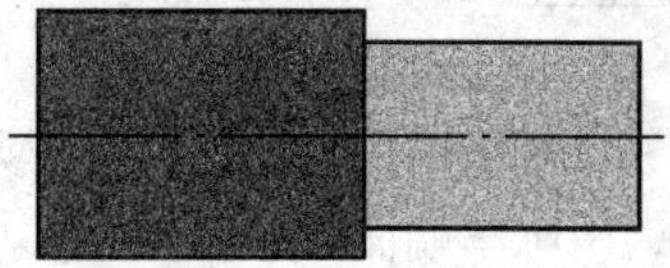

图90a

特别提示： 车刀刀尖一定要严格和工件旋转轴心等高；伸出长度是刀杆厚度的1.5倍；保证车刀的工作角度正确；刀杆底部要垫平，用试车平面的方法来保证刀尖严格对中心；钻孔长度要控制好。

步骤3 车外圆、外梯形螺纹

加工部位（见图90b）。

♦ 调头，夹 ϕ50 mm外圆，夹紧。

♦ 选择45°外圆车刀，车端面。

♦ 用90°车刀粗车外圆。

♦ 车削 ϕ56 mm至 ϕ57 mm，长度尺寸大于46 mm。

♦ 车削 ϕ45 mm至 ϕ46 mm×5 mm。

♦ 车削 ϕ32 mm至 ϕ33 mm×24 mm。

♦ 用车槽刀取长度 $25_{-0.084}^{\ 0}$ mm，并车槽5 mm× ϕ24 mm。

♦ 用车槽刀取长度5 mm。

♦ 精车外圆 $\phi32_{-0.375}^{\ 0}$ mm、ϕ45 mm、$\phi56_{-0.046}^{\ 0}$ mm至尺寸要求。

♦ 倒角 $C3$、倒钝锐边。

♦ 用梯形螺纹刀粗、精车梯形螺纹Tr32×6－7e。

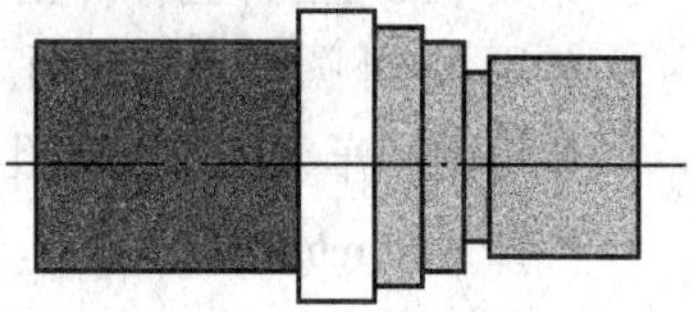

图90b

特别提示： 车梯形螺纹之前，先确认螺距正确；车刀要装正，避免倒牙；车螺纹时采用左右切削方法，避免扎刀。

步骤4 切断，车装夹阶台

加工部位（见图90c）。用切断刀取长度46 mm切断。

特别提示： 切断时尽量少借刀或不借刀，保证工件尽可能长；工件快切断时，要注意防止工件掉下碰伤。

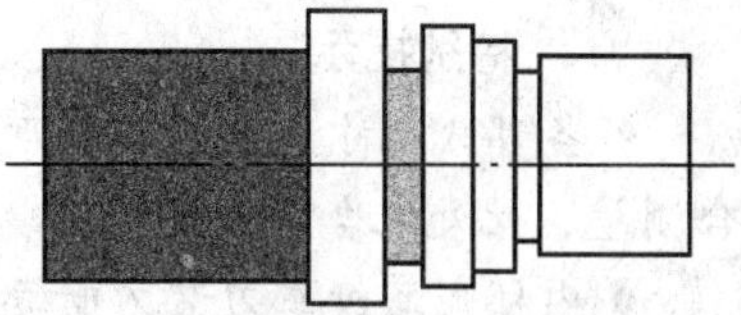

图90c

步骤5 **取工件1总长**

加工部位（见图90d）。

◆ 垫铜皮，校正，适当夹紧。

◆ 车端面取总长45 mm。

◆ 倒角 $C2$。

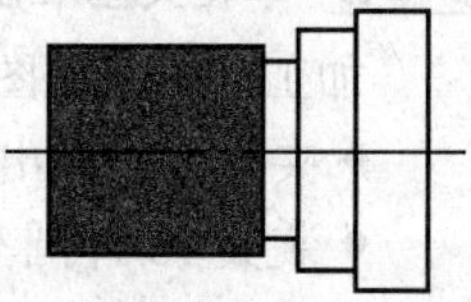

图90d

特别提示：夹紧时注意不要夹伤工件。

步骤6 **车螺母外圆**

加工部位（见图90e）。

◆ 夹 $\phi50$ mm外圆，伸出长度35 mm。

◆ 用45°外圆车刀车端面。

◆ 用内孔车刀粗、精车孔 $\phi26^{+0.5}_{0}$ mm。

◆ 钻 $\phi20$ mm内孔。

◆ 用内孔车刀粗、精车通孔 $\phi26^{+0.5}_{0}$ mm。

◆ 内孔倒角 $C3$。

◆ 用90°外圆车刀粗、精车 $\phi45$ mm外圆。

◆ 用切断刀取长度20 mm。

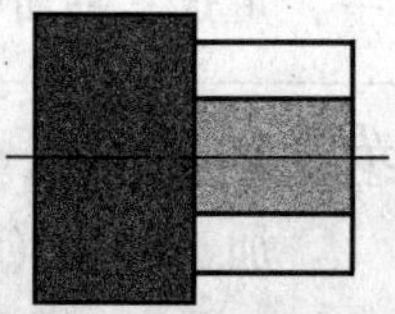

图90e

特别提示：切断时，不要碰伤工件。

步骤7 **车内梯形螺纹**

加工部位（见图90f）。

◆ 垫铜皮，校正夹紧。

◆ 另一侧内孔倒角 $C3$，装夹内梯形螺纹车刀。

◆ 调整螺距，对刀。

◆ 粗车内梯形螺纹。

◆ 用内孔车刀倒内角 $C3$。

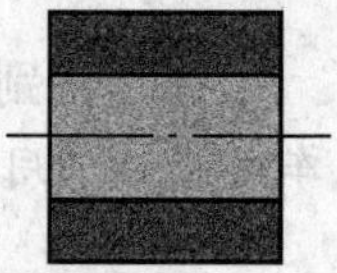

图90f

特别提示：

◆ 各部分尺寸和表面粗糙度应严格符合要求；精车内梯形螺纹，要用工件1勤配合测量，此处配合为否定。

◆ 内梯形螺纹车刀装刀时要对正中心，两刀刃要对称。

◆ 赶刀时因刀杆刚性差，应尽量反向赶刀。

◆ 精车时，采用重刀的方法来消除让刀现象。

◆ 不要夹伤工件。

步骤 8 检查工件、交验

- ◆ 检查各部分尺寸、用防锈油擦拭工件、交验。
- ◆ 清扫车床、整理工作位置。

［训练 2］完成如图 91 所示工件车削（梯形螺纹配合组合件）。

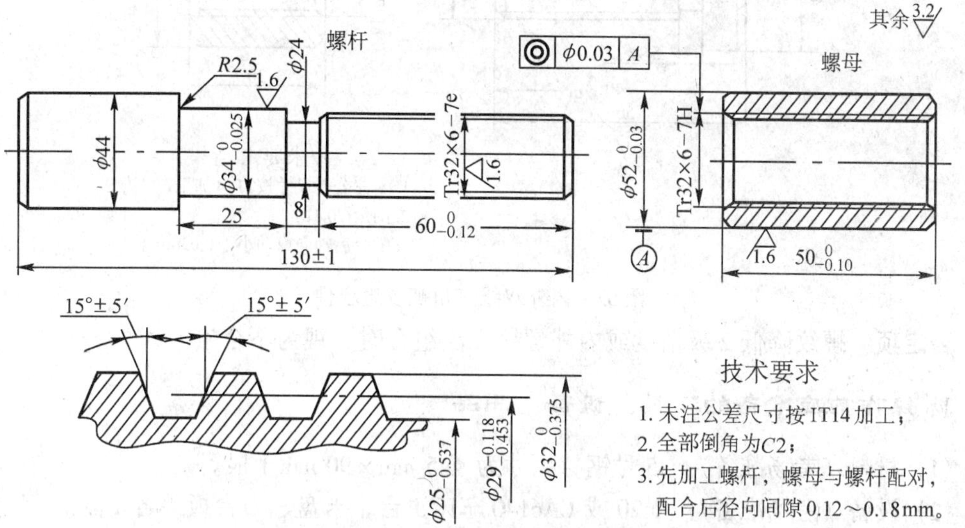

图 91　梯形螺纹配合组合件

否定项　螺纹配合径向间隙超差 0.2 mm 以上或无法组合时，视为不合格。

基本操作步骤描述　找正夹紧工件，钻中心孔→一夹一顶装夹，车外圆→切断（保证螺母长度为 52 mm）→车螺杆→一夹一顶装夹，粗车外圆→调头，夹 ϕ46 mm 外圆，另一端支顶，车 $\phi34_{-0.025}^{0}$ mm、Tr32×6－7e 外圆至尺寸要求，并保证长度尺寸符合要求→车槽 ϕ24 mm×8 mm，倒圆弧 R2.5，倒角 C2 两处→粗、精车 Tr32×6－7e 至中径要求→用夹套夹 Tr32×6－7e 外圆，另一端支顶，车 ϕ44 mm 至尺寸要求，倒角→用铜皮垫卡螺母外圆，校正，取长 $50_{-0.10}^{0}$ mm→钻、车螺纹底孔，倒角→粗、精车内梯形螺纹 Tr32×6－7h 至精度要求。

特别提示　用螺杆配作来保证螺母和螺杆的间隙。

考核要点 31——内外双线三角螺纹组合件

重点掌握

¤ 外双线三角螺纹的分线、车削方法。

¤ 掌握内外双线螺纹的车削组合技巧。

[训练]完成如图 92 所示工件车削。

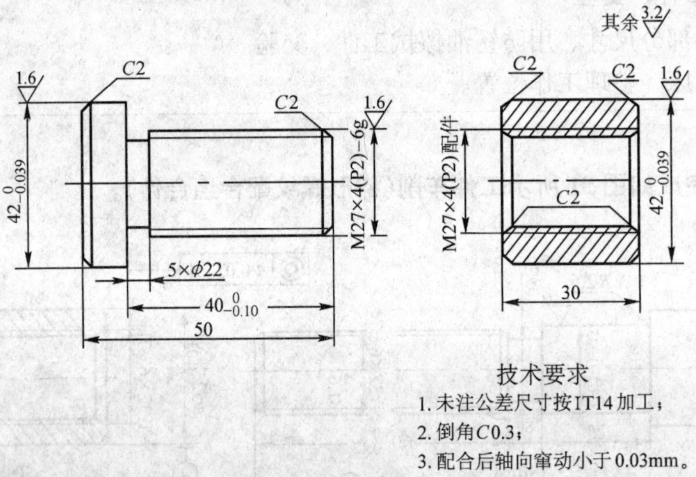

图 92　内外双线三角螺纹组合件

否定项　螺纹降低 2 级精度或内外螺纹无法组合时，视为不合格。

1. 操作前应准备的工具、设备、用品

(1) 材料（考场准备）：45 号钢，尺寸为 $\phi45$ mm × 90 mm 1 根。

(2) 设备（考场准备）：C620 或 CA6140 车床 1 台，卡盘、刀台扳手各 1 副。

(3) 工、量、辅具（考生自备）：45°车刀、90°车刀、外车槽刀($S=5$ mm, $L>10$ mm)、切断刀（$\phi45$ mm)、通孔车刀（$\phi25$ mm × 35 mm)、外三角螺纹车刀 M27 × 4（P2)、内三角螺纹车刀 M27 × 4(P2)、钻头及钻套（$\phi22$ mm)、千分尺0.01 mm/(25 ~ 50) mm、游标卡尺0.02 mm/(0 ~ 150) mm、游标深度尺0.02 mm/(0 ~ 200) mm、螺纹环规M27 × 4(P2) − 6g 、常用工具。

2. 基本操作步骤

基本操作步骤描述

加工双线螺纹轴→加工双线螺纹套外圆，钻孔 $\phi22$ mm→车削双线内三角螺纹。

步骤 1　**加工双线螺纹轴**

◆ 用三爪自定心卡盘装夹，毛坯伸出 60 mm 左右，找正并夹紧。

◆ 车平面，粗、精车外圆 $\phi42_{-0.039}^{\ 0}$ mm，长度大于 50 mm，螺纹大径 $\phi27$ mm、长 40 mm 至尺寸要求。

◆ 车槽 5 mm × $\phi22$ mm，控制 $40_{-0.10}^{\ 0}$ mm，并倒角 C2、C0.3。

◆ 车双线三角螺纹M27 × 4(P2) − 6g 至尺寸要求。

◆ 切断，保证总长 50.2 mm。调头，装夹 $\phi42_{-0.039}^{\ 0}$ mm 外圆，修整总长50 mm，并倒角 C2。

特别提示： 车双线螺纹时由于螺旋升角较大，螺纹刀的两侧副后角应适当增减。采用小滑板轴向分线法进行分线时，应找正小滑板与车床导轨的平行度，避免由于小滑板与车床导轨不平行造成的分线误差。方法是把百分表架装夹在刀架上，百分表在水平方向与工件外圆（其锥度应在 0.02/100 mm）接触，手摇小滑板误差不超过 0.02/100 mm。若有偏差，松开转盘螺钉，进行微调直至符合要求（见图 93）。车削前应先调整小滑板的间隙，不能太松，否则车削时易产生位移。双线螺纹的分线方法是采用直进法或左、右切削法，采用左、右切削法时，必须先车牙型的左侧面，再车牙型的各个右侧面。粗车两条螺旋槽时，中、小滑板的进刀格数应相等。精车时，要多次循环分线，第二次或第三次分线时，不准用小滑板赶刀（借刀），只能在牙侧面上单向车削，以矫正借刀或粗车时所产生的误差，经过循环车削，既能消除分线误差，又可提高螺纹精度。

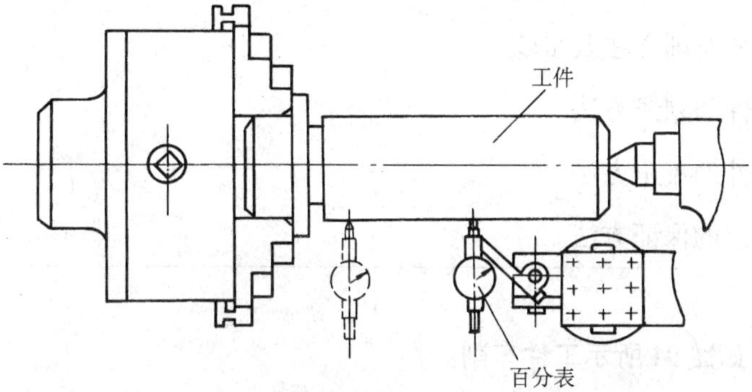

小滑板导轨校直方法

图 93　校正小滑板

步骤 2　加工双线螺纹套外圆、钻孔

♦ 余料用三爪自定心卡盘装夹，伸出长度 31 mm 左右，找正并夹紧。

♦ 车平面，钻孔 $\phi22$ mm。粗、精车外圆 $\phi42_{-0.039}^{\ 0}$ mm，长度 30 mm，倒角 $C2$。

特别提示： 由于装夹长度较短，因此钻孔时应注意进给不能太快，防止工件发生位移。

步骤 3　车削双线内三角螺纹

♦ 调头，用三爪自定心卡盘装夹 $\phi42_{-0.039}^{\ 0}$ mm 外圆，找正并夹紧。

♦ 车平面，控制总长 30 mm。

♦ 车内螺纹底孔，$\phi24.835_{\ 0}^{+0.375}$ mm 内倒角 $C2$（两处）。

♦ 车双线三角内螺纹M27 × 4(P2) − 6g 至尺寸要求，并用螺纹轴配作。

> 特别提示：车削内双线螺纹时，应尽量不用小滑板借刀，否则很容易使分线不均匀造成工件报废；精车过程中，如采用直进法车削螺纹，为获得较高的螺纹精度，可多次重刀，以清除让刀现象，内螺纹牙型高度的计算方法为 $h_1 = 0.65P$（P 为螺距），该螺纹的牙型高度为 1.3 mm。

考核模块五　特型类

考核要点 32——车多孔轴

重点掌握

¤多孔轴的车削方法及步骤。

¤复杂零件的划线方法。

¤复杂零件的校正方法。

¤形位公差的保证方法。

［训练］完成如图 94 所示工件车削。

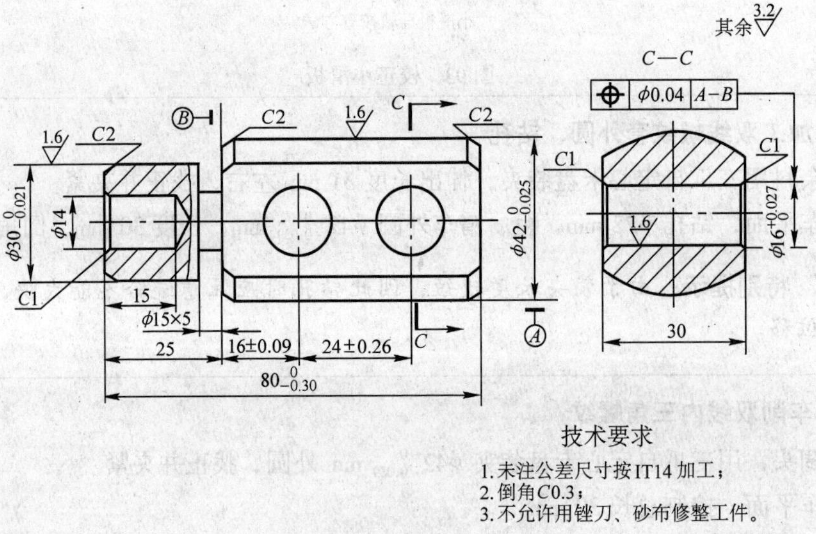

图 94　多孔轴

否定项　两个 $\phi 16$ mm 孔的直径尺寸超差或位置度超差时，视为不合格。

1. 操作前应准备的工具、设备、用品

（1）材料（考场准备）：45号钢，尺寸为 $\phi45$ mm × 85 mm 。

（2）设备（考场准备）：车床CA6140（四爪单动卡盘），卡盘扳手1副，刀架扳手1副。

（3）工、刃、量、辅具（考生自备）：45°车刀、90°车刀、平面车刀、钻头 $\phi13$ mm和锥套、车槽刀（S = 5 mm）、不通孔车刀 $\phi14$ mm × 15 mm、通孔车刀 $\phi16$ mm × 30 mm、游标卡尺0.02 mm/(0～150）mm、塞规或内径量表 $\phi16H8$、千分尺0.01 mm/(25～50）mm、百分表及磁力表座1套0.01 mm/（1～10）mm、划线用具、划针盘、常用工具、0.1～0.2 mm厚铜皮。

2. 基本操作步骤

基本操作步骤描述

启动设备→车 $\phi42$ mm的外圆→车 $\phi30$ mm的外圆→工件在V形架上划线→车工件侧面、车孔→车工件另一侧面、车另一孔→检查工件、交验。

步骤1 **启动设备**

◆ 检查设备各部件是否正常，各手柄位置是否正确，然后接通电源。

◆ 调整机床转速，低速运转3～5 min，并对车床进行润滑。

特别提示：开启车床须确认各部位无碰撞，变速时必须停车进行。

步骤2 **车 $\phi42$ mm外圆**

加工部位（见图94a）

◆ 夹毛坯，伸出长度60 mm，校正工件。

◆ 用平面车刀车平面，车平即可。

◆ 用90°粗车刀粗车外圆 $\phi42$ mm至 $\phi42.5$ mm。

◆ 用90°精车刀精车外圆 $\phi42_{-0.025}^{\ 0}$ mm。

◆ 用45°车刀倒角 $C2$。

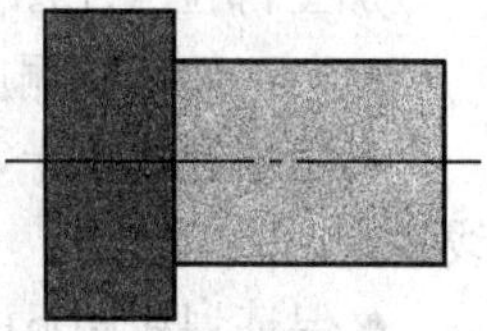

图94a

特别提示：校正工件，应考虑母线的平直和工件外圆的跳动。

步骤3 **车 $\phi30$ mm外圆**

加工部位（见图94b）

◆ 调头，垫铜皮，伸出长30～35 mm。

◆ 先用划针在已车工件外圆上粗校工件。

◆ 用百分表在已车工件外圆上精校工件。

◆ 用平面车刀车平面，取总长 $80_{-0.30}^{\ 0}$ mm。

◆ 用90°粗车刀粗车外圆 $\phi30$ mm × 25 mm至 $\phi30.5$ mm × 24 mm。

◆ 用 $\phi13$ mm钻头钻孔 $\phi13$ mm × 15 mm。

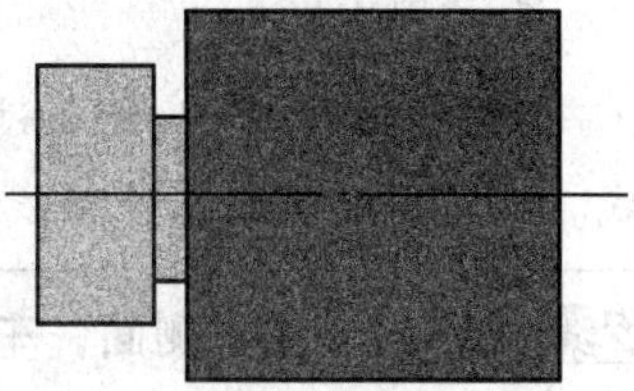

图94b

◆ 用车槽刀车槽 5 mm × ϕ15 mm，并控制长度 25 mm。

◆ 90°精车刀精车 $\phi30_{-0.021}^{\ 0}$ mm。

◆ 用不通孔车刀车 ϕ14 mm × 15 mm 孔。

◆ 用 45°车刀倒角 $C1$、$C2$、$C2$。

特别提示：车孔刀装刀时应对正中心，或略高于中心。

步骤 4 **V 形架上划线**

加工部位（见图 94c）。

◆ 工件放在 V 形架上，在 ϕ42 mm 外圆中间划侧母线。

◆ 工件翻转 90°，同样划侧母线。

◆ 向上偏移 15 mm 划平行母线。

◆ 向下偏移 15 mm 划平行母线。

◆ 工件立放，以 B 基准向下 16 mm 划一周线。

◆ 再向下 24 mm 划一周线。

◆ 在侧母线及周线的交汇处打样冲眼。

◆ 在另一 ϕ16 mm 孔位线的交汇处打样冲眼。

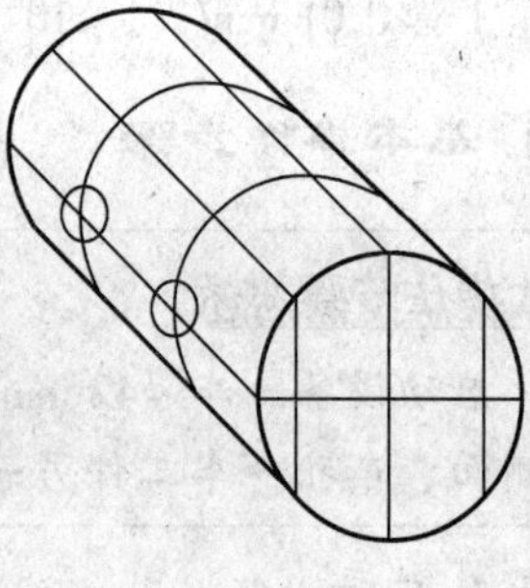

图 94c

特别提示：打样冲时要细心，不要打偏；划线时不要让工件移动。

步骤 5 **车工件侧面、车孔**

加工部位（见图 94d）

◆ 夹工件，垫铜皮，用直角尺对平面上的线，定位。

◆ 用划针找正十字线、侧母线，保证工件轴线和车床轴线垂直。

◆ 保证划线圆 ϕ16 mm 和机床回转中心重合。

◆ 用平面车刀车侧面。

◆ 用千分尺量两端，距离应相等，尺寸为 36 mm。

◆ 用 ϕ13 mm 钻头钻通孔。

◆ 用通孔刀车孔 $\phi16_{\ 0}^{+0.027}$ mm。

◆ 倒角 $C1$。

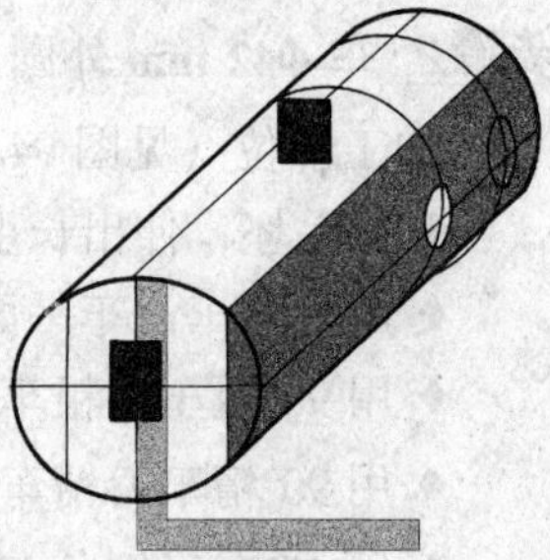

图 94d

特别提示：找正过程中，先找 ϕ16 mm 轴心线位置；然后，校平行拉侧母线。反复调校保证工件轴线和车床轴线垂直和 ϕ16 mm 孔的位置精度。

步骤 6 **车工件另一侧面，车另一孔**

加工部位（见图 94e）

◆ 垫铜皮夹如图。

◆ 用直角尺对平面线，定位。

◆ 粗校工件及孔的位置。

◆ 用平面车刀车平面，测量工件厚度是否一致。

◆ 根据工件厚度差和两孔的实际孔距细校工件，保证工件的侧面和机床轴线垂直，所划圆和机床的回转中心重合。

◆ 夹紧工件复校工件。

◆ 用平面车刀车平面，保证 30 mm。

◆ 用 $\phi 13$ mm 钻头钻通孔。

◆ 用通孔车刀车孔 $\phi 16^{+0.027}_{0}$ mm。

◆ 倒角 $C1$。

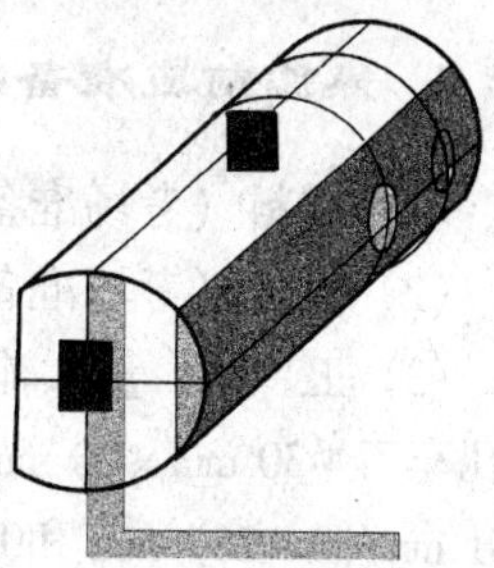

图 94e

特别提示：各部分尺寸和表面粗糙度应严格符合要求；工件的校正直接关系到否定项形位工差的保证，一定要细心。

步骤 7 **检查工件、交验**

◆ 检查各部分尺寸、用防锈油擦拭工件、交验。

◆ 清扫车床、整理工作位置。

考核要点 33——车偏心轴及十字孔

重点掌握

¤ 在四爪单动卡盘上车偏心轴的方法。

¤ 在四爪单动卡盘上找正，车削十字孔的方法。

[训练 1]完成如图 95 所示工件车削。

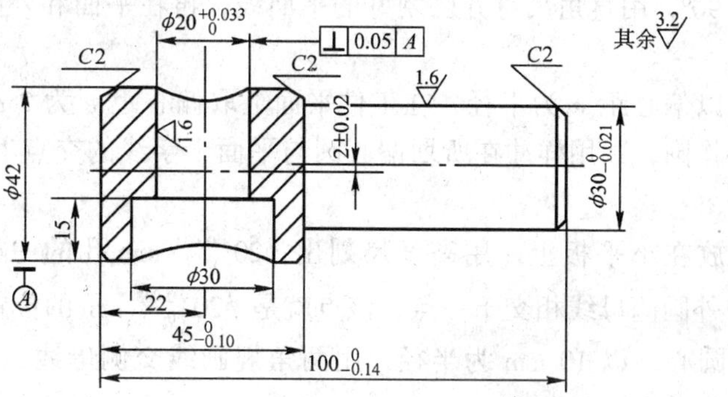

图 95 偏心轴及十字孔

否定项 偏心距尺寸超差和垂直度超差时，视为不合格。

1. 操作前应准备的工具、设备、用品

(1) 材料（考场准备）：45 号钢，尺寸为 ϕ45 mm×110 mm 轴料 1 根。

(2) 设备（考场准备）：C620 或 CA6140 车床 1 台，四爪单动卡盘、刀台扳手各 1 副。

(3) 工、刃、量、辅具（考生自备）：45°车刀、90°车刀、通孔车刀 ϕ20 mm×52 mm、不通孔车刀 ϕ30 mm×20 mm、钻头 ϕ18 mm 和钻套、游标卡尺 0.02 mm/(0～150) mm、千分尺 0.01 mm/(0～25) mm 和0.01 mm/(25～50) mm 、内径表或塞规0.01 mm/(18～35)mm(ϕ20H7)、百分表及磁力表座0.01 mm/(0～5) mm、划线工具、铜皮及常用工具。

2. 基本操作步骤

基本操作步骤描述

车ϕ42 mm 外圆及车总长→划线→车偏心圆→车十字孔。

步骤 1 **车 ϕ42 mm 外圆及总长 $100_{-0.14}^{\ 0}$ mm**

◆ 材料用四爪自定心卡盘装夹，伸出长度大于 100 mm，找正、夹紧。

◆ 车平面（车平），粗、精车外圆 ϕ42 mm 至尺寸要求（尽量长）。

◆ 调头，用同样装夹方法装夹，找正夹紧，车总长 $100_{-0.14}^{\ 0}$ mm，倒角 $C2$。

特别提示： 粗、精车外圆时应注意 ϕ42 mm 外圆尺寸不能有锥度，否则车偏心圆找正母线时易产生误差。

步骤 2 **划线**

◆ 将工件外圆和平面涂色，然后把工件放在 V 形架上划线，用划针先在平面和外圆上画一组与中心等高的水平线。

◆ 工件旋转 90°，用直角尺对齐已划好的平面线，再在平面和外圆上划另一组水平线。

◆ 用两脚规以偏心距 e 为半径，在工件平面上取偏心距 e 为 2 mm 作出偏心点，以偏心点为圆心作圆，并用样冲在所划偏心圆与平面十字线的交点上打好样冲眼（4 个）。

◆ 工件竖直放在小平板上，用高度尺划出 $\phi20_{\ 0}^{+0.033}$ mm 孔的中心位置线 22 mm（划一周），并与外圆侧母线相交于一点，该点就是 $\phi20_{\ 0}^{+0.033}$ mm 的位置（见图 96）。

◆ 以该点为圆心，以 10 mm 为半径，用两角规画线交侧母线、中心位置线于 4 点。

◆ 用样冲分别在以上 4 点上打样冲眼。

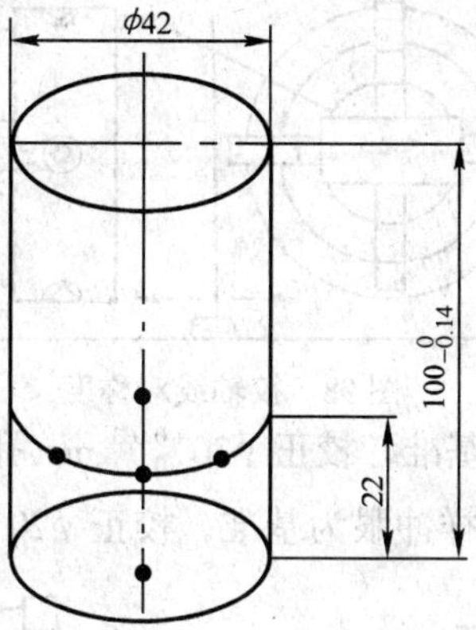

图 96　划十字孔位置线

特别提示： 划线时应注意线条要清晰，样冲眼应打在交点上并与表面垂直，否则容易产生划线误差。

步骤 3　车偏心圆 $\phi 30_{-0.021}^{\ 0}$ mm

◆ 工件用四爪单动卡盘装夹，伸出长度大于 55 mm。

◆ 用划针盘先找正工件母线和 4 个样冲眼（平面上），然后用百分表找正后夹紧（见图 97）。

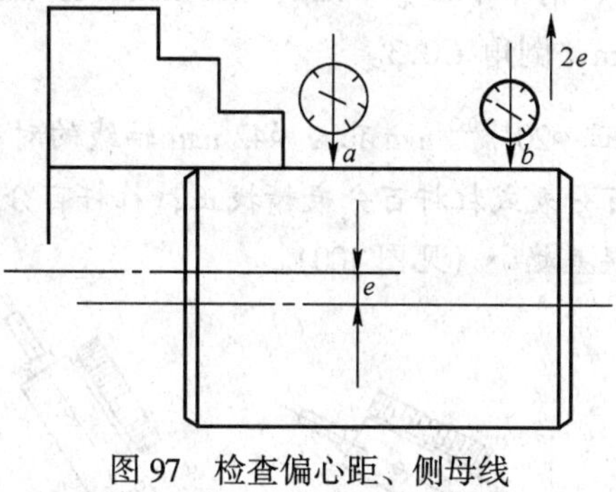

图 97　检查偏心距、侧母线

◆ 开车用车刀划线，粗、精车偏心圆 $\phi 30_{-0.021}^{\ 0}$ mm 至尺寸要求，倒角 C2。

特别提示： 找正偏心距时要先找正侧母线（两条相间 90°），然后找正偏心距，如果偏心距正确，百分表应转过 4 圈；偏心圆找正夹紧后应复校一次，以防工件发生移位；由于工件偏心，所以开车时车刀不能靠近，以防工件碰击车刀；又由于开始为断续切削，所以开始选择转速和进给量不宜过高和过大。

步骤 4　车十字孔

◆ 工件用四爪单动卡盘装夹，校正 $\phi 20_{\ 0}^{+0.033}$ mm 孔与 $\phi 42$ mm 外圆轴线的对称度（见图 98）。

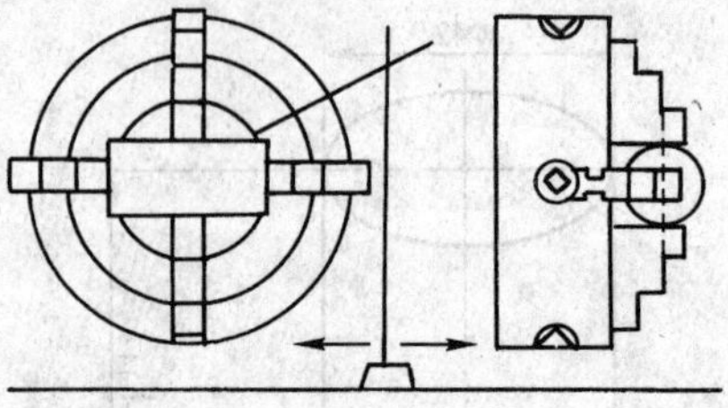

图 98　校轴线对称度

◆ 以 $\phi42$ mm 外圆轴线为基准，校正 $\phi20^{+0.033}_{0}$ mm 孔轴线的垂直度（见图 99a）。

◆ 以步骤 2 中第 2 次 4 个样冲眼为基准，校正 $\phi20^{+0.033}_{0}$ mm 孔的位置（见图 99b）。

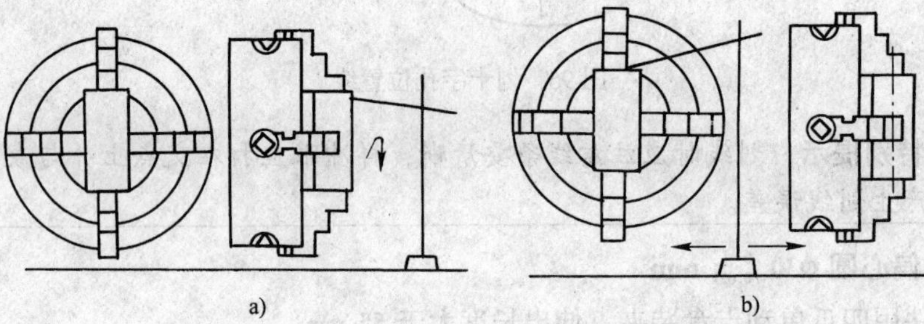

图 99　找正轴线对称度、垂直度、偏心孔的位置度

◆ 钻孔 $\phi18$ mm，粗、精车 $\phi20^{+0.033}_{0}$ mm、$\phi30$ mm × 15 mm 至尺寸要求，同时控制孔中心至平面尺寸 22 mm，倒角 $C0.3$。

特别提示： 找正 $\phi20^{+0.033}_{0}$ mm 孔与 $\phi42$ mm 轴线的对称度和垂直度时，应先用划针粗找正，而后再用百分表或杠杆百分表精找正；杠杆百分表的测杆轴与被测表面角度 α 不宜过大，α 越小误差越小（见图 100）。

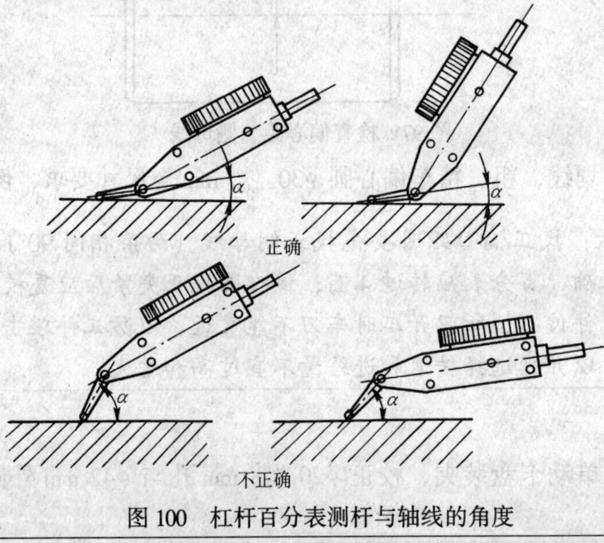

图 100　杠杆百分表测杆与轴线的角度

[训练 2]完成如图 101 所示工件车削。

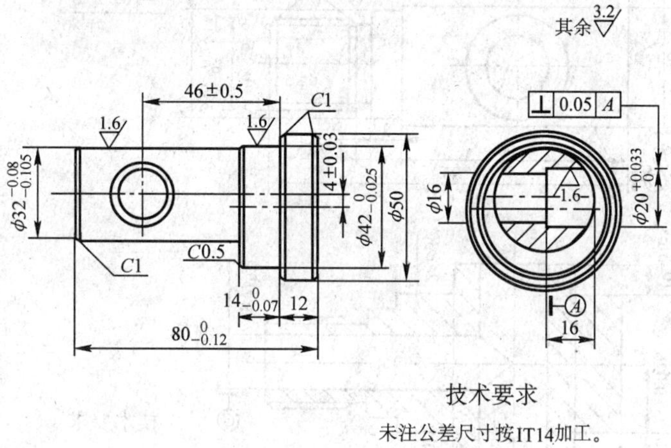

图 101　偏心轴及十字孔

否定项　偏心距尺寸超差和垂直度超差时，视为不合格。

基本操作步骤描述　粗、精车外圆 $\phi50$ mm、$\phi42^{0}_{-0.025}$ mm→划线→车偏心圆 $\phi32^{-0.08}_{-0.105}$ mm→车十字孔 $\phi20^{+0.033}_{0}$ mm。

特别提示　找正孔轴线对称度、垂直度时以 $\phi32^{-0.08}_{-0.105}$ mm外圆轴线为基准，找正孔轴线工件两平面的位置度时，以 4 个样冲眼 $\phi50$ mm 左端面为基准，找正时先用百分表粗找正，再用杠杆百分表精找正。

考核要点 34——车直角三通

重点掌握

¤根据要求，掌握划线的方法。

¤在四爪单动卡盘上根据划线校正工件。

¤工件的加工方法及步骤。

¤工件的形状位置精度的保证。

¤铰孔的方法。

[训练]完成如图 102 所示工件车削。

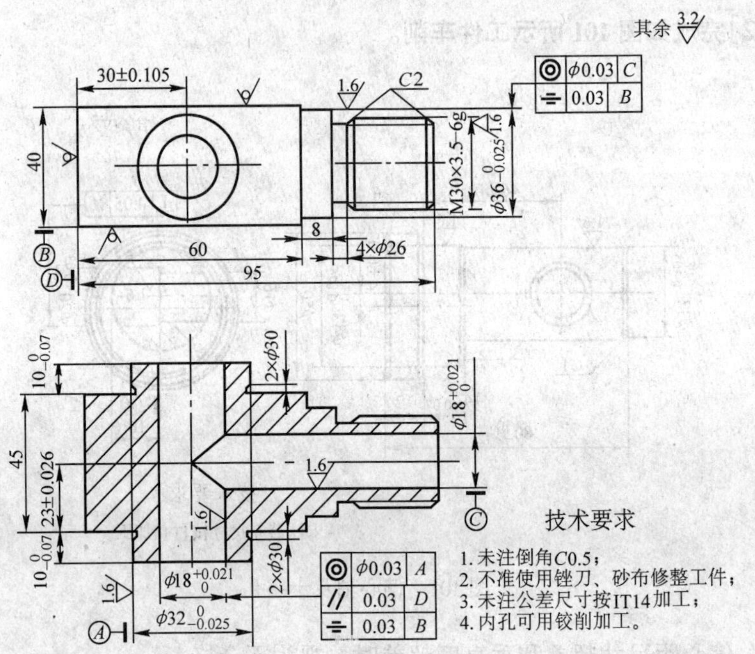

图 102　直角三通

否定项　平行度、对称度和同轴度均超差时，视为不合格。

1. 操作前应准备的工具、设备、用品

（1）材料（考场准备）：45 号钢，尺寸为 97 mm × 70 mm × 42 mm 。

（2）设备（考场准备）：车床 CA6140（四爪单动卡盘），卡盘扳手 1 副，刀架扳手 1 副。

（3）工、刃、量、辅具（考生自备）：45°车刀、90°车刀、外三角螺纹车刀 M30 mm × 3.5 mm、车槽刀（$S = 2$ mm、$S = 4$ mm）、钻头 ϕ16 mm、通孔车刀及铰刀 ϕ18 mm × 66 mm、ϕ18H7、游标卡尺0.02 mm/(0 ~ 150) mm、游标深度尺0.02 mm/(0 ~ 200) mm、千分尺 0.01 mm/(0 ~ 25) mm 和 0.01 mm/(25 ~ 50) mm 、螺纹环规 M30 × 3.5 − 6g、内径量表或塞规 ϕ18H7、百分表及座0.01 mm/(0 ~ 10) mm 、划线工具、常用工具、划针盘。

2. 基本操作步骤

基本操作步骤描述

启动设备→划线→校正工件，车削外圆，钻孔、铰孔→校正工件，取长度，车削另一端外圆→校正工件，车削 M30 螺纹、孔→检查工件，交验。

步骤 1 **启动设备**

◆ 检查设备各部件是否正常，各手柄位置是否正确，然后接通电源。

◆ 调整机床转速，低速运转 3～5 min，并对车床进行润滑。

特别提示： 开启车床须确认各部位无碰撞，变速时必须停车进行。

步骤2 划线

加工部位（见图 102a）

◆ 以工件一平面作为基准 B，平放在平板上，在中间划等高周线 a。

◆ 工件立放，以此面作为基准 D，放在平板上，距 D 面 30 mm 划一圈腰线 b。

◆ 工件侧放，在中间划一圈腰线 c，向上 33 mm 划一圈腰线 d，向下 33 mm 再划一圈腰线 e。

◆ 在腰线的交汇处打一个样冲眼，划上 $\phi18$ mm 的圆，在圆和腰线的交汇处各打一样冲眼。

◆ 在各腰线上打多个样冲眼。

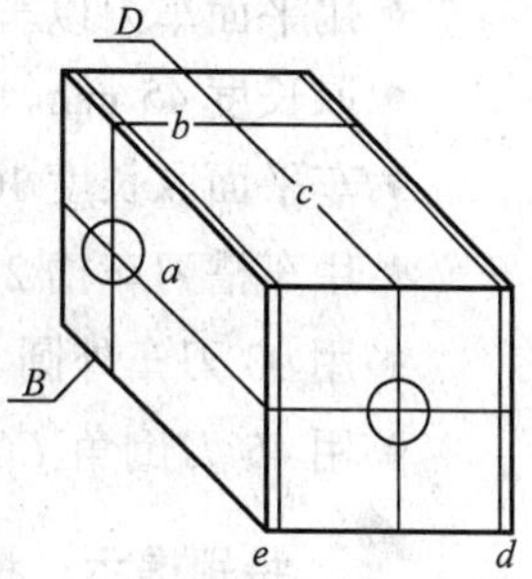

图 102a

特别提示： 划线时所定尺寸要正确；打样冲眼时位置要准。

步骤3 校正工件，车削外圆，钻孔、铰孔

加工部位（见图 102b）

◆ 夹工件。

◆ 用划针盘校正工件，先粗校正，再精校正工件，要求平面要正，划线圆对正中心。

◆ 从对边分别慢慢夹紧。

◆ 夹紧后复校工件。

◆ 用 $\phi16$ mm 钻头钻通孔。

◆ 用平面车刀车平面到所划腰线 d。

◆ 用平面车刀以车平面形式车 $\phi32$ mm 至 $\phi34$ mm。

◆ 取长度 $10_{-0.07}^{\ 0}$ mm。

◆ 用 90°外圆刀车削 $\phi32_{-0.025}^{\ 0}$ mm。

◆ 用车槽刀车槽 2 mm × $\phi30$ mm。

◆ 用 45°刀倒角 $C0.5$。

◆ 用通孔车刀车孔到 $\phi18_{\ 0}^{+0.021}$ mm。

◆ 铰刀铰孔，切削速度小于 5 m/min。

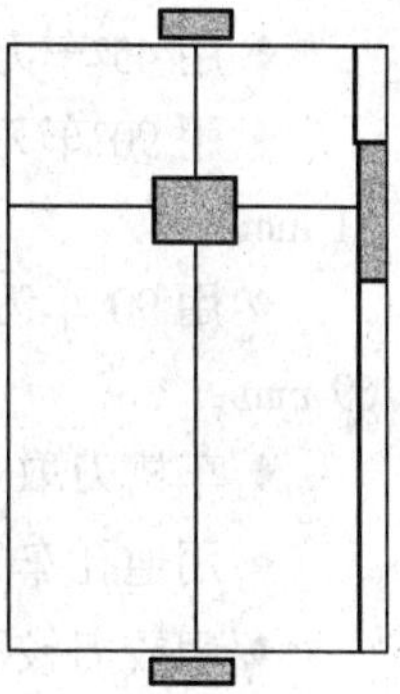
图 102b

特别提示： 开始车平面时，注意车刀避让工件；车平面时，因是断续车削，走刀量不宜过大；铰孔时铰刀的轴心线要和机床的轴心线重合。

步骤4 **校正工件，取长度，车削另一端外圆**

加工部位（见图 102c）

◆ 校正工件，同步骤 3，注意孔的校正。

◆ 用平面车刀以车平面形式车外圆 $\phi32$ mm 至 $\phi34$ mm。

◆ 取长度 45 mm。

◆ 车平面取长度 $10_{-0.07}^{\ 0}$ mm。

◆ 用车槽刀车槽 2 mm × $\phi30$ mm。

◆ 用 90°刀车外圆 $\phi32_{-0.025}^{\ 0}$ mm。

◆ 用 45°刀倒角 $C0.5$。

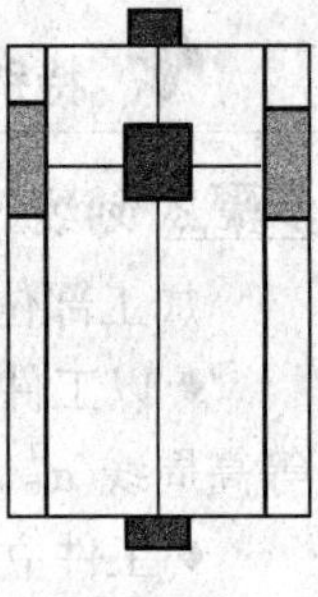

图 102c

特别提示：校正工件时要注意测量腰线。

步骤5 **校正工件，车削 M30 螺纹、孔**

加工部位（见图 102d）

◆ 夹持工件。

◆ 校正方法同步骤 3。

◆ 钻孔和已加工孔钻通即可，不要过深。

◆ 用 45°车刀取总长 95 mm。

◆ 用 90°车刀车外圆 $\phi36$ mm 至 $\phi38$ mm，从基准 D 量长度 61 mm。

◆ 用 90°车刀车外圆 $\phi30$ mm 至 $\phi32$ mm，从基准 D 量长度 69 mm。

◆ 车槽刀取长度 60 mm、8 mm 及车槽 4 mm × $\phi26$ mm。

◆ 用通孔车刀车孔 $\phi18_{\ 0}^{+0.021}$ mm。

◆ 用铰刀铰孔，退刀时注意不能停车。

◆ 用 90°车刀精车外圆 $\phi36_{-0.025}^{\ 0}$ mm、$\phi30$ mm。

◆ 用 45°车刀倒角。

◆ 用三角螺纹车刀车 M30 × 3.5 螺纹。

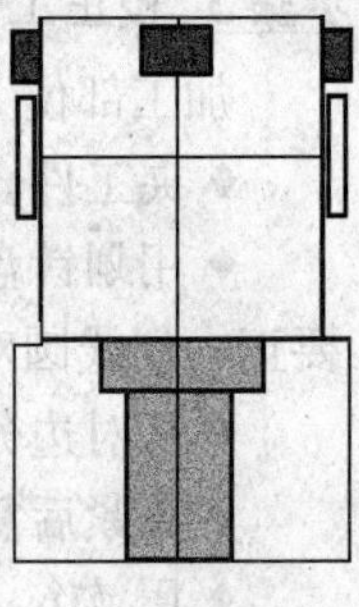

图 102d

特别提示：校正工件时要注意对称度的检验；车三角螺纹时要注意车削方法，以防止扎刀。

步骤6 **检查工件、交验**

- 检查各部分尺寸、用防锈油擦拭工件、交验。
- 清扫车床、整理工作位置。

考核要点 35——数控车床零件加工

重点掌握

¤ 正确选择和装夹车刀并设定切削参数。

¤ 根据图样分析零件结构，确定加工工艺。

¤ 掌握简单零件程序编制方法。

¤ 掌握机床坐标系及工件坐标系的概念。

[训练]按要求使用数控车床加工零件。

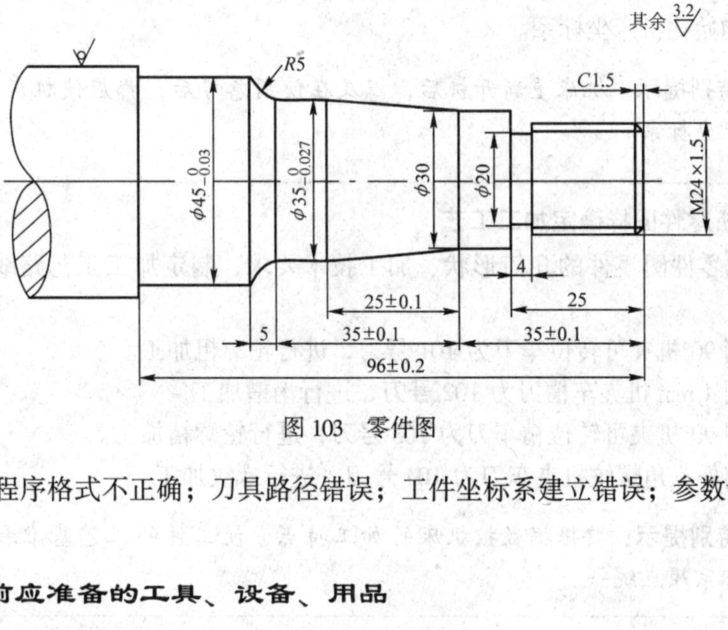

图 103　零件图

否定项　程序格式不正确；刀具路径错误；工件坐标系建立错误；参数设定出错均为否定项。

1．操作前应准备的工具、设备、用品

(1) 材料（考场准备）：45 号钢，ϕ50 mm × 130 mm。

(2) 设备（考场准备）：FANUC OT 系统数控车床，卡盘扳手 1 副，刀架扳手 1 副。

(3) 工、刃、量、辅具（考生自备）：

45°机夹可转位车刀、90°机夹可转位车刀、外三角螺纹机夹车刀 2 把、4 mm 机夹切槽刀、游标卡尺 0.02 mm/(0～200) mm、千分尺 0.01 mm/(0～25) mm 和 0.01 mm/(25～50) mm各 1 把，半径样板 R5、M24 × 1.5 – 6h 螺纹环规或螺纹千分尺、A3 中心钻及钻夹头、回转顶尖、常用工具、0.1～0.2 mm 厚铜皮。

2. 基本操作步骤

基本操作步骤描述
检查设备、接通电源→回参考点→分析零件图样确定加工工艺→建立工件坐标系→编制程序→输入程序→机床锁住、检验程序，调校程序→选择装夹刀具，设置刀具参数（对刀）→单步试车、修正参数→循环启动、程序加工→检查工件、交验。
步骤1 启动设备 检查设备各部件是否正常，各手柄位置是否正确。确认无误后，接通电源。 **特别提示：**开启车床前须确认各部件无碰撞，变速时必须停车进行。
步骤2 回参考点 将“状态开关”选在“回零位置”，按“+ X、+ Z”按钮，刀架可回到机床机械零点，初始化机床坐标系。 **特别提示：**机床重新开机后，以及在使用急停后，都应使机床重回参考点，以确认机床坐标系。
步骤3 分析零件图样确定加工工艺 ◆ 根据零件图零件的几何形状、加工技术要求，制定加工工艺路线，编制工序卡。 ◆ 选用90°机夹可转位车刀为T01号刀，进行轮廓粗加工。 ◆ 选用4 mm机夹车槽刀为T02号刀，进行沟槽加工。 ◆ 选用90°机夹可转位精车刀为T03号刀，进行轮廓精加工。 ◆ 选用外三角螺纹机夹车刀为T04号刀，进行螺纹加工。 **特别提示：**要根据数控机床的加工特点，使工件的工艺基准和编程时采用的工件坐标系原点统一。
步骤4 建立工件坐标系 以工件的轴心线和左端面的交点作为原点，建立工件坐标系。 **特别提示：**工件坐标系原点位置的选择，应便于编程时的尺寸计算，并且尽量选用设计基准或工艺基准。

步骤5 编制程序

```
O0001
N0005  G99  G21  G50  X100.0  Z100.0;   设定工件坐标系
N0010  M03  S400  T0101;                主轴正传，转速 400 r/min，选 1 号刀，
                                        刀补号 01
N0015  G00  X51.0  Z2.0;                快速定位
N0020  G90  X48.0  Z-96.0  F0.3;        采用 G90 指令格式进行粗车轮廓循环
N0025       X46.0;
N0030       X43.0  Z-70.0;
N0035       X39.0;
N0040       X36.0;
N0045       X33.0  Z-35.0;
N0050       X31.0;
N0055       X28.0  Z-25.0;
N0060       X25.0;
N0065  G00  X100.0  Z100.0;             快速到换刀点
N0070  T0100;                           取消 1 号刀补
N0075  M05;                             主轴停止
N0080  M00;                             程序暂停(适用于经济型车床,可用来手动调速)
N0085  M03  S250;                       主轴正传，转速 250 r/min
N0090  T0202;                           选 2 号刀，刀补号 02
N0095  G00  X32.0  Z-25.0;              快速定位
N0100  G01  X20.0  F0.1;                车 5 mm×φ20 mm 沟槽
N0105  G04  X2.0;                       槽底停止走刀 2 s
N0110  G01  X32.0  F0.3;                退刀
N0115  G00  X100.0  Z100.0;             快速到换刀点
N0120  T0200;                           取消 2 号刀补
N0125  M05;                             主轴停止
N0130  M00;                             程序暂停
N0135  M03  S890;                       主轴正传，转速 890 r/min
N0140  T0303;                           选 3 号刀，刀补号 03
N0145  G00  X18.9;                      快速定位
N0150  Z1.0;                            快速定位
N0155  G01  X23.9  Z-1.5 F0.15;         倒角
N0160  Z-25.0;                          车螺纹外圆
N0165  X30.0;                           车平面
```

N0170 Z－35.0;	车 ϕ30 mm 外圆
N0175 X35.0 Z－60.0;	车外圆锥面
N0180 Z－70.0;	车 ϕ35 mm 外圆
N0185 G02 X45.0 Z－75.0 R5;	车 R5 mm 圆弧
N0190 G01 Z－96.0;	车 ϕ45 mm 外圆
N0195 G00 X100.0 Z100.0;	快速到换刀点
N0200 T0300;	取消 3 号刀补
N0205 M05;	主轴停止
N0210 M00;	程序暂停
N0215 M03 S250;	主轴正传，转速 250 r/min
N0220 T0404;	选 4 号刀，刀补号 04
N0225 G00 X32.0 Z 4.0;	采用 G92 指令格式螺纹循环编程车螺纹
N0230 G92 X23.9 Z－23.0 F1.5;	
N0235 X23.5;	
N0240 X23.0;	
N0245 X22.8;	
N0250 X22.6;	
N0255 X22.5;	
N0260 X22.45;	
N0265 X22.4;	
N0270 X22.35;	
N0275 X22.30;	
N0280 G00 X100.0 Z100.0;	快速到换刀点
N0285 T0400;	取消 4 号刀补
N0290 T0202;	选 2 号刀，刀补号 02
N0295 G00 X53.0 Z－90.0;	快速定位
N0300 G01 X0 F0.15;	切断，进给量 0.15 mm/r
N0305 G00 X51.0;	退刀
N0310 X100.0 Z100.0;	快速到换刀点
N0315 T0200;	取消 2 号刀补
N0320 M05 M30;	主轴停止，程序结束

特别提示：“N0205 M05”“N0210 M00”“N0215 M03 S250”是为了手动变速所设定的。“T0100”“T0200”“T0300”“T0400”是取消该刀具的刀补。

步骤 6 **输入程序**

♦ 在“编辑（EDIT）”状态，按“PRGRM”键进入编辑、输入界面。

◆ 输入程序，按“INSRT”将每段程序存入存储器。

特别提示：不要输错数据和代码；不要忘记输入结束符号；输入后要仔细检查每段程序是否正确。

步骤7 机床锁住、检验程序、调校程序

◆ 选择要执行的程序，进入“自动（AUTO）”状态。

◆ 先选择机床锁住，执行“循环启动”，开始自动运转，可在检视状态根据加工余量检查程序是否正确；有图形显示的可观察刀具轨迹是否正确。

◆ 发现问题到“编辑（EDIT）”状态进行修改。

步骤8 选择装夹刀具、设置刀具参数（对刀）

根据编程时程序中的刀具号，将对应刀具装夹到刀架正确位置上，采用机内对刀法确定刀具的刀尖相对于机床坐标系原点的位置，从而对刀具的补偿参数进行相应设定。

试车对刀具偏置量建立工件坐标系：

◆“手动操作（JOG）”方式下，车削外圆并保持 *X* 轴无位移，测得外圆尺寸。

◆ 进入刀具参数设定界面（按“OFSET”键）。

◆ 按“GEOM”软键选择刀具形状补偿量设置画面。

◆ 选择该刀号，输入“MX　D（实际测量外圆直径值）”按“INPUT”输入刀具 *X* 轴偏置量。

◆ 同理，“手动操作（JOG）”方式下，车削左端平面，并保持 *Z* 轴无位移。

◆ 进入刀具参数设定界面（按“OFSET”键）。

◆ 按“GEOM”软键选择刀具形状补偿量设置画面。

◆ 选择该刀号，输入“MZ　0”按“INPUT”输入刀具 *Z* 轴偏置量。

◆ 同样的方法，可设定第 2、第 3、第 4 把刀具偏置量建立工件坐标系。

特别提示：刀具设定后，应在“手动数据输入（MDI）”状态下，检验对刀误差，并输入到相应的磨耗中。

步骤9 单步试车、修正参数

◆ 按“PRGRM”键进入编辑、输入界面选择程序。

◆ 进入“自动（AUTO）”状态。

◆ 选择“单步（STEP）”状态，按“START”或“循环启动”按钮执行程序。

◆ 每按一次程序执行一段，可防止程序出错。

特别提示：应根据工件的实际车削情况，调整程序参数，保证零件的各项技术要求和尺寸精度要求。

步骤 10 **循环启动、程序加工**

- ♦ 按“PRGRM”键进入编辑、输入界面选择程序。
- ♦ 进入“自动（AUTO)”状态。
- ♦ 按“START”或“循环启动”按钮执行程序。

步骤 11 **检查工件、交验**

检查工件、清扫机床、擦净量具工具、交验工件。

亲临考场

当你已经具备了一定的动手能力后，你还不能确定自己是否能够顺利通过职业技能鉴定，在参加鉴定前，你还需要了解鉴定的内容、形式和难易程度。本部分按照职业技能鉴定考试的模式，给出完整的操作技能考核试卷，你可以检验一下自己的技能操作水平，并感受一下考场的氛围。

考场肃静，现在开始考试！

职业技能鉴定试卷

考场规则

¤每个考评组考评员不得少于 3 人，其中设主考 1 人。考评员各自独立评分，考生最终成绩取考评员评出的平均成绩。

¤考试项目中的时间计算，以主考或考评员口令“开始”或“请回答”为开始计时；以考生举手示意“完毕”或“回答完毕”为终止计时。

¤每次考试，若所有考生均采用同一套试卷，则需将已考生与未考生分开，以免泄露有关试题内容，而导致考生成绩不公平。

试卷 1

中级车工操作技能考核准备通知单

1. 材料准备

名　称	规　格	数　量	要　求
45	$\phi55\times200$	1 根/每位考生	考场准备

2. 设备准备

名　称	规　格	数　量	要　求
车床	C620 或 CA6140	1 台/每位考生	考场准备
卡盘扳手	相应车床	1 副/每台车	考场准备
刀架扳手	相应车床	1 副/每台车	考场准备

说明：可根据实际情况选择其他型号的车床。

3. 工、刃、量、辅具准备

序号	名　称	型　号	数量	要　求
1	45°车刀	相应车床	自定	考生准备
2	90°车刀	相应车床	自定	考生准备
3	车槽刀	$S=8$	自定	考生准备
4	切断刀	$\phi 55$	自定	考生准备
5	外梯形螺纹车刀	Tr32 × 6	自定	考生准备
6	内孔车刀	$\phi 24 \times 50$	自定	考生准备
7	内梯形螺纹车刀	Tr32 × 6	自定	考生准备
8	圆头车刀	R2.5	1 把	考生准备
9	钻头及钻套	$\phi 20$	自定	考生准备
10	游标卡尺	0.02/（0 ~ 150）	1 把	考生准备
11	游标深度尺	0.02 /(0 ~ 200)	1 把	考生准备
12	千分尺	0.01 /(25 ~ 50)， 0.01 /(50 ~ 75)	各 1 把	考生准备
13	公法线千分尺及量针或螺纹环规	Tr32 × 6 − 7e	1 套	考生准备
14	常用工具		自定	考生准备
15	中心钻及钻夹头	A3　$\phi 1 \sim \phi 13$	各 1 个	考生准备

4. 考场准备

考核要求	准　备　内　容
工位要求	考场面积每位考生一般不少于 8 m²
	每个操作工位不小于 4 m²，过道宽度不小于 2 m
	每个工位应配有一个 0.5 m² 的台面，供考生摆放工、量、刃、辅具
	考场电源功率必须能满足所有设备正常启动工作
	考场应配有相应数量的清扫工具、油壶、棉丝等
	考场需配有电刻笔，机床应有明显的工位编号
人员要求	监考人员数量与考生人数之比为 1:10
	每个考场至少配机修工、电器维修工、医护人员各 1 名
	监考人员、考试服务人员必须于考前 40 min 到考场

中级车工操作技能考核试卷

考件编号：　　　　　准考证号：

按工件图完成加工操作。

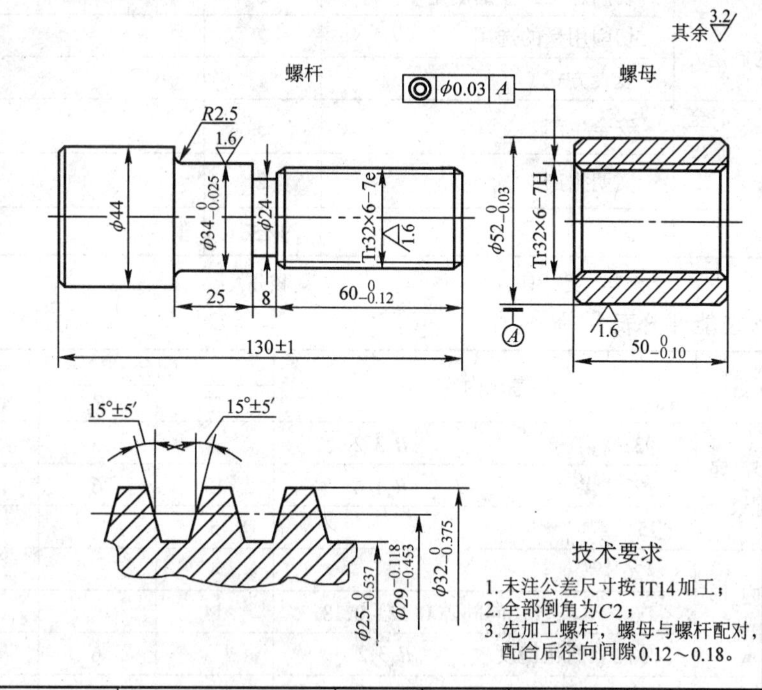

技术要求

1. 未注公差尺寸按IT14加工；
2. 全部倒角为$C2$；
3. 先加工螺杆，螺母与螺杆配对，配合后径向间隙0.12～0.18。

项目名称	梯形螺纹配合组合件	材料	45	考试时间	240min

中级车工操作技能考核评分记录表

考件编号：　　　　　准考证号：

一、操作技能考核总成绩表

序号	项目名称	配分	得分	备注
1	车工专业操作技能	85		
2	现场操作规范	15		
合　计		100		

统分人：　　　　　　　　　　　　　　　　　　　　　　年　　月　　日

二、现场操作规范评分表

序号	项目	考核内容	配分	考场表现	得分
1	工、量、刃具和设备的使用	工具的正确使用	1		
2		量具的正确使用	1		
3		刃具的合理使用	1		
4		设备的正确操作和维护保养	2		
5	工艺的制定	切削加工工序的制定	2		
6		切削用量的选用	2		
7		装夹方式	1		
8	安全文明生产	安全生产	3		
9		文明生产	2		
合　计			15		

评分人：　　　　　　年　月　日　　　　　　　　核分人：　　　　　　　　年　月　日

三、操作技能评分表

序号	项目	考核内容	配分		检测结果	得分
			IT	R_a		
1	外梯形螺纹	$\phi32_{-0.375}^{0}$　　$R_a3.2$	4	3		
2		$\phi29_{-0.453}^{-0.118}$　　$R_a1.6$	15	6		
3		$15° \pm 5'$	5			
4	内梯形螺纹	$\phi26_{0}^{+0.50}$	4			
5		Tr32×6 配合径向间隙 0.12~0.18	14			
6		牙侧表面粗糙度　　$R_a3.2$		6		
7	外圆	$\phi34_{-0.025}^{0}$　　$R_a1.6$	4	2		
8		$\phi52_{-0.030}^{0}$　　$R_a1.6$	4	2		
9		$\phi44$　　$R_a3.2$	2	1		
10		$\phi24$　　$R_a3.2$	2	1		
11	长度	$60_{-0.12}^{0}$	2			
12		$50_{-0.10}^{0}$	2			
13		25　8	2			
14		130 ± 1	2			
15	其他	$C2$	2			
合　计			85			

评分标准：尺寸和形状位置精度超差时扣该项全部分，粗糙度增值时扣该项全部分。

否 定 项：螺纹配合径向间隙超差至 0.2 mm 以上或无法组合时，此件视为不合格。

评分人：　　　　　　年　月　日　　　　　　　　核分人：　　　　　　　　年　月　日

试卷 2

中级车工操作技能考核准备通知单

1. 材料准备

名 称	规 格	数 量	要 求
45	$\phi45\times250$	1 根/每位考生	考场准备

2. 设备准备

名 称	规 格	数 量	要 求
车床	C620 或 CA6140	1 台/每位考生	考场准备
卡盘扳手	相应车床	1 副/每台车	考场准备
刀架扳手	相应车床	1 副/每台车	考场准备

说明：可根据生产实际选择其他型号车床。

3. 工、刃、量、辅具准备

序号	名 称	型 号	数量	要 求
1	45°车刀	相应车床	自定	考生准备
2	90°车刀	相应车床	自定	考生准备
3	切断刀		自定	考生准备
4	车槽刀	$S=5$，$L>9$	自定	考生准备
5	外梯形螺纹车刀	$Tr30\times6$	1 个	考生准备
6	游标卡尺	0.01 /(0 ~ 300)	1 把	考生准备
7	千分尺	0.01 /(25 ~ 50)	1 把	考生准备
8	锥度塞规	莫氏 No.4	1 把	考生准备
9	量针及公法线千分尺（或螺纹环规）	$Tr\ 30\times6-7e$	1 套	考生准备
10	红丹粉		自定	考生准备
11	游标深度尺	0.01 /(0 ~ 200)	1 把	考生准备
12	中心钻及钻夹头	A3 $\phi1\sim\phi13$	各 1 个	考生准备
13	回转顶尖、前顶尖、鸡心夹头	相应车床	1 个	考生准备
14	百分表及座	0.01 /(0 ~ 3)	1 套	考生准备
15	常用工具、铜皮	自定	自定	考生准备

4. 考场准备

考核要求	准 备 内 容
工位要求	考场面积每位考生一般不少于 8 m²
	每个操作工位不小于 4 m²，过道宽度不小于 2 m
	每个工位应配有一个 0.5 m² 的台面，供考生摆放工量刃具
	考场电源功率必须能满足所有设备正常启动工作
	考场应配有相应数量的清扫工具、油壶、棉丝等
	考场需配有电刻笔，机床应有明显的工位编号
人员要求	监考人员数量与考生人数之比为 1:10
	每个考场至少配机修工、电器维修工、医护人员各 1 名
	监考人员、考试服务人员必须于考前 40 min 到考场

中级车工操作技能考核试卷

考件编号：　　　　准考证号：

按工件图完成加工操作。

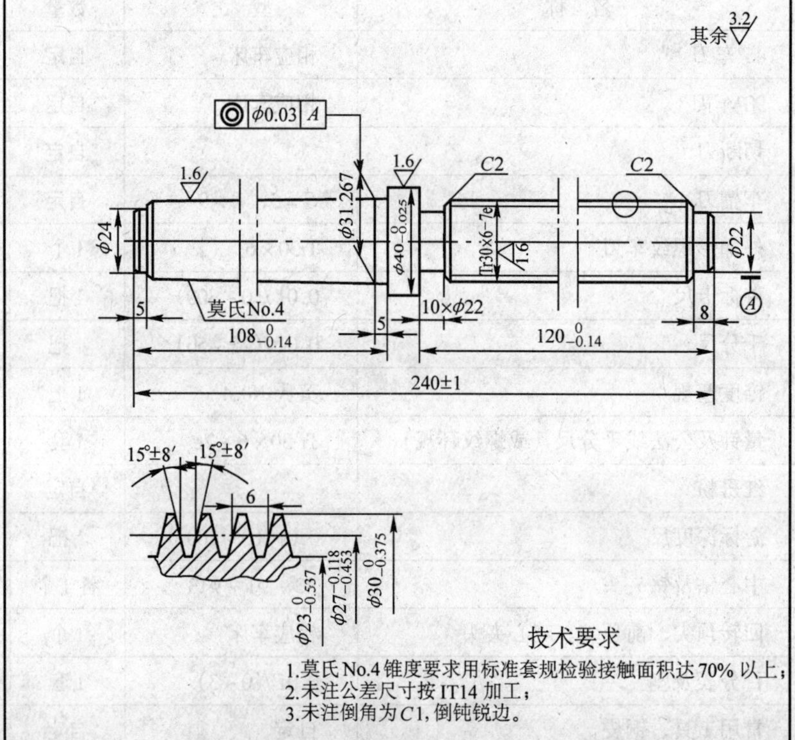

项目名称	圆锥、梯形螺纹轴	材料	45	考试时间	240min

中级车工操作技能考核评分记录表

考件编号：　　　　准考证号：

一、中级车工操作技能考核总成绩表

序号	项目名称	配分	得分	备注
1	车工专业操作技能	85		
2	现场操作规范	15		
合　计		100		

统分人：　　　　年　月　日

二、现场操作规范评分表

序号	项目	考核内容	配分	考场表现	得分
1	工、量、刃具和设备的使用	工具的正确使用	1		
2		量具的正确使用	1		
3		刃具的合理使用	1		
4		设备的正确操作和维护保养	2		
5	工艺的制定	切削加工工序的制定	2		
6		切削用量的选用	2		
7		装夹方式	1		
8	安全文明生产	安全生产	3		
9		文明生产	2		
合　计			15		

评分人：　　　　年　月　日　　　　核分人：　　　　年　月　日

三、操作技能评分表

序号	项目	考核内容	配分		检测结果	得分
			IT	R_a		
1	外梯形螺纹	$\phi30_{-0.375}^{0}$	4			
2		$\phi27_{-0.453}^{-0.118}$　　$R_a1.6$	14	8		
3		$15°\pm8'$	5			
4		牙顶、牙底表面粗糙度　$R_a3.2$		4		

续表

序号	项目	考核内容	配分		检测结果	得分
			IT	R_a		
5	外圆锥	莫氏 No.4(接触面积 70%)　$R_a1.6$	12	4		
6		$\phi31.267$	4			
7		$108_{-0.14}^{0}$	2			
8	外圆	$\phi40_{-0.025}^{0}$　$R_a1.6$	8	4		
9		$\phi24$　$R_a3.2$	1	1		
10		$\phi22$（2 处）　$R_a3.2$	1	1		
11	长度	$120_{-0.14}^{0}$	3			
12		240 ± 1	1			
13		8，10，5	1			
14	其他	$C1$	1			
15		$C2$	1			
16		◎ $\phi0.03$ A	5			
合　计			85			

评分标准：尺寸和形状位置精度超差时扣该项全部分，表面粗糙度增值时扣该项全部分。

否 定 项：圆锥锥度接触面低于 50%和 Tr30 × 6 - 7e 中径超差时，此件视为不合格。

评分人：　　　　　　年　月　日　　　　　　　　核分人：　　　　　　年　月　日

理论知识强化

虽然你可能具有了较系统的理论知识，但在实际考核前你是否能完全、准确、无误地完成答卷，也许还需要实践的检验，在考核前再复习一下理论知识，强化你的记忆，不失为一个理智、有效的好办法。这对于提高答题正确性和准确性将大有裨益。

本部分根据理论知识鉴定考核要点表的要求，针对考核范围，提示理论知识考核要点的内容。

考核范围 1——机械制图知识

1. 几何作图的方法

掌握线段等分、圆周等分、圆弧及线段连接的方法。

2. 投影作图的方法

掌握投影规律，会对组合体视图补图、补线。

3. 机件形态的表达方法及作用

绘图时，能正确选用恰当的表达方式，并掌握其画法，根据常见零件图，识别具体表达方式。

4. 零件图

(1) 在研究零件的使用性能和工艺过程的基础上，选择尺寸基准，正确、完整、清晰和较合理地标注零件尺寸。

(2) 了解零件图上公差配合、形位公差、表面粗糙度及其有关技术要求的含义，并能根据给定的条件，正确地标注在图样上。

(3) 零件图的绘制

♦ 零件测绘的一般过程，画零件草图的要求　必须包括零件工作图的全部内容，做到：内容完整、表达正确、尺寸齐全、要求合理、图线清晰、比例匀称。

♦ 画零件工作图的步骤和方法是：对零件草图进行审查核对；画零件工作图。

5. 常用零件的画法

(1) 掌握螺纹及螺纹连接，齿轮及齿轮啮合的规定画法。

(2) 了解键、销、弹簧、轴承等标准件的规定画法。

6. 装配图

会分析、读懂装配图。

考核范围 2——金属切削原理和刀具

1. 对刀具材料的基本要求

作为刀具切削部分的材料，必须具备硬度高、耐磨性好、耐高温（红硬性好），有足够的强度和韧性，并具有良好的工艺性。

2. 常用刀具材料的种类、代号（牌号）和用途

常用的刀具材料有碳素工具钢、合金工具钢、高速钢和硬质合金。

(1) 碳素工具钢　含碳量为0.65‰～1.35‰的优质高碳钢，在200～300℃时，硬度和耐磨性迅速下降，用于制造低速、手用工具。

(2) 合金工具钢　与碳素钢相近，用于制造手用丝锥、手用铰刀等。

(3) 高速钢　含钨、铬、钼、钒等合金元素较多的工具钢。高速钢是一种具有较高的强度、韧性、耐磨性和红硬性（550～650℃）的刀具材料，用于制造各种结构复杂的成形刀具，孔加工刀具。不能用于高速切削。

(4) 硬质合金　用钨和钛的碳化物粉末加钴作为黏结剂，高压压制成形再高温烧结而成的粉末冶金制品，硬质合金的硬度很高，红硬性好，在800～1 000℃仍能保持良好的切削性能，但韧性差，可通过刃磨合理的几何角度来弥补这一缺陷。

♦ K类（钨钴类）硬质合金　由碳化钨（WC）和钴（Co）组成，它的抗弯强度和韧性较好，适用于加工铸铁、有色金属等脆性材料或冲击性较大的场合。

常用牌号：YG3、YG6、YG8。牌号中的数字表示钴含量的百分数，其余为碳化钨。合金中含钴量较多的（如YG8）其硬度较低，而韧性较好，适合于粗加工。含钴量较少的（如YG3），则其硬度、耐磨性和耐热性较高，适合于精加工。

♦ P类（钨钛钴类）硬质合金　由碳化钨、碳化钛（TiC）和钴组成，它的耐磨性和抗黏附性较好，能承受较高的切削温度，适用于加工韧性较大的塑性金属。但由于它较脆，不耐冲击，因此不宜加工脆性金属。

常用牌号：YT5、YT15、YT30，牌号中的数字表示碳化钛含量的百分数。合金中碳化钛量较少者，含钴量多（如YT5），其抗弯强度高，较能承受冲击，适合于粗加工。含碳化钛较多，含钴量少（如YT30），其耐磨性、耐热性好，适合于精加工。

♦ M类［钨钛钴（钽铌类）］硬质合金　这类硬质合金是在P类硬质合金中添加少量碳化钽（TaC）或碳化铌（NbC）而成。它的抗弯强度、冲击韧性、与钢的黏结温度均高于P类合金，俗称万能硬质合金，既可加工钢，又可加工铸铁，还可用于加工高温合金、高锰钢、不锈钢、可锻铸铁、球墨铸铁等难加工材料。

• 常用牌号：YW1、YW2。

• 常用刀具：非金属材料有陶瓷、人造金刚石和立方氮化硼。

3. 刀具切削部分的几何形状、刀具角度、工作角度及角度的选择

（1）车刀的组成

车刀由刀头、刀杆两部分组成。刀头由刀面、刀刃和刀尖组成，承担切削加工任务。

（2）刀具角度的基本概念

♦ 三个辅助平面

• 切削平面　切削平面是通过切削刃上某一选定点，切于工件加工表面的平面。

• 基面　基面是通过切削刃上某一选定点，垂直于该点切削速度方向的平面。

• 截面　截面是通过切削刃上某一选定点，同时垂直于切削平面与基面的平面。

♦ 车刀各主要角度

• 在截面内测量的角度有：前角 γ_o（前刀面与基面间的夹角）、后角 α_o（后刀面与切削平面间的夹角）、主偏角 K_r（主切削刃在基面上的投影与进给运动方向间的夹角）、副偏角 K'_r（副切削刃在基面上的投影与背离进给运动方向间的夹角）。

• 在切削平面内测量的角度有刃倾角 λ_s（主切削刃与基面间的夹角）。

（3）各主要角度的作用及选择

♦ 前角的作用和选择　前角的作用是影响刃口的锋利程度和强度，影响切削变形和切削力。

前角的选择：工件材料的强度大、硬度高，前角应小一些，反之选大一些；工件材料的塑性大，前角选大一些，反之选小些；加工脆性金属选小前角；粗加工，特别是断续切削时，应减小前角；刀具材料抗弯强度低，韧性较差时，应选较小的前角；工艺系统刚性差，或机床功率不足时，应选择较大的前角。

♦ 后角的作用和选择　后角的作用是减少刀具与工件间的摩擦，配合前角调整好刀刃的锐利程度和强度。

后角的选择：粗加工时，选较小的后角；精加工时，选较大的后角。一般车刀的副后角与主后角取相同的数值，但切断刀副后角因受强度限制故取得较小（$\alpha'_o = 1°30' \sim 2°$）。

♦ 主偏角的作用和选择　主偏角的作用是影响刀尖部分的强度与散热条件，影响切削分力的大小。

主偏角的选择：工艺系统刚性好，选较小的主偏角，反之，选较大的主偏角；车细长轴时，为减小振动，主偏角 $K_r = 90°$；加工材料很硬时，应取较小的主偏角；从中间切入或仿形加工的车刀，应增大主偏角；车阶台轴时 K_r 应选 90°。

♦ 副偏角的作用和选择　副偏角的作用是减少副刀刃与已加工表面之间的摩擦，影响刀尖部分的强度和散热条件，影响已加工表面粗糙度。

副偏角的选择：外圆车刀一般取 $K'_r = 6° \sim 10°$；加工高强度、高硬度的工件或断续切削时 $K'_r = 4° \sim 6°$；精车刀 K'_r 应小，必要时可磨成 $K'_r = 0$ 的修光刃；切断刀或车槽刀 $K'_r = 1° \sim 2°$。

♦ 刃倾角的作用和选择　刃倾角的作用是控制切屑的流出方向，影响刀尖部分的强度，影响切削分力的大小。

刃倾角的选择：粗车一般钢料和灰铸铁，应取负值的刃倾角；精车一般钢料和灰铸铁时，为了保证切屑流向待加工表面，应取正值刃倾角；有冲击载荷或断续切削时，为了保证足够的刀尖强度，应取较大的负值刃倾角；当工件刚性较差时，应选取正值刃倾角。

(4) 车刀工作角度

♦ 车刀的装夹位置对工作角度的影响

• 车刀的装夹要求　刀尖应对准工件旋转中心，刀杆中心线与进给方向垂直。

• 车刀装夹的高低对车刀角度的影响　以车外圆为例，当车刀刀尖高于工件轴线时，因其切削平面与基面的位置发生变化，使前角增大，后角减小，反之，则前角减小，后角增大。

• 车刀装夹的歪斜对车刀角度的影响　车刀安装歪斜，对主偏角、副偏角影响较大，特别是在车削螺纹时，会使牙型半角产生误差。

♦ 螺纹升角（ψ）对车刀工作角度的影响　车螺纹时，由于螺纹升角的影响，切削平面和基面的位置发生了变化，使车刀工作时的前角和后角与刃磨前角和刃磨后角的数值不同。

• 车刀两侧后角的变化　一般工作后角取 3° ~ 5°，车右螺纹时，左侧的刃磨后角等于工作后角加上螺纹升角，$\alpha_{oL} = (3° \sim 5°) + \psi$，右侧的刃磨后角等于工作后角减去螺纹升角 $\alpha_{oR} = (3° \sim 5°) - \psi$。车左螺纹时，情况相反。

• 车刀两侧前角的变化　车左螺纹时，右侧刃的实际工作角度将减小，左侧刃的实际工作角度将增大。

4. 切削要素

(1) 切削速度（v）

切削速度是指主运动的线速度。

(2) 进给量（f）

进给量是指工件每转一周，车刀沿进给方向移动的距离。

(3) 吃刀量（a_p）

吃刀量是指工件已加工表面和待加工表面间的垂直距离。

切削用量选择原则：粗加工时，在保证精加工必要余量的前提下，确定吃刀量和进给量，最后根据刀具耐用度选择合理的切削速度。精加工时，由于加工的精度和表面质量要求均较高，且加工余量均匀，金属切削余量不大，因此应首先考虑加工精度和表面粗糙度的要求，其次，兼顾必要的生产率和刀具寿命。

5. 金属切削过程

切削时在刀具的切割和前刀面的推挤作用下，使被切削的金属层产生变形、剪切滑移而变成切屑，这个过程称为金属切削过程。

（1）切屑的类型

◆ 带状切屑　加工塑性金属材料时，切削速度较高，切削厚度较小，前角较大时易产生带状切屑。

◆ 挤裂切屑　刀具前角较小，切削速度低、进给量大时易产生挤裂切屑。

◆ 单元切屑　切削塑性差的金属材料（如黄铜）剪切力超过了材料破裂强度时产生单元切屑。

◆ 崩碎切屑　切削脆性金属材料时产生崩碎切屑。

（2）切屑收缩

在切削过程中，被切金属层经过滑移变形而出现切屑长度变短，厚度增加的现象，称为切屑收缩。

收缩系数：$\zeta = \frac{l_c}{l_{ch}} = \frac{a_{ch}}{a_c} > 1$

l_c、a_c——切削层长度、厚度（mm）；

l_{ch}、a_{ch}——切屑长度、厚度（mm）。

ζ 能直观地反映切削变形程度的大小。当切削条件相同而材料不同时，ζ（收缩系数）大说明材料塑性大；当材料相同而切削条件不同时，ζ 大说明切削变形大。

（3）积屑瘤

◆ 积屑瘤对加工的影响

• 保护刀具　积屑瘤的硬度约为工件材料硬度的 2 ~ 3 倍，好像一个刃口圆弧半径较大的楔块，积屑瘤能代替切削刃进行切削，保护了切削刃和前刀面，减少了刀具的磨损。

• 增大实际前角　有积屑瘤的车刀，实际前角 $\gamma_{瘤}$ 可增大到 30° ~ 35°，因而减少了切屑的变形，降低了切削力。

• 影响工件表面质量和尺寸精度　通常条件下，积屑瘤总是不稳定的，它时大时小，时有时无，在切削过程中，一部分积屑瘤被切屑带走，一部分嵌入工件已加工表面，使工件表面形成硬点和毛刺，表面粗糙度变大。

当积屑瘤增大到切削刃之外时，则会改变吃刀量，因此影响了工件尺寸精度。

◆ 影响积屑瘤产生的因素

• 工件材料：塑性大的材料易产生积屑瘤，脆性材料不产生。

• 切削速度：小于 5 m/min 或大于 70 m/min 的速度不产生积屑瘤，中等速度时（15 ~ 30 m/min）最易产生积屑瘤。

• 刀具前角大不易产生积屑瘤。

• 减小前刀面的表面粗糙度，不易产生积屑瘤。

• 使用切削液，降低温度，可控制积屑瘤的生成。

(4) 加工硬化

加工硬化是工件表层材料受到刃口和后刀面的挤压、摩擦而产生塑性变形、硬度显著提高的现象。硬化层的硬度可达工件硬度的 1.2 ~ 2 倍，硬化层的深度可达 0.07 ~ 0.5 mm。高速钢刀具的刃口圆弧半径最小可磨到 10 ~ 15 μm。

(5) 切削力

切削加工时，工件材料抵抗刀具切削所产生的阻力称为切削力。切削力来源于两个方面：一是三个变形区产生的弹性变形和塑性变形的变形抗力；二是切屑、工件与刀具之间的摩擦力。

(6) 切削热

切削热来源于切削层金属发生弹性变形和塑性变形产生的热量和切屑与前刀面、工件与后刀面摩擦而产生的热量。

切削热通过切屑、工件、刀具和周围介质传散，其中 50% ~ 80% 的切削热由切屑带走，10% ~ 40% 的切削热传入工件，3% ~ 9% 的切削热传入车刀，1% 左右的切削热传入周围空气。

(7) 切削温度

切削温度一般是指切主削区域的平均温度，它的高低是由产生热和传散两方面综合影响的结果。

影响切削温度的主要因素：

◆ 刀具角度　前角的大小直接影响切削层金属的变形和摩擦，所以对切削温度的影响比较显著，前角增大，变形和摩擦减小，产生热量少，切削温度下降。但前角过大，刀具散热条件变差，切削温度反而上升。主偏角增大，切削温度将升高；反之，适当减小主偏角，则会增大切削刃工作长度和刀尖角，可改善散热条件，使切削温度降低。

负倒棱过宽将影响切削温度，当负倒棱宽度 b_{r1} 在 $(0 \sim 2)f$ 范围内时，基本上不影响切削温度；当 $b_{r1} > 2f$ 时，切削温度上升。

◆ 切削用量　吃刀量 a_p 对切削温度的影响很小，a_p 增加 1 倍时，切削温度只上升 7%；进给量 f 对切削温度有一定影响，f 增大 1 倍，切削温度约上升 15% 左右；切削速度 v 对切削温度影响最明显，当 v 提高 1 倍时，切削温度上升约 32% 左右。

◆ 工件材料　切削强度大、硬度高的材料或导热性差的材料时，切削温度较高。

(8) 刀具磨损和刀具寿命

◆ 刀具磨损形式

• 后刀面磨损　在切削脆性金属材料和切削厚度较小的塑性金属材料时产生。

• 前刀面磨损　在切削厚度较大的塑性金属材料时产生。

• 前后刀面同时磨损　在切削塑性金属材料且切削厚度为 0.1 ~ 0.5 mm 时产生。

◆ 刀具磨损过程

• 初期磨损阶段　磨损较快。

• 正常磨损阶段　磨损量随切削时间增长缓慢均匀地增大。

• 急剧磨损阶段　磨损急剧加速，刀具损坏。

◆ 刀具磨损限度　刀具从开始切削到不能继续使用为止的那段磨损量称为刀具磨损限度，规定后刀面上的磨损量作为刀具的磨损限度。

◆ 刀具寿命　刀具由刃磨后开始切削，一直到磨损量达到磨损限度为止的总切削时间称为刀具寿命。影响刀具寿命的因素基本上与影响切削温度的因素相同。提高刀具寿命的方法：在切削条件（即工件材料、刀具材料）已确定的情况下，选择合理的刀具几何参数、切削用量和切削液是提高刀具寿命的基本方法。

（9）断屑

影响断屑的因素：

◆ 断屑槽的形状　在主截面，常用直线圆弧形、直线形和圆弧形 3 种形状的断屑槽。

直线圆弧形断屑槽，一般用在中等切深（$a_p = 2 \sim 6$ mm）条件。

直线形断屑槽由槽内两条直线相交成槽底角 θ 而形成，原理同直线圆弧形断屑槽，在中等切深下，一般 $\theta = 110° \sim 120°$，这两种断屑槽适用于切削碳素钢、合金结构钢、工具钢等，前角一般在 $10° \sim 15°$。

当切削紫铜等高塑性材料时，前角可增大 $25° \sim 30°$，此时采用全圆弧形断屑槽为宜。

断屑槽的斜角也影响断屑。

◆ 刀具角度　以主偏角、刃倾角对断屑的影响最明显。在 a_p 和 f 选定的情况下，主偏角越大，切削厚度越大，越易断屑。刃倾角通过控制切屑流向来影响断屑。减小前角和磨负倒棱，也可达到断屑的目的。

◆ 切削用量　切削用量中对断屑影响最大的是进给量，其次是吃刀量，影响最小的是切削速度。切削速度提高，切削温度升高则切屑塑性增大，变形减小，不易断屑。减小切削速度对断屑有利。

使用断屑器可强制断屑。

6. 刀具磨钝标准

刀具磨钝标准是指后刀面磨损带中间平均磨损允许达到的最大磨损尺寸，以 V_B 表示，粗加工磨钝标准是按正常磨损阶段终了时的磨损值来制定的。

刀具磨损到一定程度时，切削力、切削热剧增，在工件、刀具外观上会出现一些特征，可根据这些特征来判断刀具是否已钝化。

7. 刀具刃磨的基本要求及一般的刃磨方法

（1）刀具刃磨的基本要求

◆ 对刀面的要求　表面平整，表面粗糙度小。

◆ 对刀刃的要求　刀刃应平直、光洁。

◆ 对刀具角度的要求　几何角度要符合要求，以保证良好的切削性能。

（2）刀具一般的刃磨方法

先磨主后面，把主偏角和主后角磨好；然后磨副后面，把副偏角和副后面磨好；磨前刀面，把前角磨好（螺纹车刀可使用对刀样板，修正带前角的车刀刀尖角）；磨刀尖圆弧；最后研磨，用油石加机油研磨前、后刀面至刃口平直、刀面光洁无磨痕为止。

8. 磨削的基本原理及砂轮的选择知识

（1）磨削的基本原理

磨削是用磨具以较高的线速度对工件的表面进行加工的方法。由于磨粒切入工件的表面深浅不同，磨削时的磨粒分别具有切削、刻划、抛光3种功能。

粗磨时以切削作用为主，精磨时既有切削作用，也有摩擦、抛光作用。

（2）砂轮及其选择

◆ 砂轮是由磨粒加结合剂用粉末冶金的方法制成的一种多孔体。磨料、结合剂和孔隙是砂轮的3个组成要素。

◆ 砂轮特性及选择。砂轮的特性由磨料、粒度、结合剂、硬度、组织、形状和尺寸等因素决定。

• 磨料　磨削中起切削作用，组成磨粒的材料称为磨料。磨料有天然和人造两种，常用的磨料有氧化物系（刚玉类）、碳化物系、高硬磨料系3种。

磨料的选择，如磨淬火钢则用氧化物系白刚玉砂轮，磨铸铁用碳化物系黑色碳化硅砂轮，磨硬质合金用碳化物系绿色碳化硅砂轮，磨高速钢用氧化物系砂轮等。

• 粒度　表示磨料尺寸的大小，磨料的粒度对加工表面粗糙度及磨削生产率有很大影响。一般粗磨用粗粒度，精磨用细粒度，当工件材料软、塑性大、磨削面积大时，应使用粗粒度以免堵塞砂轮。

• 结合剂　其作用是将磨粒黏结在一起。常用的结合剂有陶瓷结合剂、树脂结合剂、橡胶结合剂和金属结合剂。一般大多数磨削工序都采用陶瓷结合剂砂轮，如磨削内圆、外圆、平面、齿轮、螺纹等选用橡胶结合剂砂轮。切断、开槽及高速磨削选用金属结合剂砂轮。

• 硬度　硬度是指砂轮上的磨粒在磨削力作用下，从砂轮表面脱落的难易程度。磨粒容易脱落，表示砂轮软；磨粒不易脱落，表示砂轮硬。一般工件材料硬、接触面大、磨有色金属或薄壁件时，用较软的砂轮；工件材料软、精磨或成形磨削选用较硬的砂轮。

• 组织　组织是指磨粒、结合剂、气孔三者之间的比例关系。磨粒所占的比例越大，则砂轮的组织越紧密；磨粒所占的比例越小，则组织越疏松。一般磨削选用中等组织的砂轮，磨软材料宜选较疏组织的砂轮，磨削力大及精磨、成形磨削宜选用紧密组织的砂轮。

• 形状和尺寸　砂轮的形状和尺寸均已标准化，可根据磨削工件的要求来选用。

9. 麻花钻的特点及修磨方法

（1）麻花钻的特点

普通麻花钻由于结构原因，存在以下的缺点：主切削刃上各点前角变化很大，边缘处前角为+30°，近横刃处前角为−54°；横刃太长，产生热量多，轴向力大，定心差；主切削刃长，切屑宽，排屑、冷却困难；棱边处副后角为零度，与孔壁摩擦剧烈，所以边缘处磨损快，易烧损。

(2) 修磨方法

修磨横刃，修磨前刀面，双重刃磨。

10. 硬质合金可转位车刀

(1) 特点

硬质合金刀片用机夹方式固定在刀杆上，当刀刃磨损后，只需调换另一个刀刃即可继续切削，可大大缩短换刀、磨刀、装刀等辅助时间，提高劳动生产率。

(2) 结构

硬质合金可转位车刀由刀杆、刀片、刀垫和夹紧机构组成。

(3) 刀片夹紧形式

常用的夹紧形式有杠杆式、楔块式、偏心式、杠销式和上压式等。

(4) 对定位夹紧机构的要求

调换刀片方便；夹紧牢靠，即使在切削力的冲击和振动下也不会松动；定位精度高；刀片上无障碍，便于观察切削情况；夹紧机构不会被切屑擦坏；结构简单，制造方便。

11. 切削液的使用

一般切削时主要采用冷却为主，润滑、清洁、防锈性能为辅的切削液，切削液应大量、充足地浇注在切削区域。

考核范围3——机制工艺基础

1. 机械加工精度的概念

(1) 加工精度

零件加工后的实际几何参数与理想几何参数的符合程度称为加工精度。两者不符合的程度称为误差。零件加工精度包括尺寸精度、几何形状精度及相对位置精度。

(2) 获得加工精度的方法

◆ 机械加工中，获得尺寸精度的方法有试切法、定尺寸法、调整法和自动控制法四种。

◆ 零件的几何形状精度，主要由机床精度或刀具精度来保证。

◆ 零件的相互位置精度，主要由机床精度、夹具精度和工件的装夹精度来保证。

2. 工艺尺寸链的基本概念

(1) 尺寸链

在机械加工中，互相联系的尺寸以一定的顺序首尾相接，排列成的尺寸封闭图就是尺寸链。

由加工过程中的有关尺寸形成的尺寸链称为工艺尺寸链。由不同零件的互相联系的尺寸形成的尺寸链称为装配尺寸链。

(2) 尺寸链的环

尺寸链图中的每一个尺寸都称为环。在零件加工过程或机器装配过程中最终形成的环（或间接得到的环）称为组成环。组成环的尺寸是由加工直接得到的。

3. 产生加工误差的原因及减少误差的方法

(1) 产生误差的原因

产生误差的原因有原理误差，装夹误差，工艺系统几何误差，工艺系统变形误差，工件残余应力引起的误差，测量误差。

(2) 减少误差的方法

减少误差的方法有直接减小和消除误差，误差和变形转移，“就地加工”达到最终精度，误差分组，误差平均法。

4. 车削工艺分析

(1) 定位基准的选择

基准是确定零件或部件上某些点、线、面的位置时所依据的该零件上的点、线、面。

◆ 粗基准的选择原则　粗基准的选择原则是：应选择不加工表面作为粗基准；对所有表面都要加工的表面应根据余量最小的表面找正；选用牢固可靠的表面作为基准；应选用平整光滑的表面；粗基准不能重复使用。

◆ 精基准的选择原则　精基准的选择原则是：尽可能采用设计基准或装配基准作为定位基准，即“基准重合”原则；应选多个表面加工时都能使用的定位基准作为精基准，即“基准统一”原则；尽可能使定位基准和测量基准重合；尽可能选择精度较高、装夹稳定可靠的表面作为精基准，并尽可能选用形状简单或尺寸较大的表面作为精基准。

总之，定位基准应从被加工表面有相对位置精度要求的表面中选择。

(2) 工艺路线的制定

◆ 加工阶段的划分　工件的机械加工常划分为粗加工阶段、半精加工阶段和精加工阶段。粗加工阶段的主要任务是切去大部分加工余量和为以后的工序提供定位精基准。半精加工阶段的任务是达到一定的精度及精加工余量，并完成一些次要表面的加工。精加工阶段的任务是使各主要表面达到图样规定的质量要求。

◆ 工序的集中与分散

• 工序集中　一个零件的加工只集中在少数几道工序里完成，这时工艺路线短、工序少称为工序集中，工序集中到极限，就是把零件加工到图样规定的要求时只有一个工序。

工序集中可减少装夹工件的次数、工件的搬运次数等辅助时间，有利于保证各加工表面间的位置精度，一般单件、小批生产多遵循工序集中原则。

• 工序分散　每道工序中所安排的加工内容少，一个零件的加工分散在很多工序里完成，这时工艺路线长、工序多称为工序分散。

工序分散所用的设备及工夹具较简单，容易调整组织流水生产，对工人技术水平要求不高。但机床数量多，操作工人多，生产面积大。

♦ 加工余量　加工余量是指使加工表面达到所需的精度和表面质量而应切除的金属表层，分总余量和工序余量两种。

• 工序余量　指某一表面在一道工序中所切除的金属层厚度。

• 总余量　指零件从毛坯变为成品的整个加工过程中某一表面所切除金属层的总厚度。

♦ 制定工艺路线　制定工艺路线也就是加工方案的形成，是根据零件的技术要求，考虑各种加工方法的特点，将几种加工方法配合起来，一步一步地将零件加工出来。

考核范围 4——夹具知识

1. 夹具的作用、分类及组成

在机床上用以装夹工件的装置称为机床夹具。

(1) 夹具的作用

夹具可以保证产品质量，提高劳动生产率，解决机床加工装夹中的特殊困难，扩大机床的工艺范围。

(2) 夹具的分类

♦ 按机床分类　可分为车床夹具、铣床夹具、镗床夹具、钻床夹具、磨床夹具等。

♦ 按通用化程度分类　可分为通用夹具、专用夹具、成组可调夹具和组合夹具等。

♦ 按夹具的动力源分类　可分为手动夹具、气动夹具、液压夹具、电动夹具、磁力夹具、真空夹具等。

(3) 夹具的组成

♦ 定位元件　其作用是保证工件在夹具中占有正确的位置。

♦ 夹紧装置　其作用是使工件在加工过程中保持定位位置不变。

♦ 夹具体　其作用是把定位夹紧装置连为一体，并确定夹具相对于机床的位置。

♦ 对刀元件　其作用是确定引导刀具与夹具定位元件有一个正确位置。

使用夹具包括两个过程：一是夹具在机床上的装夹与调整，一是工件在夹具中的装夹。

2. 工件六点定位原理

(1) 工件的定位

工件定位是确定工件在机床上或夹具中占有正确位置的过程。工件定位后尚可移动，只要已取得确定的位置，就可以认为工件已定位。至于工件在加工过程中的受力，正确的位置是否变化则属于夹紧的任务。

（2）六点定位原理

在夹具中，用分布适当的与工件接触的六个支承点来限制工件六个自由度的原理，称为六点定位原理。

六个自由度是工件在空间位置不确定的最高程度。定位的任务就是要限制工件的自由度。

（3）六点定位的应用

◆ 完全定位（六点定位）　工件的六个自由度全部被限制，它在夹具中占有唯一的位置称为完全定位（或称普遍点定位）。

◆ 部分定位　在满足加工要求的前提下，少于六个支承点的定位，称为部分定位。

◆ 重复定位（过定位）　几个定位支承点重复限制同一个自由度，称为重复定位。重复定位对于工件的定位精度有影响，一般是不允许的。只有工件的定位基准和夹具上的定位元件精度很高时，重复定位才允许，这时它对提高工件的刚性、稳定性有一定的好处。

◆ 欠定位　定位点少于工件应限制的自由度，使工件不能正确定位时，称为欠定位。欠定位不能保证加工要求，往往会出废品，因此是绝对不允许的。

说明：六点定位原理是从空间几何概念建立起来的，对分析任何工件的定位都适用。但具体在夹具中定位元件不一定是支承点，可以是V形架、平面、定位销、心轴、定位套等。

3. 定位方法和定位元件

（1）工件以平面定位时，相当于三个支承点，为提高定位稳定性，把定位平面做成中凹的。定位元件有支承钉、支承板、可调支承、辅助支承。应注意辅助支承不起消除自由度的作用。

（2）工件以圆柱面定位时，常见定位元件有V形架、半圆弧夹具等，工件在V形架上定位时，具有自动对中的功能。

（3）工件以圆柱孔定位时，常见定位元件有各种心轴，小锥度心轴常用的锥度为1/1 000～1/5 000。

（4）工件以两孔一面定位时，定位元件用一个短圆柱销、一个削边销和一个平面。

4. 定位误差分析

（1）定位误差 ΔD

定位方法所产生的误差称为定位误差。定位误差包括基准位移误差（Δr）和基准不重合误差（ΔB）。工件定位时，工件的定位基准在加工尺寸方向上的变动量，称为基准位移误差。基准不重合误差是基准不重合产生的误差。

（2）定位误差分析

◆ 工件以平面定位　$\Delta r \approx 0$，若有 ΔB，可利用尺寸链原理求解。

◆ 工件以圆柱面定位　工件以外圆表面在V形架上定位。

• 当工件工序基准选得不同时，定位误差也不同。

• 定位误差与V形架的夹角 α 有关，ΔD 随 α 角增大而减小，但 α 角太小，工件在水平方向定位会不稳定。

• 若 α 不变，则 ΔD 将随工件基准直径公差的变化而变化，直径公差越大，则 ΔD 越大。

♦ 工件以圆柱孔定位　工件以小锥度心轴定位时，$\Delta D = 0$；工件以圆柱心轴定位时，$\Delta B = 0$。

在设计夹具时，定位元件的公差不能大于工件公差的1/3。

5. 工件的夹紧

（1）夹紧装置

工件定位后将其固定，使其在加工过程中保持定位位置不变的装置称为夹紧装置。

对夹紧装置的基本要求：牢、正、快、简。

（2）夹紧力和夹紧时的特别提示

夹紧力的3个要素是方向、大小、作用点。夹紧力的大小要适当，过大会造成工件变形，过小会使工件在加工过程中的位置发生变化，破坏工件的定位。

夹紧力的方向应符合下列基本要求：夹紧力方向应尽可能垂直于工件的主要定位基准面；夹紧力方向应尽量与切削力方向一致。

夹紧力的作用点应符合下列原则：夹紧力作用点尽可能落在主要定位面上；夹紧力作用点应与支承件对应，并尽量作用在工件刚性较好的部位；夹紧力作用点应尽量靠近加工表面，以防止工件产生振动。

（3）车床夹具中常用的夹紧装置

♦ 螺旋夹紧装置　其结构简单，夹紧可靠，但紧固动作慢。紧固螺纹用细牙螺纹时比粗牙螺纹的自锁性好。

♦ 螺旋压板夹紧机构　其结构比螺旋夹紧装置复杂，车床上使用不太安全。

♦ 偏心夹紧机构　此夹紧机构夹紧迅速，但自锁性能差，夹紧力较小。偏心夹紧机构中，偏心轮通常选用20Cr渗碳淬硬或T7A淬硬制成。

♦ 斜楔夹紧机构　斜楔夹紧机构行程小、效率低、夹紧力小，生产中直接应用较少，多为组合应用。斜楔、螺旋、凸轮等机械夹紧机构的夹紧原理是利用机械摩擦的自锁来夹紧工件的。

6. 车床典型夹具结构特点

（1）内、外拨动顶尖（菊花顶尖）

自动定心的同时，内、外锥面上的齿（硬度HRC58～60）嵌入工件，拨动工件旋转。

内拨动装夹轴类零件，外拨动可装夹套类零件，一次装夹可加工全部外圆。

（2）平面拨动顶尖

顶尖装夹工件的同时，平面拨爪嵌入工件端面，带动工件旋转，一次装夹可加工全部外圆表面，装夹迅速，适于装夹 ϕ50 mm～ϕ150 mm 的工件。

(3) 弹簧夹头

利用内外锥面配合时的推拉动作，迫使夹套弹性收缩自动定心，而同时夹紧工件。

(4) 弹簧心轴

在轴向力作用下，内外圆锥面配合迫使簧套膨胀，自动定心夹紧套类零件，膨胀量达 1～5 mm。

7. 组合夹具的一般知识

组合夹具是由一套预先制造好的具有不同几何形状、不同尺寸规格的高精度标准件和组合件组成的。使用时按照工件的加工要求，采用组合方式组装成所需的夹具。

考核范围 5——车床知识

1. 车床型号

金属切削车床是机械制造工艺的主要加工设备之一，车床是用切削方法将金属毛坯加工成机械零件。车床按其工作原理、结构性能、特点及使用范围分为 12 大类。

车床型号是车床产品的代号，一般包括车床类别代号、车床特性代号、车床组系代号、车床的主参数、第二主参数、车床重大改进序号等内容。

车床特性代号，位于车床类别代号之后，包括通用特性代号和结构特性代号，对主参数值相同而结构、性能不同的车床，在型号中加结构特性代号予以区别。结构特性代号在通用特性代号之后。

车床的组系代号位于特性代号后面。

车床的主参数用折算值表示，位于组系代号之后。

2. 车床主要部件的结构、调整及作用

CA6140 车床主轴前后支承处各装有一个双列短圆柱滚子轴承 D3182121 和 E3182125，轴中部还装有一个圆柱滚子轴承，用于承受径向切削力。在主轴前支承处还装有一个 60°角接触双列推力向心轴承，用于承受左右两个方向的轴向切削力。

轴承因磨损而导致间隙过大需要调整时，一般情况下，只需调整前轴承，当调整前轴承后仍达不到要求时，方需调整后轴承。

(1) 离合器

♦ 作用　离合器用来使同轴线的两轴或轴上空套传动件随时接合与脱开，以实现车床运动的启动、停止、变速和变向等。

♦ 种类

• 啮合式离合器　此类离合器分牙嵌式和齿轮式两种。牙嵌式离合器由两个平面带齿爪的零件组成。齿轮式离合器由具有直齿圆柱齿轮形状的两个零件组成。

• 多片式摩擦离合器　此类离合器利用摩擦片在相互压紧的接触面之间所产生的摩擦

力传递运动和扭矩。多片式摩擦离合器的内外摩擦片在松开状态时的间隙要适当。如间隙太大，在压紧时会相互打滑，不能传递足够的扭矩，易产生闷车现象，并易使摩擦片磨损；如果间隙太小，则易损坏操纵装置中的零件。

• 超越离合器　此类离合器主要用在有快慢两种速度交替传动的轴上；以实现运动的自动转换。

(2) 制动装置

制动装置的作用是克服车床停车过程中主轴箱内各运动件的惯性，使主轴转速停止，以缩短辅助时间。

制动带调整松紧标准：主轴旋转时，制动带能完全松开；停车制动时主轴能在 2～3 转内停转。

(3) 变速机构

变速机构用于改变主动轴与从动轴间的传动比，使从动轴得到不同的转速。

(4) 变向机构

变向机构用于改变车床运动部件的运动方向。

(5) 操纵机构

操纵机构的作用是改变离合器和滑移齿轮的位置，实现主运动和进给运动的启动、停止、变速、变向等。

(6) 开合螺母机构

开合螺母机构用在车削螺纹时，通过开合螺母接通或断开丝杆传来的运动，以实现螺纹的切削和停止。

(7) 互锁机构

互锁机构的作用是保证开合螺母合上后，机动进给不能接通；反之，机动进给接通后，开合螺母则不能合上。

(8) 过载保护机构

CA6140 车床溜板箱中使用安全离合器作为过载保护机构，C620—1 车床溜板箱中使用脱落蜗杆机构作为过载保护机构。

安全离合器的作用是在车床刀架机动进给过程中，如进给抗力过大或移动受阻碍时，能自动断开机动进给运动链，使刀架停止进给，避免传动机构损坏。

脱落蜗杆的作用是车床过载时，自动断开进给运动，以避免损坏车床；手动接通或断开进给运动。

(9) 尾座的调整

一般在采用偏移尾座法车削较长而锥角较小的外圆锥时，或车削细长轴而精度要求较高时，应调整尾座，调整尾座时，应注意尾座的偏移方向，以免把锥度方向调反。

此外，还有中滑板丝杠螺母间隙调整装置。

3. 车床的主要传动系统

车床的主要传动系统有主轴箱传动系统、进给箱传动系统和滑板箱传动系统。

进给箱内的传动路线有米制、英制、非标准和较精密螺纹等几种传动路线。配合主轴箱，可车削大螺距螺纹，配换挂轮箱挂轮，还可车模数和径节螺纹，以上螺纹可以是右旋的，也可以是左旋的。

(1) 车米制螺纹

◆ 车削米制螺纹的传动链方程式

$$P_n = 1_{主轴} i_{总} P_{丝}$$

式中 P_n——车削螺纹的导程，mm；

$i_{总}$——主轴至丝杠间传动件的总传动比；

$P_{丝}$——丝杠螺纹螺距，mm；

$1_{主轴}$——主轴转一转。

◆ 车削模数螺纹的传动链方程式

$$m_x = \frac{P_Z}{\pi} = \frac{1_{主轴} i_{总} P_{丝}}{\pi}$$

(2) 滑板箱传动系统

◆ 纵向进给量传动链方程式

$$f_p = 1_{主轴} i_{总} m\pi Z$$

式中 f_p——纵向进给量，mm/r；

$1_{主轴}$——主轴转一转；

$i_{总}$——主轴至齿条齿轮总传动比；

m——小齿轮模数；

Z——小齿轮齿数。

2) 横向进给量传动链方程式

$$f_f = 1_{主轴} i_{总} P$$

式中 f_f——横向进给量，mm/r；

$i_{总}$——主轴至中滑板丝杠间的总传动比；

$1_{主轴}$——主轴转一转；

P——中滑板丝杠螺距，mm。

进给运动还有加大进给量和缩小进给量（高速细进给）的传动路线。

4. 车床精度（卧式车床）

(1) 车床的几何精度

车床的几何精度是指车床某些基础零件本身的几何形状精度、相互位置精度及其相对运动的几何精度。

(2) 车床的工作精度

通过切削加工出来的工件精度来考核车床的加工精度，称为车床的工作精度。

卧式车床工作精度的检验项目有精车外圆的圆度和圆柱度；精车平面的平面度；精车

螺纹的螺距误差。

5. 其他常用车床的简介

（1）立式车床结构特点

其主要特点是主轴垂直布置，并有一个直径很大的圆形工作台，供装夹工件之用，工作台台面处于水平位置，使工件及工作台的重力由床身导轨或推力轴承承受，能较长期地保持车床精度。

（2）回轮、转塔车床的结构特点

与卧式车床比较，其主要特点是没有尾座和丝杠，而在尾座的位置上有一个可以装夹多刀具的刀架。只能用丝锥和板牙加工内外螺纹。

（3）数控车床

♦ 工作原理　其工作原理是用电子计算机进行数字控制，将车床各运动部件的移动量、速度及动作的先后程序等，以一定的编码形式，由电子计算机直接控制或预先记录在输入介质（如纸带、磁带）上，然后控制装置根据输入的指令，控制各运动部件的程序、速度和移动量，从而车出各种形状的工件。

♦ 数控车床的特点　操作灵活方便，更换工件时，只需更换数控加工程序即可；可缩短生产周期，提高生产效率；可保证工件尺寸的同一性，提高产品质量；数控车床适用于多品种、中小批量生产。

考核范围 6——复杂工件的装夹和车削

1. 在花盘、角铁上装夹工件

形状复杂、不规则的工件，且数量较少时，一般不设计专用夹具，而是使用花盘、角铁等车床附件进行找正、加工。

在花盘、角铁上保证形位公差的方法有以下几点：

（1）形位公差要求较高的工件，它的定位基准面必须经过平磨或精刮。

（2）花盘、角铁的定位基准面的形位公差，要小于工件形位公差的 1/2 以下。

（3）要防止工件夹紧变形。

（4）在花盘、角铁上装上工件以后，必须经过平衡。

2. 偏心工件的加工

（1）概念

外圆和外圆或内孔和外圆的轴线平行而不重合的零件，叫偏心工件。外圆与外圆偏心的零件叫做偏心轴。内孔与外圆偏心的零件叫做偏心套。两轴线之间的距离叫做偏心距。

（2）常用车偏心工件的方法

♦ 在四爪单动卡盘上车偏心工件　按划好的线（偏心和侧母线）找正，装夹后车削。

注意开始切削时车刀刀尖应从偏心工件最外一点逐步切入，防止因工件偏置，加工余量不均而发生事故。适用于工件数量少、长度较短时。

♦ 在两顶尖间车偏心工件　只要工件两平面能钻中心孔，有装夹鸡心夹头的位置，均可使用此方法。方法同车一般外圆，只是两顶尖顶在偏心中心孔处。定位精度高，不需找正。

♦ 在三爪自定心卡盘上车偏心工件　长度较短的偏心工件，可在三爪自定心卡盘的一个卡爪上加垫片使工件产生偏心来车削。垫片厚度近似计算公式如下：

$$x = 1.5e + K$$

$$K \approx 1.5\Delta e$$

$$\Delta e = e - e_{测}$$

式中　e——工件偏心距，mm；

K——偏心距修正值，正负按实测结果确定，mm；

Δe——试切后，实测偏心距误差，mm；

$e_{测}$——试切后，实测偏心距值，mm。

♦ 在偏心卡盘上车偏心工件　偏心卡盘是一种调整方便、通用性强的偏心夹具，卡盘的偏心距可使用百分表或量块测得，其定位精度高，是较理想的偏心夹具。

♦ 在专用偏心夹具上车偏心工件　加工数量较多、偏心距精度要求较高的工件时，可制造专用偏心夹具来装夹加工。

(3) 偏心距的测量

♦ 直接测量法　两端有中心孔，且偏心距较小的偏心轴，或可安放心轴的偏心套，可以把工件装夹在两顶尖之间，百分表触头与偏心工件接触，转动偏心工件一周，百分表读数最大值和最小值之差的一半就等于偏心距。

♦ 间接测量法　偏心距较大或无中心孔的偏心工件可用间接测量法。测量时，把工件安放在V形架中，转动偏心轴，用百分表找出偏心轴最高点后，把工件固定。然后平移百分表，测出 a 值后，用公式计算出偏心距。

$$e = \frac{D}{2} - \frac{d}{2} - a$$

式中　D——基准直径，mm；

d——偏心直径，mm；

a——基准轴外圆到偏心轴外圆之间的最小距离，mm。

(4) 两拐曲轴的加工和测量

两拐曲轴就是两拐的偏心轴。

♦ 两拐曲轴的加工　加工原理与偏心轴的加工基本相同，用中心孔定位，用两顶尖装夹加工。偏心距大而复杂的曲轴加工，可用偏心夹盘、偏心夹板等专用夹具来装夹工件。

♦ 两拐曲轴的测量　把曲轴装夹在专用两顶尖的检验工具上，用百分表或高度尺测出主轴颈直径 d、曲柄颈直径 d_1、曲柄颈表面距平板最大距离 H 及主轴颈上表面至平板距

离 h，然后计算偏心距 e，$e=H-\frac{d_1}{2}-(h-\frac{d}{2})$。

3. 细长轴的加工方法

工件长度与直径之比（L/d）大于25倍时，称为细长轴。

（1）细长轴的加工特点

由于细长轴本身刚性差，所以在车削过程中，因受热、受力而变形、产生弯曲、引起振动，从而影响工件的精度和表面粗糙度，造成加工困难。

（2）加工细长轴的措施

◆ 用中心架或跟刀架支承车削细长轴

• 中心架的使用　当工件可以分段车削时，中心架支承在工件中间，固定在床身上，用以支承工件增加工件刚性。它有三个可调支承爪，爪的前端镶有摩擦系数小、不易跟钢咬合的材料如青铜、尼龙1010等。

• 跟刀架的使用　对不宜调头装夹车削的细长轴，可用跟刀架进行车削。跟刀架固定在大滑板上，可以跟随车刀移动抵消径向切削力，增加工件刚性，减少变形，提高工件形状精度、减小表面粗糙度。跟刀架的支承爪与工件的接触压力应恰到好处，过松过紧都对切削不利。过松是指工件外圆到支承爪之间有间隙，这样易使工件跳动，造成切削时让刀。过紧是指支承爪对工件压力过大，把工件推向车刀一边，这样使车刀吃刀量随着进给远离顶尖，工件刚性减弱而加深，结果使切削的工件直径减小，当跟刀架移动至工件直径减小的外圆上时，在车刀的作用力下，工件又会让开车刀，使吃刀量减小，结果工件直径又会增大，这样多次循环，工件就形成“竹节形”。

◆ 减少工件的热变形伸长　车削时，切削热会使工件温度升高，工件伸长变形。车削细长轴时，因为工件长，伸长量大，所以不可忽视热变形伸长的问题。工件热变形伸长量可按下式计算：

$$\Delta L=\alpha_0 L_0 \Delta t$$

式中　α_0——材料线膨胀系数；

L_0——工件总长，mm；

Δt——工件升高的温度，℃；

ΔL——工件热变形伸长量，mm。

减少工件热变形的措施：使用弹性回转顶尖，补偿工件的热变形伸长；加注充分的切削液，减少工件温升而引起的热变形；刀具保持锐利，减少摩擦发热。

◆ 合理选择车刀的几何形状　主偏角 $k_r=80°\sim93°$；前角 $\gamma_0=15°\sim30°$；前刀面磨出 $R1.5\sim R3$ 的断屑槽；刃倾角 $\lambda_s=3°$；刃口锋利，表面粗糙度 $R_a0.4$ 以下；刀尖圆弧 $\gamma_\varepsilon<0.3$ mm，倒棱宽 $b_r=0.6f$。

◆ 反向进给　指车刀从卡盘方向往尾座方向进给。进给时产生的轴向力由尾座承受，可防止振动。

4. **薄壁工件的车削**

(1) 薄壁工件的特点

♦ 在夹紧力的作用下容易产生变形，影响工件的尺寸精度和形状精度。

♦ 车削时容易引起热变形，工件尺寸不易控制。

♦ 在切削力（特别是径向切削力）的作用下，容易产生振动和变形，影响工件的尺寸精度、形位精度和表面粗糙度。

(2) 防止减少薄壁工件变形的方法

♦ 工件分粗、精车。

♦ 应用开缝套及扇形软卡爪，增大装夹接触面积。

♦ 应用轴向夹紧的夹具。

♦ 增加辅助支承和工艺筋。

♦ 车刀保持锐利并加注切削液。

5. **深孔加工**

(1) 深孔加工特点

其特点是刀具细长，刚性差，冷却困难，切屑不容易排出；刀具在工件内部切削，刀具的磨损和刀头的损坏都无法观察到。

(2) 深孔加工的关键技术

其关键技术是深孔钻的几何形状和冷却排屑问题。

(3) 深孔加工方法和排屑方式

♦ 枪孔钻和外排屑，多用于 $\phi 3$ mm ~ $\phi 20$ mm 的深孔加工。

♦ 喷吸钻和内排屑，利用切削液“喷”和“吸”的作用，使切屑排出。这种方式对冷却泵的功率消耗、切削液使用压力、工具的密封要求可降低。适于加工 $\phi 20$ mm ~ $\phi 65$ mm 的深孔。

♦ 高压内排屑钻，用高压切削液将切屑从钻杆中间冲出。这种方式对切削液的压力要求较高，对冷却泵功率、工具密封要求较高。用于加工范围 $\phi 20$ mm ~ $\phi 65$ mm 的深孔。

6. **车圆锥**

(1) 圆锥的计算

圆锥有 4 个基本参数，即圆锥半角 $\alpha/2$（或锥度 C）、大端直径 D、小端直径 d、圆锥长度 L，它们的关系如下：

$$\tan\frac{\alpha}{2}=\frac{D-d}{2L} \text{或} C=\frac{D-d}{L}$$

当 $\frac{\alpha}{2}<6°$ 时，可用近似公式：$\frac{\alpha}{2}=28.7°\times\frac{D-d}{L}=28.7°\times C$

(2) 车圆锥体的方法

车圆锥体的方法有转动小滑板法、偏移尾座法、仿形法、宽刀刃法。

尾座偏移量 $S=\frac{L_0}{2}\cdot C$

式中 L_0——工件总长，mm；

C——锥度。

(3) 圆锥的检验

♦ 角度和锥度的检验　角度和锥度的检验可用万能角度尺、角度样板、圆锥量规、正弦规。

测量时，将正弦规装夹在精密板上，工件放在正弦规的平面上，下面垫进量块组，量块组高度可根据被测零件圆锥角进行精密计算获得。公式如下：

$$H=L\sin\alpha$$

式中 H——垫进量块组的高度，mm；

L——正弦规的两滚柱中心距，mm，一般为 100 mm 和 200 mm 两种。

α——圆锥角，(°)。

♦ 圆锥尺寸的检验　圆锥的大小端直径可用圆锥界限量规来测量，当工件的平面位于圆锥量规阶台（或两刻线）之间时，圆锥的直径为合格。

♦ 圆锥尺寸的控制方法　用量规测量只能量出工件端到量规阶台面的长度 a，要确定横向进刀多少，才能使大小端尺寸合格，可用下式计算：

$$a_p=a\cdot\tan\frac{\alpha}{2}=a\cdot\frac{c}{2}$$

式中 $\frac{\alpha}{2}$——圆锥半角，(°)；

c——锥度；

a_p——工件平面离开界限量规阶台面长度 a 时的吃刀量，mm。

7. 热处理工序的安排

常见的热处理方法包括退火、正火、调质、时效、淬火、渗碳等。

(1) 退火、正火一般用于锻件、铸件和焊接件。安排在毛坯制造之后，粗加工之前进行。

(2) 调质用于各种中碳钢，一般安排在粗加工之后，半精加工之前。

(3) 时效，适用于精密工件消除切削加工应力，保持尺寸的稳定性，一般安排在半精车、半精磨之后精磨之前。

(4) 淬火用于中碳钢以上的结构钢和工具钢，一般安排在半精加工之后，磨削加工之前。

(5) 渗碳用于低碳钢钢种，一般安排在半精加工之后，然后进行淬火或部分去碳后再淬火。

● 考核范围 7——车螺纹和蜗杆

1. 主要术语

(1) 螺纹

沿着螺旋线形成具有相同剖面的连续凸起和沟槽称为螺纹。沿两条或两条以上，在轴向等距分布的螺旋线所形成的螺纹，称为多线螺纹（蜗杆）。

(2) 螺纹牙型

它是在通过螺纹轴线的剖面上，螺纹的轮廓形状。

(3) 螺距（P）

相邻两牙在中径线上对应两点间的轴向距离叫螺距。

(4) 导程（P_n）

多线螺纹的导程是指同一螺旋线上相邻两牙在中径线上对应两点之间的轴向距离，导程等于螺距乘线数。

多线蜗杆的导程（P_z）是指同一螺旋线上相邻两齿在分度圆直径线上对应两点之间的轴向距离。多线蜗杆导程等于齿距乘以线数。

(5) 螺纹升角（ψ）

在中径圆柱线上，螺旋线的切线与垂直于螺纹轴线的平面之间的夹角称为螺纹升角。

2. 梯形螺纹、蜗杆、多线螺纹的尺寸计算

(1) 梯形螺纹的尺寸计算

♦ 牙顶间隙 a_c 由螺距大小确定。

♦ 外螺纹：大径 d = 公称直径；中径 $d_2 = d - 0.5P$；小径 $d_3 = d - 2_{h3}$；牙高 $h_3 = 0.5 + a_c$；牙顶宽 $f = f' = 0.366P$；牙槽底宽 $w = w' = 0.366P - 0.536a_c$。

♦ 内螺纹：大径 $D_4 = d + 2a_c$；中径 $D_2 = d_2$；小径 $D_1 = d - P$；牙高 $h_4 = h_3$。

(2) 蜗杆的尺寸计算

蜗杆的各项参数是在轴截面内测量的。

轴向模数（m_x）	基本参数
齿形角（α）	齿形角 = 20°
齿距（P）	$P = \pi m_x$
导程（P_z）	$P_z = \pi m_x Z$
全齿高（h）	$h = 2.2m_x$
齿顶高（h_a）	$h_a = m_x$
齿根高（h_f）	$h_f = 1.2m_x$
分度圆直径（d_1）	$d_1 = d_a - 2m_x$

齿顶圆直径（d_a）　　　$d_a = d_1 + 2m_x$

齿根圆直径（d_f）　　　$d_f = d - 2.4m_x$

或 $d_f = d_a - 4.4m_x$

齿顶宽（S_a）　　　$S_a = 0.843m_x$

齿顶槽宽（e_f）　　　$e_f = 0.697m_x$

轴向齿厚（S_x）　　　$S_x = P/2$

法向齿厚（S_n）　　　$S_n = \dfrac{P}{2 \cdot \cos\gamma}$

导程角（γ）　　　$\tan\gamma = \dfrac{P_z}{\pi d_1}$

(3) 多线螺纹（蜗杆）的尺寸计算

多线螺纹（蜗杆）的螺纹升角（蜗杆导程角），必须用导程计算，即：

$$\tan\psi = \frac{nP}{\pi d_2} \qquad \tan\gamma = \frac{P_z}{\pi d_1}$$

多线螺纹（蜗杆）各部分尺寸的计算方法同单线螺纹（蜗杆）。

3. 纵向前角对螺纹牙型角的影响

螺纹车刀刀尖角的大小，取决于螺纹的牙型角（α），即刀尖角应等于牙型角。

为了使切削顺利和减小螺纹的表面粗糙度，高速钢车刀纵向前角 γ_p 一般取 5°～15°。硬合金螺纹车刀的 γ_p 一般取 0°。螺纹车刀的纵向前角不等于 0°时，两切削刃不通过工件轴线，车出的螺纹牙侧不是直线而是曲线。

纵向前角对螺纹牙型角的影响大小，可从下式得出：

$$\tan\frac{\theta}{2} = \tan\frac{\alpha}{2}\cos\gamma_p$$

式中　θ——车刀两侧刃之间的夹角；

α——螺纹牙型角；

γ_p——螺纹车刀纵向前角。

当 $\gamma_p \neq 0$ 时，$\theta < \alpha$，如果让 $\theta = \alpha$，则车出的螺纹牙型角将大于规定要求。

4. 螺纹车刀

(1) 车刀的种类

车刀主要有高速钢车刀和硬质合金车刀，高速钢车刀适于低速精车，硬质合金车刀适于高速车削。

(2) 对螺纹车刀几何参数的要求

♦ 车刀的左右切削刃必须是直线。

♦ 受螺纹升角的影响，车右螺纹时，车刀两侧刃磨后角

$$\alpha_{oL} = (3° \sim 5°) + \psi$$

$$\alpha_{oR} = (3° \sim 5°) - \psi$$

♦ 粗车时，车刀的刀尖角略小于牙型角；精车时，车刀的刀尖角等于牙型角（梯形螺纹 $\varepsilon_r = 30°$，蜗杆 $\varepsilon_r = 40°$）；高速车削时，车刀的刀尖角适当减小 30′。

♦ 粗车时，刀头宽度小于牙槽底宽。

♦ 精车钢材，高速钢车刀应磨有 10° ~ 15°的纵向前角，硬质合金车刀 $\gamma_p = 0°$。

(3) 车刀装夹方法的选择

一般车螺纹和精车 ZA 蜗杆时，均采用水平装刀法，车削 ZN 蜗杆时，采用垂直装刀法。

5. 车削方法

(1) 低速车三角螺纹的方法

♦ 直进法　适于粗车 P 较小的螺纹。

♦ 左右切削法　适于 P 较大的螺纹。

♦ 斜进法　适于粗车 P 较大的螺纹。

(2) 低速车梯形螺纹和车蜗杆的方法

其方法有左右切削法、直槽法、分层切削法。

6. 多线螺纹

(1) 分线方法

根据多线螺纹（蜗杆）各螺旋线在轴向和圆周等距分布的特点，分线的方法有轴向分线和圆周分线两类。

♦ 轴向分线　车好一条螺旋槽之后，把车刀沿轴线方向移动一个螺距（齿距），再车第二条槽。只要精确控制车刀沿轴向移动的距离就可使螺旋线沿轴向等距分布。具体控制方法有两种：

• 小滑板刻度分线法　先校正小滑板导轨平行于主轴轴线，车好一条螺旋槽后，把小滑板移动一个螺距（或齿距），再车第二条、第三条螺旋槽，小滑板刻度转过格数计算：

$$K = \frac{P}{a}$$

式中　K——刻度转过的格数；

P——工件螺距或齿距，mm；

a——小滑板每格移动距离，mm。

• 百分表和量块分线法　用百分表或量块精确控制小滑板的移动距离，可以实现分线的目的。

♦ 圆周分线法　根据多线螺纹在圆周等距分布的特点，在车好第一条螺旋槽之后，脱开工件与丝杠之间的传动链，把工件转过一个 θ 角（$\theta = 360°$/线数），再连接工件与丝杠之间的传动链车另一条螺旋槽，这样依次分线，就完成了分线，具体控制方法有 3 种：

• 交换齿轮分线法　只要交换齿轮 Z_1 的齿数是螺纹或蜗杆线数的整数倍时，就可用此分线方法。一般情况下，主轴转一转，Z_1 也转一转，当使用扩大螺距系统时，主轴转一转，Z_1 可能转过 8 转或 32 转（C620—1），也可能转过 4 转或者 16 转（CA6140）。

车扩大螺距螺纹时，用交换齿轮 Z_1 分头，Z_1 应转过的齿数 Z 可用下式计算：

$$Z = \frac{Z_1}{n} \cdot K$$

式中　Z_1——交换齿轮齿数；

n——螺纹线数；

K——扩大螺距的倍数。

• 利用卡盘卡爪分线　此方法简单，但精度不高。

• 分度插盘分线法　此方法分线精度高，操作简便，是一种较理想的分线方法。

（2）多线螺纹车削步骤及应注意的问题

♦ 车削步骤

• 粗车第一条螺旋槽。记住中滑板和小滑板的刻度。

• 分线，粗车第二条、第三条等螺旋槽。如用圆周线法，切入深度（中、小滑板的刻度）应与第一条螺旋线相同。如用轴向分线法，中滑板刻度与车第一条螺旋线时相同，小滑板则精确移动一个螺距。

• 按上述方法精车各条螺旋线。

♦ 特别提示

• 车削精度要求较高的多线螺纹时，应首先完成每一条螺旋槽的粗车后，再开始精车。

• 在车各条螺旋槽时，车刀切入的深度应该相等。

• 用左右切削法车削时，还应注意车每条螺旋槽时，小滑板刻度盘起始格数要相同。

7. 螺纹（蜗杆）的测量

（1）螺纹的测量

♦ 单项测量

• 螺距的测量用钢直尺、螺距规。

• 顶径测量用游标卡尺。

• 中径测量用螺纹千分尺，量针、单针测量用千分尺。

量针测量数值计算公式（梯形螺纹）：

$$M = d_2 + 4.864 d_D - 1.866 P$$

式中　d_D——量针直径（最佳值 $d_D = 0.518P$），mm；

P——螺距，mm；

d_2——螺纹理论中径，mm；

M——量针测量理论读数值。

单针测量数值计算公式：

$$A = \frac{M + d_0}{2}$$

式中　d_0——螺纹顶径实际尺寸。

◆ 综合测量用螺纹量规。

(2) 蜗杆的测量

◆ 分度圆直径 d_1 的测量

• 量针测量

量针最佳直径：$d_D = 1.672 m_x$

量针测量千分尺读数 M 计算公式：

$$M = d_1 + 3.924 d_D - 4.316 m_x$$

• 单针测量数值计算公式：

$$A = \frac{M + d_0}{2}$$

◆ 蜗杆法向齿厚的测量　用齿轮卡尺测量。

8. 螺纹、蜗杆的挂轮计算

(1) 在无进给箱车床上（或用直联丝杠法）交换挂轮的计算：

车螺纹：$i = \frac{nP_{工}}{P_{丝}} = \frac{Z_1}{Z_2} \times \frac{Z_3}{Z_4}$

车蜗杆：$i = \frac{nP_{工}}{P_{丝}} = \frac{Z_1}{Z_2} \times \frac{Z_3}{Z_4}$

计算交换齿轮时，能挂单式挂轮，就不用挂复杂挂轮，若需挂复式挂轮的，交换齿轮应符合啮合规则：

即 $Z_1 + Z_2 > Z_3 + 15$

$Z_3 + Z_4 > Z_2 + 15$

(2) 在有进给箱车床上交换齿轮的计算：

车螺纹：$i_{新} = \frac{nP_{工}}{nP_{丝}} \times i_{原} = \frac{Z_1}{Z_2} \times \frac{Z_3}{Z_4}$

车蜗杆：$i_{新} = \frac{PZ_{工}}{nP_{丝}} \times i_{原} = \frac{m_x \cdot \pi \cdot Z}{\pi m_x} \times i_{原} = \frac{Z_1}{Z_2} \times \frac{Z_3}{Z_4}$

利用车床的扩大螺距系统，将每英寸 16 牙的传动比扩大 16 倍，即可车削每英寸 1 牙的螺纹。

9. 乱牙及预防

(1) 产生乱牙的原因

车螺纹和蜗杆时，要经过多次进给才能完成。在第二次进给时，刀尖偏离前一次进给车出的螺旋槽，把螺旋槽车乱，称为乱牙。

产生乱牙的原因是当丝杠转一转时，工件未转过整数转而造成的。

乱牙的判别：当车床丝杠螺距是工件导程的整数倍时，就不会乱牙。

车蜗杆时，车床丝杠螺距不可能是蜗杆导程 $P_z = m_x \cdot \pi \cdot Z$ 的整数倍，则要产生乱牙。

(2) 乱牙的预防

预防乱牙的方法有开倒顺车；卡盘连接盘应装保险装置，防止卡盘从主轴上脱落。

考核范围 8——提高劳动生产率

1. 劳动生产率的概念

劳动生产率的考核指标，有产量定额和时间定额两部分。产量定额是指在一定生产条件下，每个工人在单位时间内完成的合格品数量。时间定额是指在一定生产条件下，规定生产一件产品或完成同一道工序所需消耗的时间。要提高劳动生产率，就必须增加产量定额或减少时间定额。

任何提高劳动生产率的措施，必须以保证产品质量为前提，以提高经济效益为中心。

2. 时间定额的组成

单件时间定额由基本时间 T_m，辅助时间 T_a，休息与生理需要时间 T_r 和准备与终结时间 T_e 组成。

批量生产时，单件时间定额 T_d 为：

$$T_d = T_m + T_a + T_r + \frac{T_e}{n}$$

式中 n ——每批零件件数；

T_m——机动时间；

T_a——包括装卸工件、调整车床、测量、检验、车床保养、清屑等动作所消耗的时间；

T_e——包括领取和熟悉产品图样和工艺规程，准备刀具、调整工具，加工完后工夹具交库，清点工件交验等所消耗的时间。

3. 缩短基本时间的方法

缩短基本时间的方法有减少加工余量，提高切削用量，采用多刀切削等。

4. 缩短辅助时间的方法

缩短辅助时间的方法有缩短工件的装夹时间，减少回转刀架及调换车刀的时间，减少测量时间等。

考核范围 9——安全文明生产知识

1. 机械设备安全技术

安全生产知识是技术工人应知的重要组成部分。对常用机械设备的安全技术要牢固掌握。如明齿轮、砂轮、皮带轮、飞轮等危险部分都必须安装防护罩；起吊设备不能超负荷使用；车工进入工作场地应带好防护用品，袖口、衣角扎好，不许有飘荡部分，女工发辫必须挽在帽子内。工作时，不许带手套，不准用手摸正在转动的工件；车床局部照明电压不超过 36 V 等。

2. 起吊安全知识

开工前应对安全装置、钢丝绳、吊钩、各传动部位、电气装置等进行详细检查后，方可使用。起吊时，重物起落速度要均匀，非特殊情况下不得紧急制动和急速下降，吊运重物不能从人头顶通过，吊臂下严禁站人，不许同时按两个电钮，不准斜拉斜吊，禁止超负荷起吊。

3. 文明生产知识

文明生产的内容包括车床的每天检查、保养及工作时的调整，工、夹、量具的正确使用和摆放，工具箱的布置，图样的使用保存，工件的放置等。

考核范围 10——机加工基本知识

1. 磨削加工特点

（1）加工精度高及表面粗糙度值小。尺寸精度可达 IT6 ~ IT5，表面粗糙度 $R_a0.8$ mm ~ $R_a0.2$ μm，精磨、超精磨及镜面磨削可达 $R_a0.1$ mm ~ $R_a0.006$ μm。

（2）能加工硬度很高的工件材料。

（3）磨削温度高，磨削速度可达 30 m/s，磨削区温度高达 800 ~ 1 000°C，必须充分使用切削液降温。

（4）磨削时径向磨削分力较大，易使工艺系统产生变形，影响精度。

（5）适应性强。能磨削工件材料范围广，还能磨削各种形状的工件表面及刃磨各种复杂刀具。

2. 各种磨削形式简介

（1）内、外圆磨削

♦ 工件装夹　在外圆磨床上工件一般用两顶尖装夹，采用的顶尖都是死顶尖，以提高加工精度，很少用卡盘装夹。经过热处理的工件，中心孔有氧化皮且发生变形，所以磨削前，需修正和研磨。

♦ 磨削方法　磨削外圆的方法有纵磨法、横磨法、阶段磨削法（综合磨削法）和深度磨削法。

• 纵磨法　当一次纵向行程或往复行程结束时，砂轮作周期性横向进给，每次吃刀较小，磨削余量在多次往复行程中磨去，这种方法称纵磨法。

• 横磨法　工件与砂轮作同向转动，而砂轮除高速旋转外，还根据工件加工余量作缓慢的连续的横向切入，直到工件余量全部切除为止。

• 阶段磨削法　这种磨削方法是横向切入法与纵向磨削方法的综合应用。

• 深度磨削法　先把砂轮工作面修成阶梯形，然后用较小的纵向进给量，在一次行程内把工件的全部余量切除。

磨内圆有纵磨法和横磨法，其方法与磨外圆类似。

与磨外圆相比，磨内圆时，同等条件下磨削质量和生产率都较差。

（2）平面磨削

M7120A 是应用较广的平面磨床，磨削精度一般可达 IT7，表面粗糙度约为 $R_a1.25\ \mu m \sim R_a0.63\ \mu m$。

平面磨削中有圆周磨削和平面磨削两种。两者相比，圆周磨削的加工质量高，但生产率低。

（3）无心外圆磨削

无心外圆磨削在无心磨床上进行，由工件、磨削轮、导轮和支片组成磨削区域。导轮的作用是带动工件作旋转和走刀运动。无心外圆磨削适用于圆柱销、滚针等成批、大量生产的零件，效率高。

（4）工具磨床

对一些形状复杂的刀具，如铰刀、拉刀、铣刀等需在工具磨床上刃磨。在工具磨床上刃磨刀尖能保证切削部分具有正确的几何角度和尺寸精度及较小的表面粗糙度。

（5）砂带磨削

这是一种新发展起来的高效率磨削方法，其生产率高、加工成本低、生产安全、加工质量也较稳定。特别适合于磨削大型薄板、带材、线材以及长径比很大的薄壁孔和外圆面、成形面。

3. 光整加工

光整加工是进一步提高零件加工精度和减少表面粗糙度的方法。包括超精加工、珩磨、研磨和抛光等方法。光整加工必须在精车、精铰、精镗和精磨的基础上进行。

（1）超精加工

用细粒度的磨具对工件施加很小的压力，并作往复振动和慢速纵向进给，以实现微量磨削的光整加工方法称为超精加工。表面粗糙度约在 $0.006\ \mu m \sim R_a0.1\ \mu m$ 之间。

（2）珩磨

珩磨是用珩磨工具对工件表面施加一定压力，珩磨工具同时作相对旋转和直线往复运动，切除工件上极小余量的加工方法。经珩磨后的工件表面，表面粗糙度约为 $R_a0.025$ μm ~ $R_a0.2$ μm 之间，尺寸精度一般能达 IT6 ~ IT7，圆度及圆柱度误差在 0.003 ~ 0.005 mm 之间。

(3) 研磨

研磨是用研磨工具和研磨剂，从工件上研去一层极薄表层的加工方法。研磨后的工件表面，尺寸精度可达 IT5 ~ IT3，表面粗糙度值可到 $R_a0.06$ μm ~ $R_a0.1$ μm，形状精度亦可相应提高。

(4) 抛光

抛光是利用高速旋转涂有磨膏的软轮工具，对工件表面进行光整加工的方法。

工件抛光前应经过磨削或精车或精铣等工序的预加工。经抛光后，表面粗糙度值可减到 $R_a0.012$ μm ~ $R_a0.1$ μm，但不能提高加工精度。

4. 一般轴、套零件的磨削工艺

磨削加工作为一般零件的精加工，放在最后一道工序。

对于热处理工序，人工时效安排在粗磨和精磨之间，淬火等均安排在磨削前，工件的氮化处理一般放在精磨以后。

5. 铣、刨（插）、镗削加工

(1) 铣削加工

铣削加工是以铣刀旋转作为主运动，工件或铣刀做进给运动的切削加工方法。

铣床有卧式、立式和龙门铣床等几类，其中卧式万能升降台铣床应用较广，如 X6132 型铣床，它的主轴是一根空心轴，其前端有锥度为 7:24 的锥孔，以便铣刀刀杆插入其中，并随同主轴旋转。

铣床的铣削方式可分为端铣和周铣。周铣时根据铣刀旋转方向与工件进给方向是否相同分为顺铣和逆铣两种方式：顺铣刀具耐用度高、工件夹持稳定、工件加工质量好，但工件台易窜动，多用于精加工；逆铣多用于粗加工。

端铣的生产率高于周铣，端铣加工质量好，在大平面的铣削中目前大都采用端铣。周铣的适应性比端铣好，多用于小平面、各种沟槽和成形面的铣削。

(2) 刨（插）削加工

刨削加工是用刨刀对工件做水平相对直线往复运动的切削加工方法。

刨床有牛头刨床和龙门刨床两类：牛头刨床主要适于加工各种小型工件的平面、沟槽。龙门刨床则主要适宜于加工机座，箱体和床身的平面、导轨等。

插削是用插刀对工件做垂直相对往复运动的切削加工方法。在插床上可以加工孔内键槽、方孔、多边形孔以及花键孔。

(3) 镗削加工

镗削是以镗刀旋转做主运动，工件或镗刀做进给运动的切削加工方法。

镗床特别适合于加工箱体、机架等结构复杂的大型零件和孔距精度与相对位置精度要求很高的孔系。

考核范围 11——生产技术管理

1. 全面质量管理

(1) 定义

全面质量管理（简称 TQC）就是企业全体职工及有关部门同心协力，把专业技术、经营管理、数理统计和思想结合起来，建立从产品的研究设计、生产制造到售后服务等活动过程的质量保证体系，从而用最经济的手段生产出用户满意的产品。其核心是强调以提高人的工作质量来保证产品质量，达到全面提高企业和社会经济效益的目的。

(2) TQC 具有以下基本特点：全员性、全面性、预防性、服务性、科学性。

(3) 质量管理小组（QC 小组）

QC 小组是企业中广大职工自愿组织起来，参加全面质量管理活动的一种群众性组织。

QC 小组通过活动获得成果后，可申请逐级发表成果。评定 QC 小组成果水平的高低，应以现场检查为主，注重小组活动的经常性和全员性。

(4) 质量体系

质量体系是保证产品设计、制造全过程或服务质量满足规定的要求，由组织机构、职责、程序、活动、能力和资源构成的有机整体。质量体系应具备足够的文件，以满足产品质量目标及质量体系有效运行的需要。质量体系文件一般可分为 4 个层次：质量手册，是质量体系纲领性文件；管理性文件，适于职能部门内部使用；质量计划，是具体产品的质量控制方案；技术性文件，技术标准高低将直接决定产品质量水平的高低。

2. 企业生产管理

生产管理是对企业日常生产活动的计划、组织和控制，是和产品制造密切相关的各项管理工作的总称。

(1) 车间生产管理

♦ 生产准备和组织

• 生产准备　指生产的物资技术准备工作，包括设备、工艺装备、物资的准备、工艺准备等。

• 生产组织

生产组织包括生产类型的组织和生产过程的组织。生产类型一般分为大量生产、成批生产和单件生产三类。生产过程的组织是解决产品生产过程各阶段、各环节、各工序在时间和空间上的协调衔接，包括基本生产过程、辅助生产过程和生产服务过程三部分。

生产过程的组织形式分为空间组织形式和时间组织形式两种。生产过程的空间组织形式是指企业内部生产单位（包括车间和工段）在一定的空间内，按照一定的专业化形式

(或专业化组织)：即工艺专业化形式（或称工艺原则），按照生产工艺的特点来设置生产单位的专业化形式；对象专业化形式，以产品（零、部件）为对象来设置生产单位的专业化组织形式；综合形式，这是把两种专业性形式结合起来的一种组织形式，即企业内既有按对象专业化形式组织的车间，也有按工艺专业化形式组织的车间。生产过程的时间组织是指生产工序在时间上的结合方式，它用来研究生产过程的时间组织问题，所谓生产工序在时间上的结合方式，就是零件在各道工序间的移动方式，在机械制造企业里，工序在时间上的结合方式通常有三种：顺序结合方式、平行结合方式、平行顺序结合方式。

♦ 生产计划　生产计划是企业生产管理的依据。它对企业的生产任务做出统筹安排，规定着企业在计划期内产品生产的品种、质量、数量和进度等指标。在企业的生产计划确定以后，还要进一步编制生产作业计划。生产作业计划的任务是落实生产计划，合理组织生产过程，实现均衡生产，提高经济效益。生产作业计划是生产计划的具体执行，是企业组织日常生产活动的依据。

♦ 生产控制　生产控制是按生产计划的要求，实施生产作业计划，并根据情况及时调整生产进度，调配劳动力，合理利用生产设备。

(2) 班组生产管理

班组生产管理可分为生产准备管理和生产过程管理两部分内容。

♦ 生产准备管理内容　测算班组生产能力；做好计划的落实工作；健全班组工作保证体系。

♦ 生产过程管理的内容　抓进度，加强调度；坚持质量第一，加强质量检查；抓衔接，组织均衡生产。

3. 专业技术管理

(1) 专业技术管理的内容

包括技术开发管理、产品开发组织管理、质量管理、机器设备管理、技术改造管理、日常技术改造管理、安全技术管理及职工技术教育等。此外，在生产中，要坚持设计技术、工艺技术、管理技术生产技术三要素。在质量检验中，要坚持“三检”，即自检、互检、专职检。强制执行三级保养制度（即日常维护保养、一级保养、二级保养）。

熟练使用设备，达到“四会”“三好”，即会使用、会保养、会检查、会排除故障；指用好、管好、修好。遵守工艺纪律，执行技术标准，坚持“三按”组织生产，“三按”即按图样、按工艺、按技术标准。

(2) 班组的技术管理

♦ 班组技术管理的任务　逐步完善与巩固班组生产技术工作秩序，严格“三按”（按图样、按工艺、按技术标准）生产，组织技术攻关，在保证质量的前提下，减少消耗，不断提高劳动生产率；并按照企业技术管理工作的要求，制定班组加强技术管理和落实技术管理工作的一些实施细则，经过车间部门或技术业务部门批准后执行。

♦ 班组技术管理工作的主要内容　贯彻工艺文件，严肃工艺纪律；组织技术攻关，努力挖潜革新；学习文化技术，开展操作比赛；保管好技术文件；搞好工艺卫生，进行文明生产。